住房和城乡建设部"十四五"规划教材
全国住房和城乡建设职业教育教学指导委员会土建施工专业指导委员会规划推荐教材
高等职业教育本科土建施工类专业系列教材

地下建筑结构设计

王 艳 主 编

中国建筑工业出版社

图书在版编目（CIP）数据

地下建筑结构设计 / 王艳主编. -- 北京：中国建筑工业出版社，2025.7. --（住房和城乡建设部"十四五"规划教材）（全国住房和城乡建设职业教育教学指导委员会土建施工专业指导委员会规划推荐教材）（高等职业教育本科土建施工类专业系列教材）. -- ISBN 978-7-112-31264-1

Ⅰ．TU93

中国国家版本馆 CIP 数据核字第 2025YA0410 号

本教材分为 10 个教学单元，包括绪论，地下建筑结构设计基本知识，基坑支护结构，新奥法隧道结构，机械掘进隧道结构，喷锚支护结构，沉井结构和沉箱结构，沉管结构，顶管、管幕与箱涵结构，地下建筑结构降水与防水设计等。

本教材可作为高等职业教育本科建筑工程、城市地下工程、智能建造工程、建筑智能检测与修复等相关专业的学生及相关专业的高等职业教育专科学生的教学用书，也可以作为相关专业工程技术人员的参考用书及相关培训材料。

为方便教学，作者自制课件资源，索取方式为：

1．邮箱：jckj@cabp.com.cn；2．电话：（010）58337285；3．建工书院：http：//edu.cabplink.com。

责任编辑：王予芊
责任校对：芦欣甜

住房和城乡建设部"十四五"规划教材
全国住房和城乡建设职业教育教学指导委员会土建施工专业指导委员会规划推荐教材
高等职业教育本科土建施工类专业系列教材

地下建筑结构设计

王 艳 主 编

*

中国建筑工业出版社出版、发行（北京海淀三里河路9号）
各地新华书店、建筑书店经销
北京鸿文瀚海文化传媒有限公司制版
北京圣夫亚美印刷有限公司印刷

*

开本：787 毫米×1092 毫米 1/16 印张：15¼ 字数：381 千字
2025 年 6 月第一版 2025 年 6 月第一次印刷
定价：**49.00** 元（赠教师课件）
ISBN 978-7-112-31264-1
（44683）

版权所有 翻印必究
如有内容及印装质量问题，请与本社读者服务中心联系
电话：（010）58337283 QQ：2885381756
（地址：北京海淀三里河路9号中国建筑工业出版社604室 邮政编码：100037）

前言

地下空间被称作城市发展的第二空间。近年来，随着城市快速发展，越来越多的城市土地资源日益紧张，交通拥堵、资源浪费、环境污染、居住舒适性偏低等"城市病"日益显现。向地下要空间，成为治疗"城市病"的良方之一。2023 年全国自然资源工作会议提出，鼓励地上地下空间立体开发，用"地下"换"地上"，地下建筑结构的重要性不言而喻。

本教材依据《高等职业教育本科专业简介》（2022 年修订）中土建施工类专业的培养目标定位及主要专业能力要求等，参照《公路隧道设计规范 第一册 土建工程》JTG 3370.1—2018、《地铁设计规范》GB 50157—2013、《岩土锚杆与喷射混凝土支护工程技术规范》GB 50086—2015 等，对接职业标准和行业企业的岗位需求进行编写。

本教材共有 10 个教学单元，详细介绍了地下建筑结构的概念、特点、分类、形式，地下建筑结构的荷载，地下建筑结构设计的基本理论和主要方法，地下建筑结构设计的主要内容。本教材涵盖绪论，地下建筑结构设计基本知识，基坑支护结构，新奥法隧道结构，机械掘进隧道结构，喷锚支护结构，沉井结构和沉箱结构，沉管结构，顶管、管幕与箱涵结构及地下建筑结构降水与防水设计等。

本教材由江苏建筑职业技术学院王艳主编并统稿，江苏建筑职业技术学院孙武主审，由福州大学刘红位、广东职业技术学院张国明、中铁长江交通设计集团有限公司李波担任副主编，福州大学冯嵩参与编写并提出修改意见。

本教材是一本数字化创新教材，相关教学资源以二维码的形式插入教材，读者可以通过扫码获取电子资源，方便学生自主学习，并使学习过程立体化，有利于提高学生的学习效果。

本教材在编写过程中参考了一些公开出版的书籍和已发表的文献，谨此向相关作者表示衷心的感谢！

由于编者水平有限，书中不妥之处在所难免，恳请广大读者批评指正。

目录

教学单元 0

绪论 ... 1
0.1 地下建筑结构的发展 ... 2
0.2 地下建筑结构的概念及特点 ... 3
0.3 地下建筑结构的分类及形式 ... 6

教学单元 1

地下建筑结构设计基本知识 ... 13
1.1 地下建筑结构的荷载 ... 14
1.2 地下建筑结构设计的基本理论和主要方法 ... 24
1.3 地下建筑结构设计的主要内容 ... 29
1.4 地下建筑结构设计规范 ... 30

教学单元 2

基坑支护结构 ... 31
2.1 概述 ... 32
2.2 排桩与地下连续墙 ... 34
2.3 锚杆体系 ... 38
2.4 水泥土墙 ... 44
2.5 土钉墙 ... 45
2.6 逆作拱墙 ... 48
2.7 内支撑 ... 49

教学单元 3

新奥法隧道结构 ... 53
3.1 概述 ... 54

3.2 单层衬砌支护结构设计 55
3.3 复合衬砌支护结构设计 61
3.4 超前支护结构设计 75

教学单元 4

机械掘进隧道结构 80
4.1 盾构法 81
4.2 TBM法 95
4.3 衬砌结构设计 102
4.4 隧道防水 126

教学单元 5

喷锚支护结构 131
5.1 概述 132
5.2 喷锚支护设计 134
5.3 喷锚支护结构施工与监测 140
5.4 围岩稳定性分析 143

教学单元 6

沉井结构和沉箱结构 148
6.1 沉井 149
6.2 沉箱 161

教学单元 7

沉管结构 167
7.1 沉管的概念、特点及类型 168
7.2 沉管结构的设计 170
7.3 管段连接及防水措施 177

教学单元 8

顶管、管幕与箱涵结构 185

8.1 顶管结构　　　　　　　　　　　　　　　　　186
8.2 管幕结构　　　　　　　　　　　　　　　　　198
8.3 箱涵结构　　　　　　　　　　　　　　　　　202

教学单元 9

地下建筑结构降水与防水设计　　　　　　　　210

9.1 地下建筑结构降水设计　　　　　　　　　　211
9.2 地下建筑结构防水设计　　　　　　　　　　225

参考文献　　　　　　　　　　　　　　　　　　238

教学单元 0　绪论

教学目标

1. 知识目标
(1) 了解地下空间的开发前景、意义及地下建筑结构的发展。
(2) 熟悉地下建筑结构的概念及特点。
(3) 掌握地下建筑结构的形式及分类。
2. 能力目标
(1) 能根据地下建筑结构的形式分析其特点。
(2) 能够查阅有关地下建筑结构设计规范。
3. 素质目标
　　了解地下空间及地下建筑结构的发展历程，揭开地下空间的神秘面纱，引导学生树立合理利用和开发地下空间资源的意识，进而培养学生对地下建筑结构设计的兴趣。

思维导图

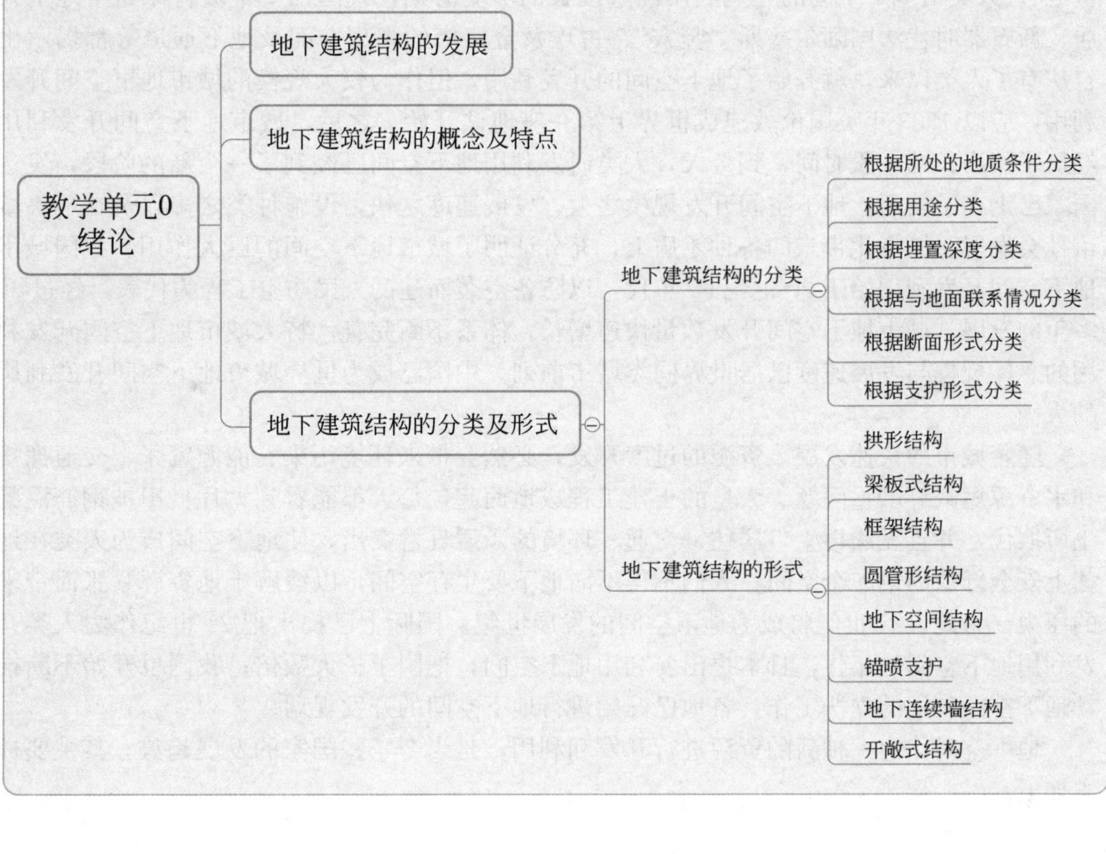

教学单元0 绪论
- 地下建筑结构的发展
- 地下建筑结构的概念及特点
- 地下建筑结构的分类及形式
  - 地下建筑结构的分类
    - 根据所处的地质条件分类
    - 根据用途分类
    - 根据埋置深度分类
    - 根据与地面联系情况分类
    - 根据断面形式分类
    - 根据支护形式分类
  - 地下建筑结构的形式
    - 拱形结构
    - 梁板式结构
    - 框架结构
    - 圆管形结构
    - 地下空间结构
    - 锚喷支护
    - 地下连续墙结构
    - 开敞式结构

你听说过地下建筑吗？从远古时代的天然洞穴到古代的地下陵墓、粮仓，再到现代的地铁、大型地下停车场、地下商业中心及地下能源存储中心等，人类从未停止对地下空间的开发。地下建筑结构可为人类提供生活、办公的场所，交通、娱乐等其他与人类活动息息相关的地下设施，还能有效地缓解地面土地资源紧张的问题。我们对地下建筑结构都有哪些了解呢？让我们一起来初步认识地下建筑结构吧。

0.1 地下建筑结构的发展

在地球表面以下的土层或岩层中天然形成，或经人工开发形成的空间被称为地下空间。自从人类出现以来，就从未停止过对地下空间的开发和利用。人类曾利用天然洞穴作为居住处所，后来，随着科技的进步，人类逐渐学会修建并利用地下结构。我国古代修建的陵墓、地下粮仓、地下采矿洞室已具有相当的技术水准与规模，如我国湖北大冶铜绿山保存完好的采矿遗址，是我国古代西周时期（距今三千多年前）劳动人民的智慧结晶。其中的竖井、斜井、平巷布局精巧，彼此间相互贯通，具有相当高的建筑水准，反映了我国古代地下工程已位居世界领先行列。再如埃及金字塔、古巴比伦幼发拉底河引水隧道等，都说明古代人类修建地下结构已具备较高的水平。

1991年召开的城市地下空间学术会议，提出了"21世纪是人类开发利用地下空间的世纪"。人类对地下空间的开发利用经过漫长的历史时期，我国西安半坡村原始半地下穴居、新石器时代法国阿尔塞斯"竖穴"、古埃及金字塔的内部空间及地下通道等都揭示出自从有了人类以来，就开始了地下空间的开发利用。但作为较大规模的城市地下空间开发利用，应以1863年英国伦敦建成世界上第一座地铁开始。之后，城市地下空间开发利用经历了相当长的一段时间，到今天，人类研发利用地下空间已经到了一个新的阶段，发达国家已走在了前面。地下空间开发规模之大，发展速度之快，设施种类之多以及在解决城市社会发展、城市化带来的各种矛盾上，充分证明了城市地下空间的巨大作用。我国城市地下空间开发利用始于20世纪60年代，以防备空袭而建的人民防空工程为代表，经过60多年的发展，城市地下空间开发数量快速增长，体系不断完善，特大城市地下空间开发利用的总体规模与发展速度已居世界同类城市前列。中国已成为世界城市地下空间开发利用的大国。

随着城市的快速发展，资源的过度开发，必然会带来环境污染、能源紧张、交通拥挤和水资源短缺等严重问题。大量的土建工程拔地而起，每天都能看到大片良田被钢筋混凝土所取代，并且无法再生，居住、交通、环境的矛盾日益突出，使地下空间成为人类在地球上安全舒适的第二个空间，人们不得不向地下要生存空间，以缓解土地资源紧张而带来的压力。为此，21世纪将成为地下空间的发展世纪。国际上已提出把21世纪作为人类开发利用地下空间的年代，日本提出要利用地下空间，把国土扩大数倍；我国也开始不断推动地下空间利用的立法工作，各地已开始进行地下空间的开发规划。

地下空间作为一种新的资源进行开发和利用，是当今一些国家的发展趋势。其主要标志如下。

(1) 大力发展城市地下交通、平时和战时两用的地下公共建筑、节约能源的中小型地下太阳能住宅、多功能地下室。

(2) 能源的地下储存。

(3) 高放射性核废料和工业垃圾的地下封存。

(4) 地下溶洞风景资源的再开发。

(5) 防灾和供战争防护用的地下建筑（包括防止自然灾害和人为灾害的地下工程、军事工程和人防工程等）的普及。

地下空间的开发对未来人类的发展起着非常重要的作用。

0.2　地下建筑结构的概念及特点

地下建筑是建造在土层或岩层中的各种建筑物和构筑物的统称。地下建筑包括交通运输方面的地下铁道、公路隧道、地下停车场、过街或穿越障碍的各种地下通道；工业与民用方面的各种地下车间、地下电站、矿井、地下储藏库、地下商店、人防与市政地下工程；文化、体育、娱乐与生活等方面的地下联合建筑体；军事方面的各种地下设施。地面建筑的地下室部分也属于地下建筑。一小部分露出地面、大部分处于岩石或土壤中的建筑物和构筑物被称为半地下建筑。

地下建筑结构是指在地面以下保留、回填或不回填的上部地层，在地下空间内修建的能够提供某种用途的建筑结构物。修建地下建筑物时，先按照使用要求在地层中挖掘洞室，然后沿洞室周边修建永久性支护结构，即衬砌。为了满足使用要求，在衬砌内部尚需修建必要的梁、板、柱、墙体等内部结构。所以，地下建筑结构通常包括衬砌结构和内部结构两部分，如图 0-1 所示。衬砌结构主要起承重和围护两方面的作用：承重，即承受岩土体压力、结构自重以及其他荷载；围护，即防止岩土体风化、坍塌、防水、防潮等。

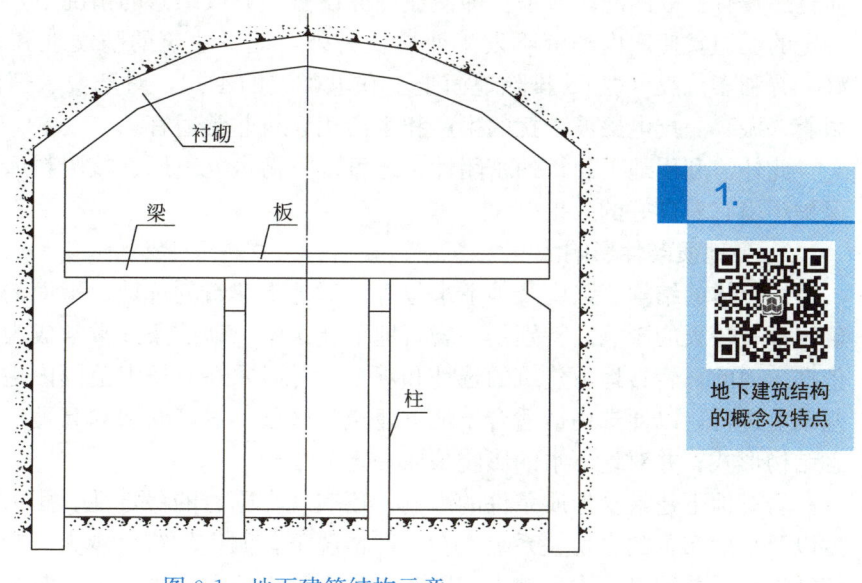

图 0-1　地下建筑结构示意

1. 地下建筑结构的概念及特点

地下建筑结构处于地层介质中，修建过程中和建成后都要受到地层（岩石或土壤）的作用，包括地层应力、变形和振动的影响，而且这些影响与所处地层的地质构造密切相关。其周围的岩土体不仅作为荷载作用于地下建筑结构，而且约束着结构的移动和变形。所以，在地下建筑结构设计中除了要计算复杂多变的岩土体压力，还要考虑地下结构与周围岩土体的共同作用。此外，地下结构设计时所依据的条件只是前期地质勘探得到的粗略资料，其揭示的地质条件非常有限，只有在施工过程中才能逐步地详细了解。因此，地下建筑结构的设计和施工有其固有的模式，即设计→施工及监测→信息反馈→修改设计→修改或加固施工。建成后，其还需进行相当长时间的监测。因此，地下建筑与地面建筑结构相比，虽然其内部结构的设计基本相同，但在计算理论和施工方法两方面都有诸多不同之处，地下建筑结构具有以下特点。

1. 自然防护力强

地下建筑上部有较厚的自然岩土覆盖，并可根据防护和使用要求确定其所需的自然覆盖层厚度，因而具有良好的防护性能，可免遭或减轻包括核武器在内的空袭、炮轰、爆破的破坏，同时也能有效地抵御地震、飓风等自然灾害以及火灾、爆炸等人为灾害。试验资料表明，大约10m厚的中等强度岩石，便可有效地防御50kN普通爆破弹的破坏作用；厚4~5m的中等强度岩石，毛洞跨度不大于5m时，便可达到抵抗地面冲击波超压$1200kN/m^2$的安全防护要求，而地面建筑则由于大部分暴露于地上，一般在$40kN/m^2$的超压下即会完全被破坏。同时，地下建筑还可以利用天然岩土层的围护，对某些危险性产品的生产或储存起一定的隔离和限制作用，如弹药、油料等的生产或储存；将核电站设置在岩石地下建筑中要比设置在地面建筑中更安全，防护距离也可相应地缩短。

2. 受外界条件影响小

由于地层具有良好的热稳定性和密闭性，所以除口部地段外，地下建筑内部温度受外界影响很小，这对于大多数物资的储存非常有利。如在岩石中修建的地下冷库，可以不用或少用隔热材料，温度调节系统也比地面冷库简单，备用设备少，经常性的操作费用低，而且还具有良好的冷藏效果。即使在冷冻设备损坏或维修的情况下，它也能在一周内保持一定的低温，使库内物资不发生变质。另外，地下建筑的防震性和密闭性也比地面建筑好，有利于抗震（振）、排除地面尘土和电磁波的干扰，对于要求恒温、恒湿、超净、防微震（振）、抗电磁波干扰的生产和生活用建筑非常适宜。

此外，利用地下建筑的密闭性，还可以将污水处理厂、核废料库等建于地下，这对于保护环境有着良好的效果。

3. 受地质条件影响大

岩土体的结构、强度及地下水位等，对地下建筑的选址、平面的布置、净高和跨度的确定都有较大的影响。特别是在岩石地下建筑中，地质条件常常成为其选址和设计的重要依据。因此，岩石地下建筑的选址和规划设计必须在对较大范围内地下岩层做详细调查的基础上进行，以便选用最适合于地下建筑的区段，避开断层和高地应力区，选用合理的衬砌结构形式，并对地下水的影响采取一定的措施。

岩石地下建筑受地质条件的影响，还表现在围岩的稳定性、压力作用与地下建筑的跨度以及平面布置的密切关系上。在一般情况下，洞室的跨度越大，围岩越不稳定，地下建筑结构所受的围岩压力也越大。因此，岩石地下建筑在平面上不宜采用大跨、多跨或连续成片的布置的方式，而应按使用要求并依据地质条件由若干个单体洞室组合而成，两平行洞室之间需要有一定厚度的岩柱以承受上覆岩体的部分荷载。

4. 通风、防水、排水、防潮、防噪声和照明等处理

地面建筑一般都是利用室内外空气压力（主要为热压和风压），用门窗进行自然通风，以保证室内生产、生活所需要的新鲜空气和适当的温度、湿度，并不断地排出污浊空气及生产、生活中所产生的余热余湿。然而，地下建筑与地面建筑不同，洞室内所需的空气必须从地面经洞口进入，排出的空气也要经洞口排至洞外。同时，地下温度比较稳定，单位时间内的传热量小以及岩石裂隙中渗透水的存在等因素使地下建筑内的余热、余湿难于自然散发，所以必须有可靠的通风和防潮去湿措施，才能保证洞室的正常使用。如果地下建筑要求防护通风，则在通风系统上还要布置消波、除尘、滤毒等设施。这些都将给建筑设计与构造带来很大影响，因此，地下建筑具有明显的特殊性。

由于洞室内完全见不到阳光，无论白天还是夜间，都需要人工照明。因此，特别是供平时使用的地下建筑，应考虑洞内的采光效果，使洞内有良好的工作环境。在洞口还要有灯光的过渡段（如采用光棚等），以调整人们的视觉感受。

此外，地下建筑多为封闭而狭长的空间，没有敞开的窗户，洞室内产生的各种声响传不出去。由于声的多次反射，声能衰减缓慢，混响声级强，混响时间长，在洞室内工作的人员，往往受到更为强烈的噪声干扰（指声源所产生的混响声级，直达声级是不会增高的）。洞内噪声常常影响信息的传递（如讲话的清晰度受到影响等），较大一点的噪声可能会引起人们耳鸣、头晕、烦躁、易疲劳、记忆力衰退等，严重影响人们的健康并会降低工作效率。这就要求进行建筑设计时，必须正确掌握洞室内各房间的使用特性，做好洞内噪声的隔离和控制，并对洞室内进行必要的声学处理。

5. 施工条件特殊

地面建筑是采用"围"的办法构成使用空间，而地下建筑是使用"挖"的办法取得空间，因此，土石方工程量大。由于地下施工作业面小、空间有限、环境潮湿，在施工方法和施工机具的使用、构配件的材料和尺寸大小等方面与地面建筑都有区别。

由于地下建筑挖方工程量大，建设周期长，衬砌等结构费用高，再加上防护、通风、排水、防潮等的处理，导致施工较复杂，一次投资的金额较高。据资料显示，一般岩石地下建筑的造价约比地面同类建筑的造价高出一倍左右。但在地质条件良好、施工机械化程度较高的情况下，有些地下建筑，如地下水电站就比地面同类型建筑的造价要经济。若将水电站的主厂房建在地下，不仅能获得最大的发电量，并在最低水位时能继续正常发电，还可使厂房安置在水道处于最良好的地质体中，且使有压引水管具有良好的垂直度，距离最短。压力管设于岩石中，可利用岩石承受水压力，从而大大简化水管的结构，可节约大量的钢材和混凝土。

综合上述，地下建筑具有明显的特性，对节约能源、保护环境、改善地面土地的利用、解决城市用地紧张和交通拥挤等矛盾，有明显的优越性。有规划地建造各种地下建筑工程，对节约城市用地、克服地面各种障碍、改善城市交通、减少城市污染、扩大城市空间容量、提高工作效率和提高城市生活质量等方面，都会起到极其重要的作用。

0.3 地下建筑结构的分类及形式

0.3.1 地下建筑结构的分类

根据地下空间的特点，可以将地下建筑结构按照所处的地质条件、用途、埋置深度、与地面联系情况、断面形式及支护形式等进行分类，具体如下。

1. 根据所处的地质条件分类

根据所处的地质条件的不同，地下建筑结构的分类见表 0-1。

地下建筑结构按地质条件分类　　　　　　表 0-1

序号	结构类型	说明
1	岩体地下建筑结构	修建在岩石中的地下建筑结构，如穿山隧道(图 0-2)等
2	土体地下建筑结构	修建在土层中的地下建筑结构
3	水体地下建筑结构	修建于海洋、湖泊中的水下隧道

图 0-2　穿山隧道

2. 根据用途分类

根据用途的不同，地下建筑结构的分类见表 0-2。

地下建筑结构按用途分类　　　　　　表 0-2

序号	用途	说明
1	公共与民用建筑	地下住宅、地下商店、图书馆、体育馆、展览厅、影剧院等
2	工业建筑	水力或火力发电站的地下厂房以及各种轻、重工业地下厂房等
3	交通运输	铁路隧道、公路隧道、城市地铁及地下停车场等
4	水利水电	水力发电站的各种输水隧道以及农业给水排水隧道

续表

序号	用途	说明
5	市政工程	给水工程、污水、管路、线路、废物处理中心等
6	地下仓储	食物的储藏库、冷藏库,石油以及核废料存储库等
7	人防工程	防空地下室、军事指挥所、地下武器库及地下医院等
8	矿山巷道	各类矿山的运输巷道及开采井巷等
9	其他	其他特殊用途的地下建筑结构

3. 根据埋置深度分类

根据埋置深度的不同,地下建筑结构的分类见表 0-3。

地下建筑结构按埋置深度分类　　　　　　　　表 0-3

名称	埋深范围/m			
	小型结构	中型结构	大型运输系统结构	采矿结构
浅埋	0～2	0～10	0～10	0～100
中埋	2～4	10～30	10～50	100～1000
深埋	>4	>30	>50	>100

4. 根据与地面联系情况分类

根据与地面联系情况的不同,地下建筑结构可以分为附建式地下建筑结构和单建式地下建筑结构。

(1) 附建式地下建筑结构。

各种附属于地面建筑的地下室部分,被称为附建式地下建筑结构。其结构形式与上部地面建筑布置相协调,其外围结构常用地下连续墙或板桩结构,内部结构则可为框架结构、梁板结构或无梁楼盖。对于高层楼房,其地下室结构都兼作为箱形基础。

(2) 单建式地下建筑结构。

当地下结构独立修建在地层内,地面上方无其他的地面建筑物或与其地面上方的地面建筑物无结构上的联系时,可称其为单建式地下建筑结构。当结构平面呈方形,顶板做成平顶时,常用梁板式结构,为节省材料,顶部可做成拱形,如地下防空洞或避难所常做成直墙拱形结构;平面为条形的地铁等大中型结构,常做成矩形框架结构。

5. 根据断面形式分类

根据断面形式的不同,地下建筑结构可以按如图 0-3 所示分类。一般情况下,矩形隧道适用于工业、民用、交通等建筑物的使用限界,但直线构件不利于抗弯,所以它在荷载较小(即地质较好、跨度较小或埋深较浅)时常被采用;当受到均匀法向压力时,弯矩为

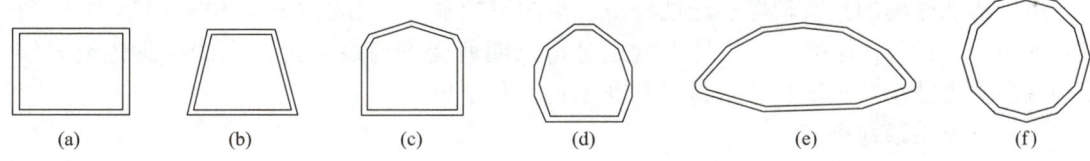

图 0-3　地下结构断面形式

(a) 矩形;(b) 梯形;(c) 多边形;(d) 直墙拱形;(e) 曲墙拱形;(f) 扁圆形

零,可充分利用混凝土结构的抗压强度,当地质条件较差时应优先采用圆形隧道。其余形式是介于以上两者的中间情况,由具体荷载和尺寸决定,例如顶压较大时,则可用直墙拱形结构,大跨度结构需用落地拱(没有直墙),底板常做成仰拱。

6. 根据支护形式分类

根据支护形式的不同,地下建筑结构可以分为防护型支护、构造型支护以及承载型支护三类,具体如下:

(1) 防护型支护:以封闭岩面,防止周围岩体质量的进一步恶化或者失稳为目的。其既不能阻止围岩变形,又不能承受岩体压力,是最轻型的开挖支护形式,通常采用喷浆、喷射混凝土或局部锚杆来完成。

(2) 构造型支护:通常采用喷射混凝土、锚杆和钢筋网、模筑混凝土支护等形式,以满足施工及构造要求,防止局部掉块或坍塌而逐步引起整体失稳。

(3) 承载型支护:应满足围岩压力、使用荷载、结构荷载及其他荷载的要求,保证围岩与支护结构的稳定性。

0.3.2 地下建筑结构的形式

地下建筑结构的形式主要由地质条件、使用功能和施工技术等因素确定。首先,结构形式由受力条件来控制,即在一定条件下的围岩压力、水土压力和一定的爆炸与地震等动荷载下求出最合理和经济的结构形式。其次,结构形式受使用功能制约,一个地下建筑物必须考虑使用需要。如人行通道,可做成单跨矩形或拱形结构;地铁车站或地下车库等应采用多跨结构,既减小内力,又利于使用;飞机库的中间部位不能设置立柱,常用大跨度落地拱;在工业车间中,矩形隧道接近使用限界;当欲利用拱形空间放置通风等管道时,亦可做成直墙拱形或圆形隧道。最后,施工方案是决定地下结构形式的重要因素,在使用要求和地质条件相同的情况下,因施工方法不同而采取不同的结构形式。

综合地质条件、使用要求、施工技术等因素,地下建筑结构按照结构形式的不同可以分为以下 8 类。

1. 拱形结构

拱形结构的顶部横剖面均属拱形,主要有以下几种。

(1) 半衬砌。

只做拱圈、不做边墙的衬砌称为半衬砌。当岩层较坚硬,整体性较好,侧壁无坍塌危险,仅顶部岩石可能有局部脱落时,可采用半衬砌结构,如图 0-4 所示。计算半衬砌结构时,一般应考虑拱支座的弹性地基作用,施工时,应保证拱脚岩层的稳定性。

(2) 厚拱薄墙衬砌。

厚拱薄墙衬砌的拱脚较厚、边墙较薄。当洞室的水平压力较小时,可采用厚拱薄墙衬砌,如图 0-5 所示。这种衬砌的受力特点是将拱圈所受的荷载通过扩大的拱脚传给岩层,使边墙的受力减小,可节省建筑材料和减少石方开挖量。

(3) 直墙拱顶衬砌。

直墙拱顶衬砌是岩石地下工程中普遍采用的一种结构形式。它由拱圈、竖直边墙和底板(或仰拱)组成,如图 0-6 所示。对有一定水平压力的洞室,可采用直墙拱顶衬砌。此

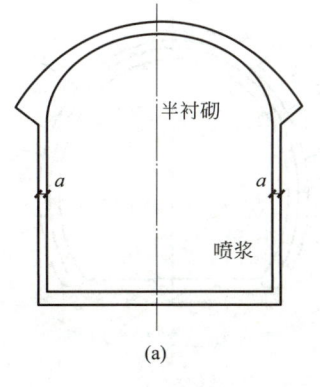 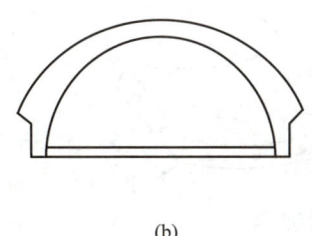 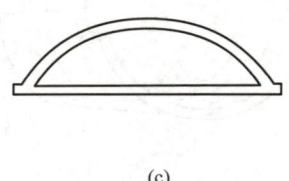

图 0-4 半衬砌和落地拱
(a) 半衬砌结构；(b)、(c) 落地拱

类衬砌与围岩之间的间隙应回填密实，使衬砌与围岩能整体受力。

（4）曲墙拱顶衬砌。

曲墙拱顶衬砌由拱圈、曲墙和底板（或仰拱）组成，如图 0-7 所示。当围岩的垂直压力和水平压力都比较大时，可采用曲墙拱顶衬砌。如遇洞室底部地层软弱或为膨胀性地层时，应采用底部结构为仰拱的曲墙拱顶衬砌，将整个衬砌围成封闭形式，以加大结构的整体刚度。

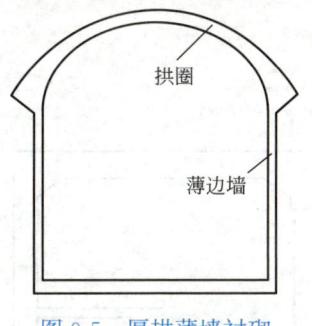 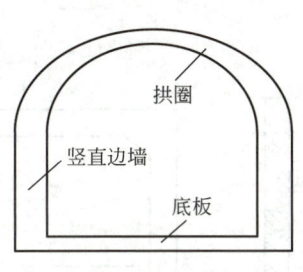 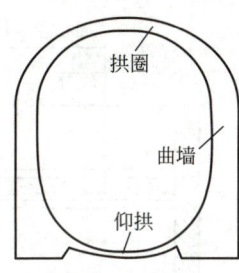

图 0-5 厚拱薄墙衬砌　　图 0-6 直墙拱顶衬砌　　图 0-7 曲墙拱顶衬砌

（5）离壁式衬砌。

离壁式衬砌的拱圈和边墙均与岩壁脱离，其间空隙不做回填，仅将拱脚处局部扩大，使其延伸至岩壁并与之顶紧，如图 0-8 所示。当围岩基本稳定时可采用离壁式衬砌。对毛洞的壁面常需进行喷浆围护，以防止围岩风化剥落。

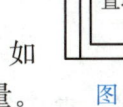

图 0-8 离壁式衬砌

（6）装配式衬砌。

由预制构件在洞内拼装而成的衬砌称为装配式衬砌，如图 0-9 所示。采用装配式衬砌可加快施工速度，提高工程质量。

（7）复合式衬砌。

分两次修筑、中间加设薄膜防水层的衬砌称为复合式衬砌，如图 0-10 所示。复合式衬砌的外层常为锚喷支护，内层常为整体式衬砌。

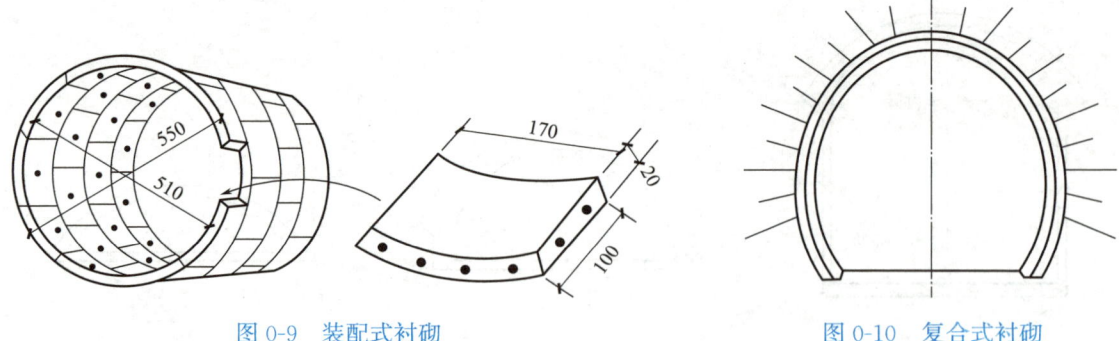

图 0-9　装配式衬砌　　　　　　　　图 0-10　复合式衬砌

2. 梁板式结构

在浅埋地下建筑中，梁板式结构的应用也很普遍，如地下医院、教室等。这种结构常用在地下水位较低的地区，或要求防护等级较低的工程。顶、底板做成现浇钢筋混凝土梁板式结构，而围墙和隔墙可采用砖墙，如图 0-11 所示。

3. 框架结构

在地下水位较高或防护等级要求较高的地下工程中，一般除内部隔墙外，均做成箱形闭合框架钢筋混凝土结构。对于高层建筑，地下室结构都兼作为箱形基础。

地下铁道、软土中的地下厂房、地下医院和地下指挥所以及地下发电厂中也常采用框架结构，如图 0-12 所示。

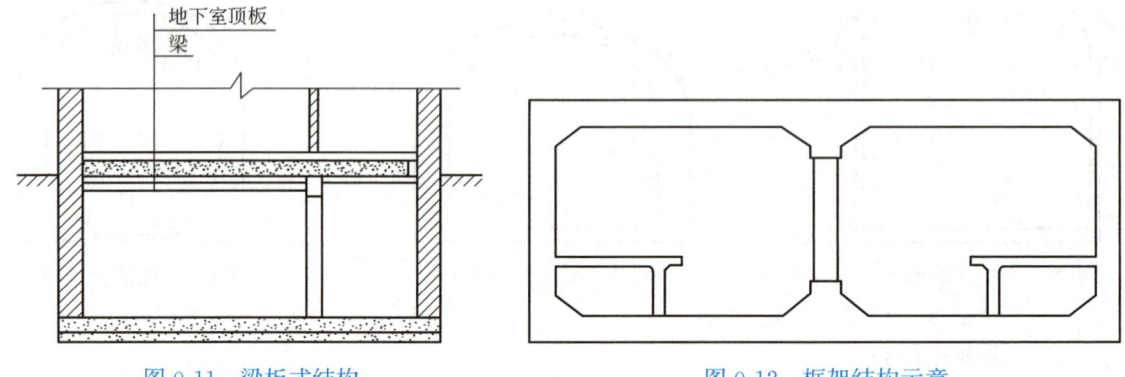

图 0-11　梁板式结构　　　　　　　　图 0-12　框架结构示意

沉井式结构的水平断面也常做成矩形单孔、双孔或多孔结构等形式。如图 0-13 所示为矩形多孔沉井式结构的典型形式。

断面大而短的顶管结构常采用矩形结构或多跨箱涵结构。这类结构的横断面也属于框架结构。

4. 圆管形结构

当地层土质较差、靠其自承能力可维持稳定的时间很短时，对中等埋深以上土层的地下结构常以盾构法施工，其结构形式相应地采用装配式管片衬砌。该类衬砌的断面外形常为圆形，与盾构的外形一致，如图 0-14 所示。盾构一般是圆柱形的钢筒，依靠盾尾千斤顶沿纵向支撑在已拼装就位的管片衬砌上向前推进。装配式管片一般在盾构钢壳的掩护下就地拼装，经过循序交替挖土、推进和拼装管片，就可建成装配式圆形管片结构。将平行修建的装配式圆形管片结构横向连通，即可成为多孔式隧道结构。

断面小而长的顶管结构一般也采用圆管形结构。

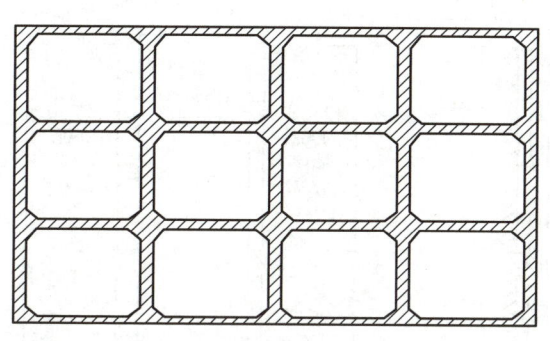

图 0-13　矩形多孔沉井式结构

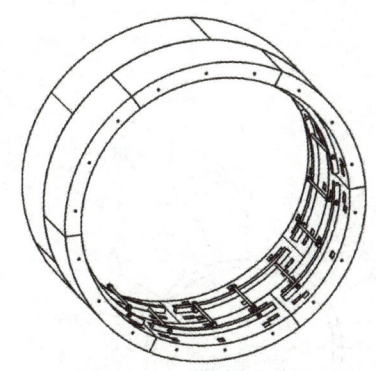

图 0-14　圆管形结构

5. 地下空间结构

地下立式油罐一般由球形顶壳、圈梁、圆筒形边墙和圆形底板组成，也常被称为穹顶直墙结构。如图 0-15 所示，它的顶盖就属于空间壳体结构。软土中的地下工厂有的采用圆形沉井结构，它的顶盖也采用空间壳体结构。用于软土中明挖施工的一些地下仓库、地下商店、地下礼堂等的顶盖，也采用空间结构。

坑道交叉接头常称为岔洞结构，如图 0-16 所示。

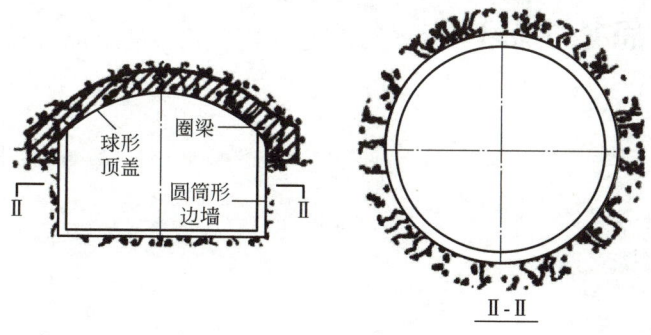

图 0-15　地下立式油罐

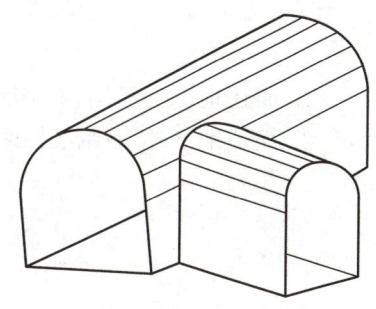

图 0-16　岔洞结构

6. 锚喷支护

锚喷支护是在毛洞开挖后及时地采用喷射混凝土、钢筋网喷射混凝土、锚杆喷射混凝土或锚杆钢筋网喷射混凝土等方式对地层进行加固，如图 0-17 所示。由于锚喷支护是一种柔性结构，故能更有效地利用围岩的自承能力维护洞室稳定，其受力性能一般优于整体式衬砌。

7. 地下连续墙结构

用地下连续墙方法修建地下结构与用明挖法和沉井法施工相比，有许多优点。当遇到施工场地狭窄时可优先考虑采用地下连续墙结构。用挖槽设备沿墙体挖出沟槽，以泥浆维持槽壁稳定，然后吊入钢筋笼架并在水下浇筑混凝土，即可建成地下连续墙结构的墙体。建成墙体以后，可在墙体的保护下明挖基坑，或用逆作法施工修建底板和内部结构，最终建成地下连续墙结构，如图 0-18 所示。

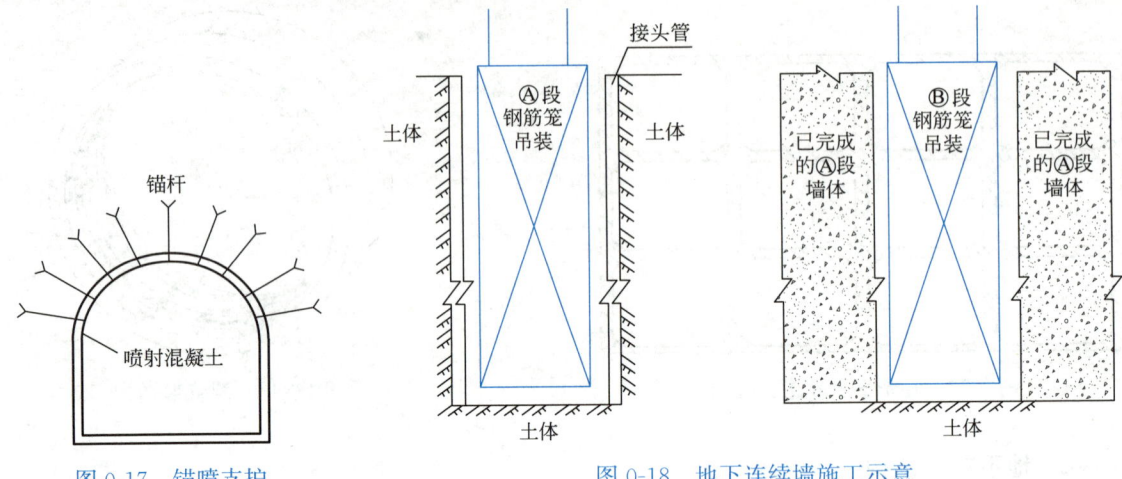

图 0-17　锚喷支护　　　　　图 0-18　地下连续墙施工示意

8. 开敞式结构

用明挖法施工修建的地下构筑物，需要有和地面连接的通道。它是由浅入深的过渡结构，称为引道。在无法修筑顶盖的情况下，一般都做成开敞式结构。矿石冶炼厂的料室等通常也做成开敞式的地下结构。

思考与练习

1. 简述地下建筑结构的类型。
2. 简述地下建筑结构主要形式。

教学单元 1　地下建筑结构设计基本知识

教学目标

1. 知识目标
（1）了解地下建筑结构荷载的分类。
（2）掌握地下建筑结构荷载的计算。
（3）熟悉地下建筑结构设计的基本理论。
（4）掌握地下建筑结构设计的主要方法和主要内容。
（5）熟悉地下建筑结构设计的常用规范。

2. 能力目标
（1）能计算围岩压力、土压力及结构自重和其他相关荷载。
（2）能根据工程实际情况选择合理的计算方法。

3. 素质目标
通过对各类荷载的计算，锻炼学生自主查阅规范、标准的能力，培养学生遵守国家和行业规范、标准与图集要求的意识，做"遵章守规"的工程人。

思维导图

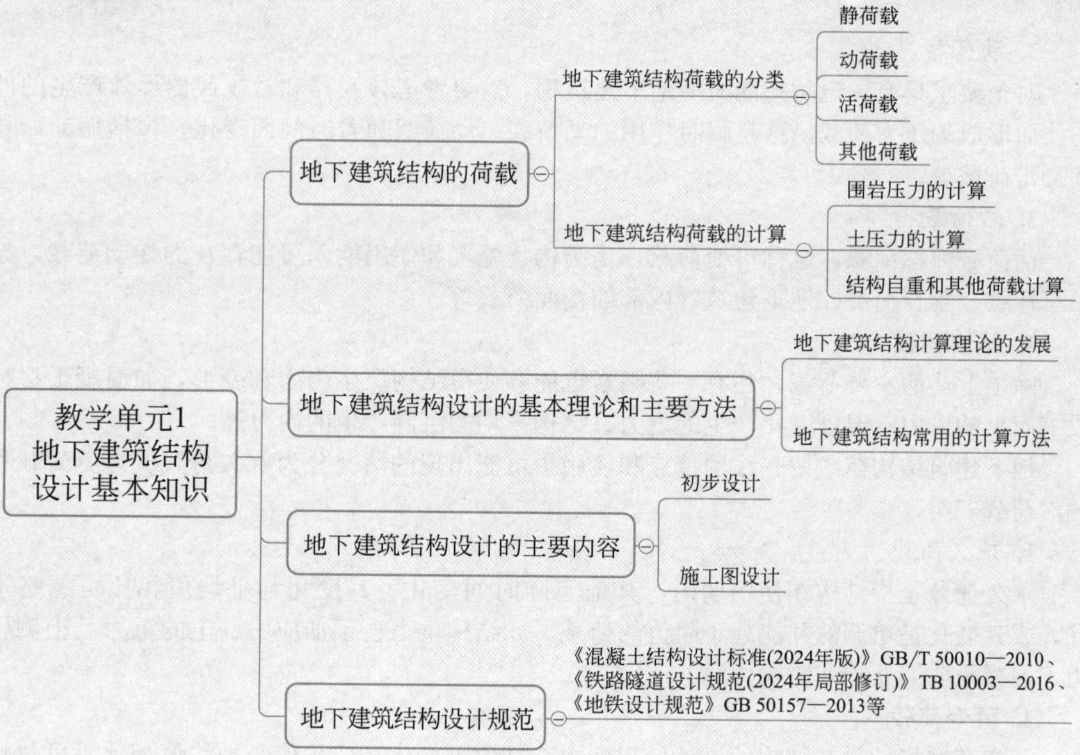

教学单元1 地下建筑结构设计基本知识
- 地下建筑结构的荷载
  - 地下建筑结构荷载的分类
    - 静荷载
    - 动荷载
    - 活荷载
    - 其他荷载
  - 地下建筑结构荷载的计算
    - 围岩压力的计算
    - 土压力的计算
    - 结构自重和其他荷载计算
- 地下建筑结构设计的基本理论和主要方法
  - 地下建筑结构计算理论的发展
  - 地下建筑结构常用的计算方法
- 地下建筑结构设计的主要内容
  - 初步设计
  - 施工图设计
- 地下建筑结构设计规范
  - 《混凝土结构设计标准(2024年版)》GB/T 50010—2010、《铁路隧道设计规范(2024年局部修订)》TB 10003—2016、《地铁设计规范》GB 50157—2013等

地下建筑结构不仅指在地下空间中修建的结构，也包括地下空间本身，只不过后者构建的材料不是钢筋混凝土，而是土或岩石。地下建筑结构在修建过程中和建成后都要受到地层（岩石或土壤）的作用，因此，其受力较为复杂。如何梳理并计算荷载、如何选取合理的计算方法等尤为重要。本单元，我们一起学习地下建筑结构设计的基本知识。

1.1 地下建筑结构的荷载

地下建筑结构承受的荷载是比较复杂的，其确定方法还不够完善。与地上结构相比，地下建筑结构在建造和使用过程中所承担的荷载的复杂性和不确定性使得设计和施工变得更加困难，所以在实际工程中要对荷载进行分类，找出最不利荷载的组合。

1.1.1 地下建筑结构荷载的分类

地下建筑结构荷载按其存在状态分为静荷载、动荷载、活荷载和其他荷载。

地下建筑结构荷载的分类

1. 静荷载

静荷载又叫恒荷载，是指长期作用在结构上的大小、方向和作用点不变的荷载。自重、地下水压力、岩土体压力和弹性抗力等都属于静荷载。

2. 动荷载

对于要求具有一定防护能力的地下建筑物，需要考虑核武器和常规武器爆炸产生的冲击波而形成的压力荷载，这是瞬时作用的动荷载。动荷载随着时间而变化，包括振动荷载和冲击荷载等。

3. 活荷载

活荷载简称活载，也称可变荷载，是结构物施工和使用期间可能存在的变动荷载，如吊车荷载、落石荷载、地下建筑物内部的楼面荷载等。

4. 其他荷载

除了上述的主要荷载，还有一些因素也能够使得结构产生内力和变形，如混凝土材料收缩产生的内力、温度变化产生的内力、结构不均匀沉降产生的内力等。

地下建筑结构荷载按其作用特点和使用中可能出现的情况分为永久荷载、可变荷载和偶然荷载三类。

1. 永久荷载

永久荷载是指结构在使用期内，其值不随时间变化、其变化与平均值相比可忽略不计，或其变化是单调的并能趋于限值的荷载。如结构重力、预加应力、土的重力及土侧压力、混凝土收缩及徐变影响力等。

2. 可变荷载

可变荷载指的是在结构的设计使用期内，其值可变化且变化值与平均值相比不可忽略的荷载。可变荷载分为基本可变荷载和其他可变荷载两类。基本可变荷载即长期的、经常作用的变化荷载，如吊车荷载、车辆人员荷载等。其他可变荷载即非经常作用的变化荷载，如施工时的机械荷载。

3. 偶然荷载

偶然荷载是在结构设计使用年限内不一定出现，但一旦出现其量值很大，且持续时间很短的荷载，如落石冲击力和地震作用等都属于偶然荷载。

《地铁设计规范》GB 50157—2013 对荷载的分类见表 1-1。

荷载的分类　　　　　　　　　　　　　　　　表 1-1

荷载分类		荷载名称
永久荷载		结构自重
		地层压力
		结构上部和破坏棱体范围内的设施及建筑物压力
		水压力及浮力
		混凝土收缩及徐变影响
		预加应力
		设备重量
		地基下沉影响
可变荷载	基本可变荷载	地面车辆荷载及其动力作用
		地面车辆荷载引起的侧向土压力
		地铁车辆荷载及其动力作用
		人群荷载
	其他可变荷载	温度变化影响
		施工荷载
偶然荷载		地震作用
		沉船、抛锚或河道疏浚产生的撞击力等灾害性荷载
		人防荷载

各个荷载对结构产生的作用可能并不是同时出现的，因此，需要考虑最不利的荷载组合。先计算荷载单独作用下的结构构件内力，再进行最不利内力组合。一般来说，地下结构荷载组合中，最重要的是结构自重和地层压力。由于地下结构的类型很多，使用条件差异较大，不同的地下结构在荷载组合上有不同的要求，因而在荷载组合时，必须遵守相应规范对荷载组合的规定。

1.1.2　地下建筑结构荷载的计算

地下建筑结构所承受的荷载有结构自重、地层压力、弹性抗力、地下水静水压力、车辆和设备重量及其他使用荷载等。对于兼作上部建筑基础的地下结构，上部建筑传下来的垂直荷载也是必须考虑的主要荷载。另外，地下建筑还可能受到一些附加荷载，如灌浆压力、局部落石荷载（对于岩石地下工程）、施工荷载、温度变化或混凝土收缩引起的温度应力和收缩应力；有时还需要考虑偶然发生的特殊荷载，如地震作用或爆炸作用。上述荷载中，有些荷载虽然对地下结构的设计和计算影响很大（如上部建筑自重），但计算方法比较简单明确；有些荷载（例如温度应力和收缩应力）虽然分析计算比较复杂，但对地下结构的安全并不起控制作用；结构本身的自重尽管必须计算在内，但等直杆件，如墙、梁、板、柱的自重，计算相对简单，故不作介绍。拱圈结构为等截面或变截面时，计算稍复杂，后面会作简单介绍。

对大多数地下工程而言，地层压力是至关重要的荷载。一是因为地层压力往往是地下建筑结构设计计算中的控制因素；二是因为地层压力计算的复杂性和不确定性，使得岩土工程师不敢掉以轻心。地层压力主要包括围岩压力、土压力及弹性抗力。

1. 围岩压力的计算

（1）围岩的概念。

洞室开挖之前，地层中的岩体处于复杂的原始应力状态。洞室开挖后，应力平衡状态遭到破坏，应力重新分布，从而使围岩产生变形，但这种应力重分布仅限于洞室周围一定范围内的石体，在此范围以外仍保持初始应力状态。洞室周围发生应力重分布的这部分岩体叫作围岩。

（2）围岩压力的概念。

围岩压力，是指洞室开挖后的二次应力状态，围岩产生变形或破坏所引起的作用在衬砌或支护结构上的压力，是作用在地下建筑结构上的主要荷载。

（3）围岩压力分类。

1）形变压力。

形变压力是由于围岩变形受到支护的抗力而产生的，所以形变压力，既取决于原岩应力、岩体力学性质，也取决于支护结构刚度和支护时间。

2）松动压力。

松动的岩体或者施工破坏的岩体等在自重的作用下，掉落在洞室上的压力被称为松动压力。松动压力本质上属于松动荷载，在洞室顶部处最大，两侧稍小，底部几乎没有。施工爆破是引起岩层松动的主要原因。

3）膨胀压力。

岩体具有吸水膨胀崩解的特性，其膨胀、崩解、体积增大可以是物理性的，也可以是化学性的。由围岩膨胀崩解而引起的压力被称为膨胀压力。膨胀压力与形变压力的基本区别在于它是由吸水膨胀引起的。

4）冲击压力。

冲击压力又称岩爆，它是在围岩积聚了大量的弹性变形能之后，由于开挖突然释放出来的能量所产生的压力，一般在高地应力的坚硬岩石中发生。

围岩压力按其作用方向，又可分为垂直压力、水平侧向压力和底部压力。在坚硬岩层中，围岩水平压力很小，常可忽略不计；在松软岩层中，围岩水平压力较大，计算中必须考虑。围岩底部压力是向上作用在衬砌结构底板上的荷载，一般来说，在松软地层和膨胀性岩层中建造的地下建筑结构会受到较大的底部压力。

（4）围岩压力的计算。

围岩压力的计算方法有多种，比如按松散体理论计算、按弹塑性体理论计算以及按照围岩分级和经验公式确定等。本单元主要介绍按松散体理论计算围岩压力。

1）浅埋、深埋的判定。

在计算围岩压力之前要根据地下结构的埋深确定结构是浅埋还是深埋。根据铁路隧道的经验，浅埋结构和深埋结构的界限深度通常为 2～2.5 倍的塌方平均高度值，《公路隧道设计规范 第一册　土建工程》JTG 3370.1—2018 中提出：

$$H_p = (2 \sim 2.5) h_q \tag{1-1}$$

$$h_q = q/\gamma \tag{1-2}$$

式中，H_p——深浅埋隧道的分界深度（m）；

　　　h_q——等效荷载高度值（m）；

　　　q——深埋隧道垂直均布压力（kN/m²）；

　　　γ——围岩重度（kN/m³）。

2）浅埋结构上的垂直围岩压力计算。

当地下结构上的覆岩层较薄时，通常认为覆盖层全部岩体重量作用于地下结构。这时地下结构所受的围岩压力就是覆盖层岩石柱的重量，如图 1-1（a）所示。垂直围岩压力的集度 $q = \gamma \cdot H$（γ 为岩体重度，H 为地下结构顶盖上方覆盖层厚度），显然，这样计算的围岩压力是一种最不利的情况。实际上，当地下结构上方覆盖的岩层向下滑动时，两侧不动岩层将向滑动体提供摩擦力，阻止其下滑。只要地下结构所提供的反力与两侧所提供的摩擦力之和能克服这种下滑，则作用在地下结构上的围岩压力只是岩石柱重量与两侧所提供的摩擦力之差。

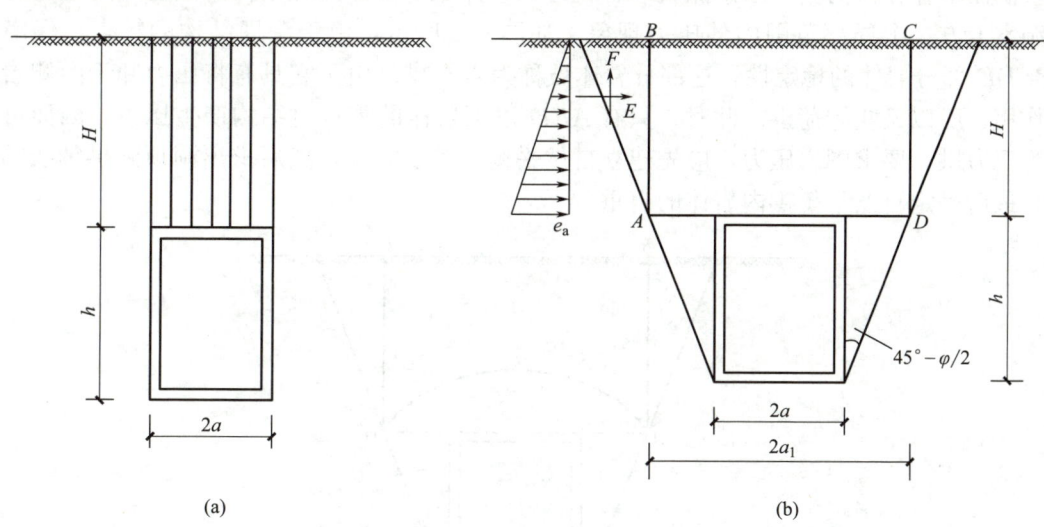

图 1-1　浅埋结构垂直围岩压力计算图式

由于地下结构上方的覆盖层不可能像图 1-1（a）那样规则地沿壁面下滑，为方便计算，需要进行一定的简化处理。假定从洞室的底角起形成一个与结构侧壁成（45°－φ/2）的滑移面，并认为这个滑移面延伸到地表，如图 1-1（b）所示。只有滑移面以内的岩体才有可能下滑，而滑移面之外的岩体是稳定的。取 $ABCD$ 为向下滑动的岩体，它所受到的抵抗力是沿 AB 和 CD 两个面的摩擦力之和。因此，作用在地下结构上的总压力为

$$Q = G - 2F \tag{1-3}$$

式中，G——$ABCD$ 体的总重量；

F——AB 或 CD 面对 G 的摩擦力。

由几何关系可得

$$Q = 2\gamma H \left[a + h \tan\left(45° - \frac{\varphi}{2}\right) \right] - \gamma H^2 \tan^2\left(45° - \frac{\varphi}{2}\right) \tan\varphi \tag{1-4}$$

围岩压力集度为

$$q = \gamma H \left[1 - \frac{H}{2a_1} \tan^2\left(45° - \frac{\varphi}{2}\right) \tan\varphi \right] \tag{1-5}$$

式中，Q——作用在地下结构上的总压力；

γ——围岩的重度；

H——地下结构顶部上方的覆盖层厚度（$H < H_p$）；

a——地下结构物的宽度；

a_1——覆盖层岩石柱的宽度；

h——地下结构的高度；

φ——内摩擦角；

q——作用在地下结构上的围岩均布压力。

3) 深埋结构上的垂直围岩压力计算。

深埋结构，是指当地下结构的埋深较大，以致两侧摩擦阻力远远超过了滑移柱的重量。因而不存在任何偶然因素能破坏岩石柱的整体稳定性。深埋结构的围岩压力是研究地下洞室上方一个局部范围内的压力现象。如图 1-2 所示，由于深埋结构的特点，保障了 $ABCDE$ 部分岩体的稳定性，这部分岩体被称为岩石拱。由于它具有将压力卸于两侧岩体的作用，所以又叫卸荷拱。此时，只有 AED 以下岩体的重量对结构产生压力，因而可称此为压力拱。要求围岩压力，应先建立自然平衡拱轴线方程，然后求出洞顶到拱轴线的距离，最后确定自然平衡拱内岩体的自重。

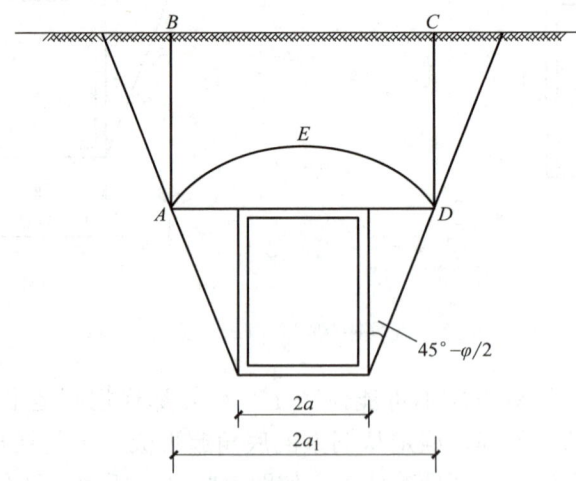

图 1-2 深埋结构垂直围岩压力计算图式

通过对一点取矩，所有外力在此点的合弯矩为零，得到的拱轴线方程为

$$y = \frac{x^2}{f_k a_1} \tag{1-6}$$

当 $x = a_1$ 时，$y = h_1$，可得压力拱高度为

$$h_1 = \frac{a_1}{f_k} \tag{1-7}$$

压力拱曲线上任何一点的高度为

$$h_x = h_1 - y = h_1 \left(1 - \frac{x^2}{a_1^2}\right) \tag{1-8}$$

因此，当地下结构上方具有足够厚度的覆盖层时，由于卸荷拱具有将岩体重量转嫁给洞室两侧的功能，因而只有压力拱内的岩体重量会作用在结构上。

在地下建筑结构设计中，常忽略压力拱曲线所造成的荷载集度的差别，垂直围岩压力取均布形式，并按 h_1 计算，即：

$$q = \gamma \cdot h_1 \tag{1-9}$$

f_k 是表征岩体属性的一个重要的物理量，它决定岩体性质对压力拱高度的影响，是岩体抵抗各种破坏能力的综合指标，又称岩层坚硬系数或普氏系数。f_k 值大，则岩体抵抗各种破坏，如冲击、爆破、开挖等的能力就强。由于岩体结构极为复杂，同种岩体也因裂隙、层理、节理发育状况不同，表现出对各种破坏抵抗能力的不同。f_k 值需结合现场，综合各种地质实际由经验判定。

4）水平围岩压力计算。

一般来说，垂直围岩压力是地下结构不可忽视的荷载，而水平围岩压力只有在较松软的岩层（如 $f_k \leqslant 2$ 时）才考虑。地下结构的侧墙像挡土墙一样承受着围岩的水平压力。因此，要计算水平围岩压力，首先应计算出该点的垂直围岩压力集度，再乘以侧压力系数 $\tan^2(45° - \varphi/2)$，即得水平围岩压力集度。所以任一深度 z 处的水平围岩压力集度为

$$e_z = \gamma z \cdot \tan^2(45° - \varphi/2) \tag{1-10}$$

水平围岩压力沿深度呈三角形分布。

如果沿结构深度上岩体由多层组成，则必须分层计算各层的水平围岩压力。

2. 土压力的计算

（1）土压力及其分类。

土压力是土与挡土结构之间相互作用的结果，它与结构的变位有着密切关系。以挡土墙为例，作用在挡土墙上的土压力是填土（填土和填土表面上的荷载）或挖土坑壁原位土对挡土墙结构产生的侧向土压力，它是挡土墙承受的主要荷载。根据墙的位移方向和大小，作用在墙背上的土压力可以分为以下三种。

1）静止土压力。当挡土墙在土压力作用下静止不动时（结构不发生变形和任何位移），墙后土体处于弹性平衡状态，则作用于墙上的侧向土压力为静止土压力，以 P_0 表示，如图 1-3（a）所示。

2）主动土压力。挡土墙在墙后土体的推力作用下向前移动，墙后土体随之向前移动。土体下方阻止移动的强度发挥作用，使作用在墙背上的土压力逐渐减小。当墙向前位移达到 $-\triangle$ 值时，土体中产生滑裂面 AB，同时在此滑裂面上产生抗剪强度全部发挥，此时墙后土体达到主动极限平衡状态，墙背上作用的土压力减到最小，因土体主动推墙，可称

其为主动土压力，以 P_a 表示，如图 1-3（b）所示。

3）被动土压力。若挡土墙在巨大的推力作用下向后移动推向填土，则填土受到墙的挤压作用，使作用在墙背上的土压力增大。当挡土墙向填土方向的位移量达到 $+\triangle$ 时，墙后土体即将被挤出产生滑裂面 AC，在此滑裂面上的抗剪强度全部发挥，墙后土体达到被动极限平衡状态，墙背上作用的土压力达到最大，即被动土压力，以 P_p 表示，如图 1-3（c）所示。

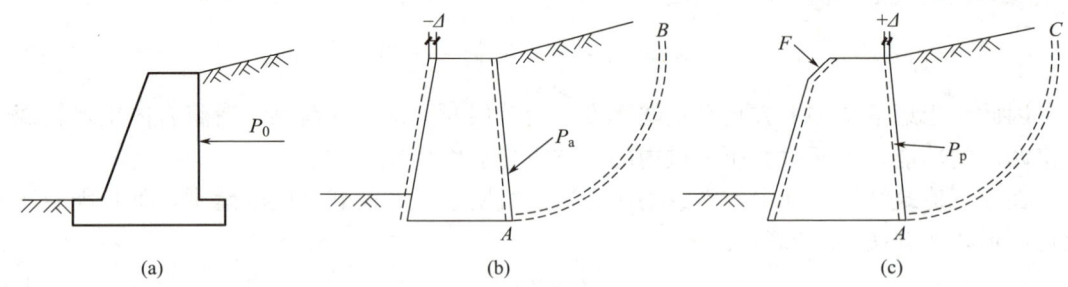

图 1-3　土压力示意图

（2）静止土压力的计算。

根据弹性半无限体的应力和变形理论，z 深度处静止土压力为

$$p_0 = K_0 \gamma z \tag{1-11}$$

式中，K_0 为静止土压力系数，可由泊松比 μ 或经验值来确定；当其由泊松比来确定时，$K_0 = \dfrac{\mu}{1-\mu}$，见表 1-2；当按经验计算时，砂土 $K_0 = 1 - \sin\varphi'$，黏性土 $K_0 = 0.95 - \sin\varphi'$，$\varphi'$ 为土的有效内摩擦角。γ 为填土的重度（kN/m^3）；z 为计算点深度（m）。

不同土体泊松比和静止土压力系数　　　　　　　　　　　　　　　　　　　表 1-2

类别	μ	K_0
砂土	0.2～0.25	0.25～0.33
黏性土	0.25～0.40	0.33～0.67

在均质土中，静止土压力呈三角形分布，如图 1-4（a）所示，墙顶处：$z=0$，$p_0=0$，墙底处：$z=H$，$p_0=K_0\gamma H$，则静止土压力的合力可以通过三角形的面积求得，即：

$$P_0 = \frac{1}{2}\gamma H^2 K_0 \tag{1-12}$$

式中，P_0 为静止土压力的合力，方向水平，作用点在距墙底 $H/3$ 高度处，单位为 kN/m，如图 1-4（b）所示。

（3）朗肯土压力理论。

1）基本假设。

① 挡土墙墙背竖直，墙面光滑。

② 填土表面水平，墙后填土延伸到无限远处。

③ 挡土墙后填土处于极限平衡状态。

2）理论研究。

在表面水平的半无限空间弹性体中，于深度 z 处取一微单元体。若土的天然重度为

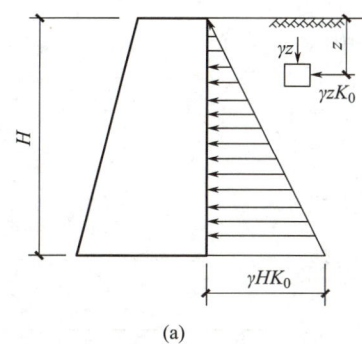 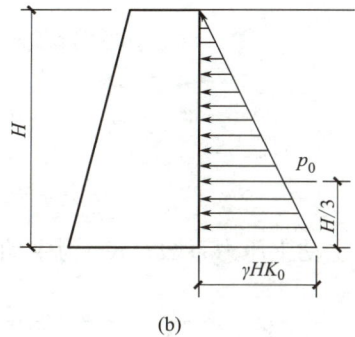

图1-4 土压力计算简图

γ，则作用在此微单元体顶面的法向应力 σ_1，即为该处的自重应力，即 $\sigma_1 = \sigma_z = \gamma z$，同时作用在此微单元体侧面的应力为 $\sigma_3 = \sigma_x = K_0 \gamma z$，此微单元体的应力如图1-5所示。

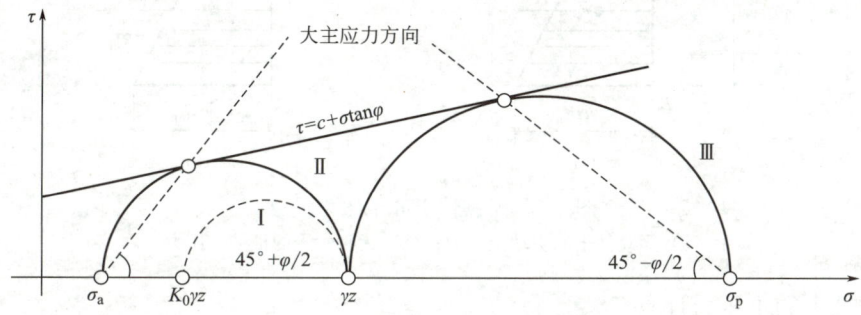

图1-5 半无限土体极限平衡状态

由于土体内每一竖直面都是对称面，因此垂直面和水平面上的剪切应力都等于零，因而相应截面上的法向应力 σ_x 和 σ_z 都是主应力，此时的应力状态用莫尔圆表示为如图1-5所示的圆Ⅰ。

假设某种原因使整个土体在水平方向伸展或压缩，土体由弹性平衡状态转为塑性平衡状态。如果土体在水平方向伸展，则微单元在水平截面上的法向应力 σ_z 不变，而垂直截面上的法向应力却逐渐减小，直至满足极限平衡条件（主动朗肯状态）。此时，σ_x 达到最低限值 σ_a，σ_a 是小主应力，而 σ_z 是大主应力，莫尔圆与抗剪强度包络线相切，如图1-5所示的圆Ⅱ。反之，如果土体在水平方向被压缩，那么 σ_x 不断增大而 σ_z 却保持不变，直到满足极限平衡条件（被动朗肯状态）。此时，σ_x 达到最大限值 σ_p，σ_p 是大主应力，而 σ_z 是小主应力，莫尔圆与抗剪强度包络线相切，如图1-4所示的圆Ⅲ。

由于土体处于主动朗肯状态时，大主应力所作用的平面是水平面，故剪切破坏面与垂直面的夹角为 $(45°+\varphi/2)$。当土体处于被动朗肯状态时，大主应力所作用的平面是垂直面，故剪切破坏面与水平面的夹角为 $(45°-\varphi/2)$。

3）无黏性土的土压力计算。

对于无黏性土，运用朗肯土压力理论计算主动土压力和被动土压力的公式，和计算静止土压力的公式相似，也是呈三角形分布，如图1-6所示。具体计算公式如下：

$$p_a = \gamma z K_a = \gamma z \tan^2\left(45° - \frac{\varphi}{2}\right) \tag{1-13}$$

$$p_p = \gamma z K_p = \gamma z \tan^2\left(45° + \frac{\varphi}{2}\right) \tag{1-14}$$

$$K_a = \tan^2\left(45° - \frac{\varphi}{2}\right) \tag{1-15}$$

$$K_p = \tan^2\left(45° + \frac{\varphi}{2}\right) \tag{1-16}$$

式中，K_a 为主动土压力系数；K_p 为主动土压力系数。

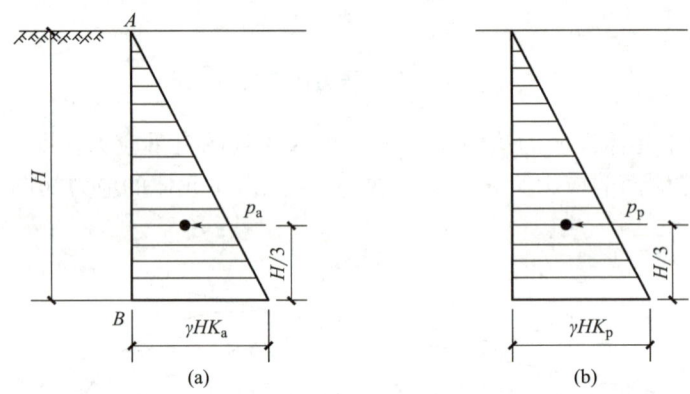

图 1-6 无黏性土的土压力示意
(a) 无黏性土的主动土压力；(b) 无黏性土的被动土压力

4) 黏性土的土压力计算。

对于黏性土，主动土压力和被动土压力计算公式分别为：

$$p_a = \gamma z K_a - 2c\sqrt{K_a} \tag{1-17}$$

$$p_p = \gamma z K_p + 2c\sqrt{K_p} \tag{1-18}$$

黏性土的主动土压力强度包括两部分：第一部分是土的自重引起的，第二部分是黏性土的黏聚力 c 产生的。黏性土的主动土压力分布如图 1-7 所示。黏性土的被动土压力强度也包括类似的两部分，只不过其土压力分布图呈梯形。

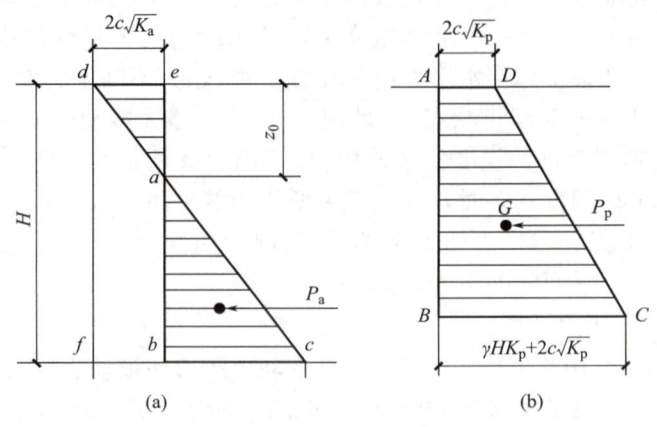

图 1-7 黏性土的土压力示意图
(a) 黏性土的主动土压力；(b) 黏性土的被动土压力

（4）库仑土压力理论。

基本假设：

① 挡土墙后土体为理想散粒体，其黏聚力 $c=0$。

② 挡土墙是刚性的，属于平面应变问题。

③ 滑动面为一个通过墙踵的平面，滑动面上的摩擦力是均匀分布的。

④ 填土表面为水平面或倾斜面。

无黏性土的土压力计算：

根据库仑土压力理论，无黏性土主动土压力和被动土压力计算简图如图 1-8 所示，无黏性土主动土压力和被动土压力计算公式分别为

$$P_a = \frac{1}{2}\gamma H^2 K_a \tag{1-19}$$

$$K_a = \frac{\cos^2(\varphi-\varepsilon)}{\cos^2\varepsilon\cos(\delta+\varepsilon)\left[1+\sqrt{\dfrac{\sin(\delta+\varphi)\sin(\varphi-\beta)}{\cos(\delta+\varepsilon)\cos(\varepsilon-\psi)}}\right]^2} \tag{1-20}$$

$$P_p = \frac{1}{2}\gamma H^2 K_p \tag{1-21}$$

$$K_p = \frac{\cos^2(\varphi+\varepsilon)}{\cos^2\varepsilon\cos(\varepsilon-\delta)\left[1-\sqrt{\dfrac{\sin(\delta+\varphi)\sin(\varphi+\beta)}{\cos(\varepsilon-\delta)\cos(\varepsilon-\psi)}}\right]^2} \tag{1-22}$$

式中，K_a——主动土压力系数；

K_p——被动土压力系数；

ψ——滑楔自重与 P_a 的夹角，且 $\psi=90°-\delta-\varepsilon$；

ε——墙背的倾斜角；

β——墙后填土面的倾角；

δ——土对挡土墙背的摩擦角；

φ——土的内摩擦角。

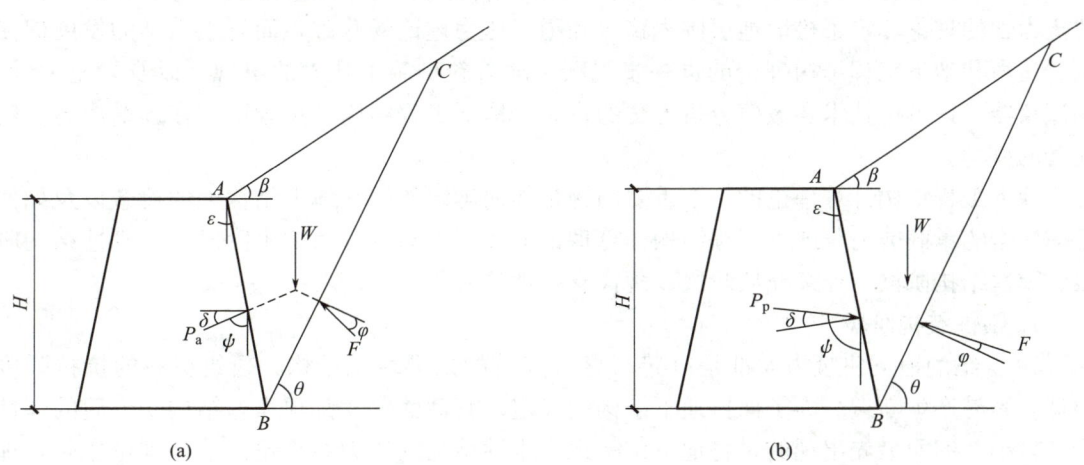

图 1-8 库仑土压力计算简图

（a）主动土压力计算简图；（b）被动土压力计算简图

3. 结构自重和其他荷载计算

结构自重计算时要先确定结构材料的尺寸和重度，对于形状规则的结构，如板、直杆、梁等，计算比较简单，所以本节主要对拱圈的自重计算进行介绍。

当拱圈截面为等厚度时，计算公式为

$$q = \gamma d \tag{1-23}$$

式中，γ——材料重度（N/m^3）；

d——拱截面厚度。

当拱圈截面从拱顶厚度 d_o 逐渐增大到拱脚厚度 d_n 时，计算公式为

$$q = \frac{1}{2}\gamma(d_o + d_n) \tag{1-24}$$

对于工程中遇到的使用荷载、地震作用、注浆压力、施工荷载、温差应力等的计算可通过查阅相关资料确定。

1.2 地下建筑结构设计的基本理论和主要方法

1.2.1 地下建筑结构计算理论的发展

地下工程建筑物是置于地层中的结构物，它的受力和变形与周围介质（岩石或土）密切相关，地下结构与围岩相互约束，共同工作，这种共同作用正是地下结构与地面结构的主要区别。如何客观地反映地下结构物与围岩相互作用的力学特征，是地下结构计算理论需要解决的重要课题。地下工程从开挖、支护，直到形成稳定的地下结构体系所经历的力学过程中，围岩的地质条件、施工过程等因素对围岩—地下结构体系状态的安全性影响极大，准确地将其反映到计算模型中，是十分困难的。

地下工程结构计算理论发展至今已有百余年的历史，与岩土力学的发展关系密切。经典土力学的理论奠定了松散地层围岩稳定和围岩压力理论的基础，而岩土力学的发展促使围岩压力和地下工程结构理论的进一步飞跃。随着新型施工技术的出现，以及岩土力学、测试仪器、计算机技术和数值分析方法的发展，地下工程结构计算理论正在逐渐成为一门完善的科学。

地下工程结构计算理论的一个重要问题是如何确定作用在地下结构上的荷载以及如何考虑围岩的承载能力。地下工程结构计算理论的发展大概可分为四个阶段，即刚性结构阶段、弹性结构阶段、连续介质阶段、现代支护理论阶段。

1. 刚性结构阶段

19 世纪的地下建筑物大都是以砖石材料砌筑的拱形圬工结构，建筑材料的抗拉强度很低，容易产生断裂。为了保持地下结构的稳定，其截面尺寸都很大，结构受力后的弹性变形较小，因而最先出现的是将地下结构视为刚性结构的压力线理论。这种理论主张，地下结构是由一系列刚性块组成的拱形结构，所受的主动荷载是地层压力。当地下结构处于极限平衡状态时，相当于绝对刚体组成的三铰拱静定体系。铰的位置分别定位于墙底和拱

顶，其内力可按静力学原理进行计算。

对于作用在地下结构上的压力，传统观点认为其等于上覆地层的总重力，不考虑围岩自身的承载能力，也不考虑围岩对衬砌变形的约束和由此产生的弹性抗力。因此，在工程设计过程中便会得出偏于保守的结果，致使设计的截面尺寸偏大。

2. 弹性结构阶段

19 世纪后期，混凝土和钢筋混凝土材料陆续出现，并逐步用于建造地下工程。同时，超静定结构的计算力学方法也被引入地下结构的计算中，使得研究者们开始考虑地层对结构的弹性抗力作用。由于有可靠的力学原理为依据，这种方法在地下结构设计时，至今仍被采用。该计算模式根据考虑围岩对结构变形的约束情况，划分为三个阶段：不计围岩抗力阶段、假定弹性抗力阶段和弹性地基梁阶段。

（1）不计围岩抗力阶段。

此阶段在对地下结构进行内力计算时，仅考虑作用在结构上的围岩压力。这是一种主动约束荷载作用，与地面建筑结构的受力分析相同，不考虑结构变形受到的围岩约束。

此阶段对围岩压力有了进一步的认识，认为其不能简单地等于上覆围岩重力，围岩压力仅是围岩松动圈范围内岩土体的重力，而松动圈范围的大小与围岩类型、地下工程跨度等因素相关。按照松动圈形态的不同，计算围岩压力的方法有普氏方法和太沙基方法这两种。普氏方法认为松动体形状为抛物线形，太沙基方法则认为其应为矩形。两种方法尽管不能全面反映围岩压力的组成特征，但有了很大的进步。尤其是对埋深较大的地下结构，目前仍在设计中采用。

（2）假定弹性抗力阶段。

地下结构的衬砌是埋设在岩土内的结构物，它与周围岩体相互接触，因此衬砌在承受岩体所给的主动压力作用并产生弹性变形的同时，将受到周围地层对其变形的约束作用。地层对衬砌变形的约束作用力被称为弹性抗力。

弹性抗力的分布是与衬砌的变形相对应的。20 世纪初期，康姆列尔（O. Kommerall）、约翰逊（William E. Johason）等人提出弹性抗力的分布图形为直线（三角形或梯形）。这种分布模式的缺点是过高估计了地层弹性抗力的作用，使结构设计偏于不安全。为了弥补这一缺点，结构设计采用的安全系数常常被提高 3.5 以上。

1934 年，朱拉夫和布加耶娃对拱形结构按变形曲线假定了月牙形的弹性抗力图形，并按局部变形理论认为弹性抗力与结构周边地层的变形成正比。该法将拱形衬砌（曲墙式或直墙式）的拱圈与边墙整体考虑，视为一个直接支承在地层上的高拱，用结构力学原理计算其内力。

（3）弹性地基梁阶段。

由于假定弹性抗力法对其分布图形的假定有较大的任意性，人们开始研究将边墙视为弹性地基梁的结构计算理论。将隧道边墙视为支承在侧面和基底地层上的双向弹性地基梁，即可计算在主动荷载作用下拱圈和边墙的内力。

首先应用的是局部变形理论。20 世纪 30 年代，苏联地下铁道设计事务所提出按圆环地基局部变形理论计算圆形隧道衬砌的方法；20 世纪 50 年代，又将其发展为侧墙（指直边墙）按局部变形弹性地基梁理论计算拱形结构的方法。

共同变形弹性地基梁理论也被用于地下结构计算。1939 年和 1950 年，达维多夫先后发表了按共同变形弹性地基梁理论计算整体式地下结构的方法。1954 年，奥尔洛夫用弹性理论进一步研究了按地层共同变形理论计算地下结构的方法。1964 年，舒尔茨（S. Schuze）和杜德克（H. Dudek）在分析圆形衬砌时，不仅按共同变形理论考虑了径向变形的影响，而且还计入了切向变形的影响。

3. 连续介质阶段

由于人们认识到地下结构与地层是一个受力整体，20 世纪中期以来，随着岩体力学开始形成一门独立的学科，用连续介质力学理论计算地下结构内力的方法也逐渐发展，围岩的弹性、弹塑性及黏弹性逐渐可计算出。

这种方法以岩体力学原理为基础，认为断面开挖后向洞室内变形而释放的围岩压力将由支护结构与围岩组成的地下结构体系共同承受。该方法的重要特征是把支护结构与岩体作为一个统一的力学体系来考虑。两者之间的相互作用则与岩体的初始应力状态、岩体的特性、支护结构的特性、支护结构与围岩的接触条件等一系列因素有关。

由连续介质力学建立地下结构的解析计算方法是一个很困难的任务，目前仅对圆形衬砌有了较多的研究成果。典型的有：史密德（H. Schmid）和温德尔斯（R. Windels）得出的有压水工隧道弹性解；费道洛夫得出的有压水工隧洞衬砌弹性解；缪尔伍德（A. M. Muirwood）得出的圆形衬砌的简化弹性解析解，柯蒂斯（D. J. Curtis）又对缪尔伍德的计算方法做了改进；塔罗勃（J. Talobre）和卡斯特奈（H. Kastner）得出的圆形洞室的弹塑性解；塞拉格（S. Sernta）、柯蒂斯和樱井春辅采用岩土介质的各种流变模型进行了圆形隧道的黏弹性分析；我国学者也对弹塑性和黏弹性本构模型进行了很多研究工作，发展了圆形隧道的解析解理论，并利用地层与衬砌之间的位移协调条件，得出圆形隧道的弹塑性和黏弹性解。

4. 现代支护理论阶段

随着计算机技术的发展和力学研究理论的完善，很多数值计算方法，如有限元法、有限差分法、边界元法、离散元法等，有了很大的发展。这些理论都是在支护和围岩共同作用前提下发展起来的，符合实际的地下工程力学原理。然而，由于地下工程的未知性，很多计算参数还难以准确获得，如岩体的一些力学参数。此外，人们对岩土材料的本构模型与围岩的破坏准则认识不足。所以，目前根据共同作用计算得到的结果不够准确，只能作为参考依据。

随着新奥法的出现，人们对围岩的自身承载能力有了新的认识。运用锚杆和喷射混凝土支护工艺、控制爆破和监控量测技术，将支护与围岩共同作用以及信息反馈原理应用到地下建筑结构中，最终形成现代信息支护理论。有效且准确的信息反馈能优化工程设计，正确地指导施工，保证地下工程施工的安全性、高效性。

现阶段，在地下建筑结构设计中大多采用动态可靠度分析法，即利用现场监测信息，从反馈信息的数据中预测地下工程的稳定可靠度，从而可以优化结构支护设计。

应该注意的是，在地下建筑结构计算理论发展过程中，后一阶段的理论并不是完全否定前者的。由于地下结构的复杂性，这些计算理论都有其适用性，不一定在任何情况下都适用。

1.2.2 地下建筑结构常用的计算方法

1. 力学计算方法

我国在地下建筑结构设计中采用的设计模型主要有荷载—结构模型、地层—结构模型、经验类比模型和收敛限制模型，与设计模型相对应的常用设计方法为荷载—结构法、地层—结构法、经验类比法、收敛约束法。

我国工程界对地下结构设计较为注重理论计算，从衬砌与地层相互作用方式差异的角度区分，封闭解析解与数值计算法都可分别归属于荷载—结构法和地层—结构法。除了确有经验可供类比的工程，在地下结构的设计过程中一般都要进行受力计算分析。其中，荷载—结构法仍然是我国目前广为采用的一种地下结构计算方法，主要适用于软弱围岩中的浅埋隧道；地层—结构法虽仍处于发展阶段，但目前一些重要的或大型特定工程的研究分析中也普遍采用。如前所述，由于地下结构的特殊性，隧道支护的设计在很多情况下还需借助经验。

（1）荷载—结构法。

荷载—结构模型采用荷载结构法计算内力，并进行结构截面设计。荷载结构模型中认为衬砌结构所承受的荷载主要是洞室开挖后由于松动岩体的自重所产生的地层压力，衬砌在荷载作用下产生内力和变形，与其相应的计算方法为荷载—结构法。所以，荷载—结构法在设计结构时与地面习惯采用的方法基本一致，都是先考虑荷载，后根据荷载设计结构，但不同之处是荷载—结构法在计算衬砌内力时，需要考虑周围地层对结构的变形所产生的约束作用。荷载—结构法包括弹性连续框架法、假定抗力法和弹性地基梁法等常用设计方法。其中，假定抗力法和弹性地基梁法都形成了一些经典算法，而弹性地基梁法的计算法又可按采用的地层变形理论的不同，分为局部变形理论计算法和共同变形理论计算法。其中，局部变形理论因计算过程较为简单而常被采用。

（2）地层—结构法。

地层—结构法的特点和内容如下。

1）地层—结构法将地层与结构视作一个受力变形的整体，按照连续介质力学原理来计算地下建筑结构以及周围地层的变形。

2）地层不单单是荷载，也是承载结构的一部分。

3）相对于荷载—结构法，地层—结构法充分考虑了地下结构与周围地层的相互作用。

4）地层—结构法结合具体的施工过程可以充分模拟地下结构以及周围地层在每一个施工工况的结构受力和地层的变形。

5）地层—结构法主要包括：地层的合理化模拟、结构模拟、施工过程模拟以及施工过程中结构与周围地层相互作用的模拟。

6）地层—结构法的分析通常采用有限元法、边界元法、有限差分和块体理论等数值分析方法。其中，有限差分法无须形成刚度矩阵，不用求解大型方程，在地层—结构法的计算实践中经常被采用。

地层—结构法多用于隧道及地下工程的施工力学行为分析，包括施工中的围岩稳定性、初期支护参数和地表沉降等。

2. 数值分析方法

数值分析方法是研究使用计算机求解各种科学与工程问题的数值方法（近似方法），它以数字计算机求解数学问题的理论和方法为研究对象，对求得的解的精度进行评估，以及如何在计算机上实现求解等。数值分析方法在科学与工程计算、信息科学、管理科学、生命科学等交叉学科中有着广泛的应用。

岩土工程的数值分析方法是一项新兴的技术，同时也是一项处于发展与探索过程中的技术。因此，实际工程既不能够完全依赖于数值分析，同时也不能完全否定数值分析技术。就目前的情况来看，岩土工程数值分析技术作为一项极具价值的技术，能模拟岩土工程问题的成因机制、发展过程以及预测未来发展趋势，可靠性极高。凭借这一优势，该技术可以为岩土工程提供很多重要的信息，并为设计施工提供科学的指导，但不能将岩土工程数值模拟的结果简单地视为定量化的结果。针对土工程数值模拟所存在的不能真正地定量分析的问题，必须充分认识前述的不确定性问题。在进行岩土工程数值分析的整个过程中，应当注重的是现场的原型调研，即工程地质的自然历史分析。该法的最大优点就是能够通过扎实的工程地质调查与研究，搞清岩土工程问题的工程地质条件，在原型调研的基础上建立能够代表复杂岩土体特性的模型进行数值分析。

地下建筑结构常用的数值分析方法有有限差分法、有限单元法、加权余量法、边界单元法及离散单元法等，常用的分析软件 FLAC、ANSYS、ABAQUS、ADINA、Midas-GTS、PLAXIS 等。

（1）FLAC。

FLAC 是有限差分法最著名和最常用的软件。它是由 Itasca（依泰斯卡）公司推出的一款国际通用的岩土工程专业分析软件，具有强大的计算功能和广泛的模拟能力，尤其在大变形问题的分析方面具有独特的优势。软件提供的针对岩土体和支护体系的各种本构模型和结构单元更突出了 FLAC 的"专业"特性，因此，在国际岩土工程界非常流行。FLAC 有二维和三维计算软件两个版本，即 FLAC2D 和 FLAC3D。FLAC3D 作为 FLAC2D 的扩展程序，不仅包含 FLAC 的所有功能，并且在原来的基础上进行了进一步开发，使之能够模拟计算三维岩、土体及其他介质中工程结构的受力与变形形态。

（2）ABAQUS。

ABAQUS 的命名，灵感来自中国古老的计算工具——算盘（abacus）。它是一套功能强大的工程模拟有限元软件，其能够处理的问题跨度极大，涵盖了相对简单的线性分析以及许多复杂的非线性问题。ABAQUS 具有两个主求解器模块：ABAQUS/Standard 和 ABAQUS/Explicit，还包含一个全面支持求解器的图形用户界面，即人机交互前后处理模块 ABAQUS/CAE。作为通用的模拟工具，ABAQUS 除了能解决大量结构（应力/位移）问题，还可以模拟工程领域的其他许多问题，例如热传导、质量扩散、热电耦合分析、声学分析、岩土力学分析（流体渗透/应力耦合分析）及压电介质分析。ABAQUS 拥有莫尔-库仑模型、Drucker-Prager（德鲁克-普拉格模型）模型、修正剑桥模型等，可以真实反映土体的大部分应力应变特点。其中，修正剑桥模型是很多其他通用有限元软件所没有的。ABAQUS 还提供了二次开发接口，用户可以灵活地自定义材料特性和功能，另外，ABAQUS 中包含孔压单元，可以进行饱和土和非饱和土的流体渗透、应力耦合分析等。岩石工程中经常涉及土与结构的相互作用问题，ABAQUS 具有强大的接触面功能，可以正确地模拟土与结构之间的脱开、滑移等现象。ABAQUS 具有生死单元功能，可以精确地模拟填土或开挖造成的边界条件改变。可以说，ABAQUS 可以解决大部分岩土工程问题，在岩土工程中具有较好的适用性。

（3）ADINA（Automatic Dynamic Incremental Nonlinear Analysis）。

ADINA 是一款自动动态增量非线性数值软件，数值计算功能非常完善，除了能够求解简单的线性问题，还能够求解多场耦合作用的非线性复杂问题，可以用来解决热力、机械和流体-结构耦合等多个领域的工程问题，在岩土工程领域的运用也比较广泛。ADINA 拥有的单元类型有：杆单元、壳单元、管单元、2-D 实体单元、3-D 实体单元、梁单元、板单元、Spring 单元等。材料本构模型包括 D-P 模型、莫尔-库仑模型、修正剑桥模型及混凝土材料模型等，能够有效地反映岩土工程中常见材料的应力和应变关系。ADINA 具有直接、迭代、稀疏及多栅等多种求解器以及力、位移和能量等多种收敛准则。在处理非线性问题时，可根据实际问题的非线性特征选择不同类型的迭代算法，如 BFGS 矩阵更新法、完全牛顿法等。ADINA 系统的分析流程与一般有限元分析流程基本一致，区别在于：ADINA 软件在定义分析单元的类型时需要划分单元组；数值求解的初始条件、约束方程、单元生死、接触、自由度、时间函数、分析时间步、求解方式及后处理文件这些辅助设置，可以在主流程中的任意一步设置。

1.3　地下建筑结构设计的主要内容

修建地下建筑结构，必须按基本建设的程序进行勘测、设计和施工。设计包含工艺设计、规划设计、建筑设计、防护设计及结构设计等方面的设计。每一个工程都要经过结构设计方案比较，再进行结构设计。结构设计一般分为初步设计和施工图设计两个部分。

1.3.1　初步设计

初步设计的过程与步骤如下。
1. 工程防护等级和三防要求，以及静荷载、动荷载标准的确定。
2. 确定埋置深度与施工方法。
3. 初步设计荷载值。
4. 选择建筑材料。
5. 选定结构形式和布置。
6. 估算结构跨度、高度、顶底板及边墙厚度等主要尺寸。
7. 绘制初步设计结构图。
8. 估算工程所需材料数量并拟定财务概算。

结构形式及其主要尺寸的确定，一般可按照同类工程的类比法，吸取国内外已建工程的经验教训，提出数据。必要时可用查表或近似计算法求出内力，并按经济合理的含钢率初步配置钢筋。将地下建筑结构的初步设计图纸附以说明书，送交有关主管部门审定批准后，才可进行下一步的施工图设计。

1.3.2 施工图设计

施工图设计的过程与步骤如下。

1. 计算荷载：按地层介质类别、建筑用途、防护等级、地震级别、埋置深度等求出作用在结构上的各种荷载值，包括静荷载、动荷载、活荷载和其他作用。
2. 计算简图：根据实际结构和计算工具情况，拟出恰当的计算图式。
3. 内力分析：选择结构内力计算方法，得出结构各控制设计截面的内力。
4. 内力组合：在各种荷载内力分别计算的基础上，对最不利的可能情况进行内力组合，求出各控制界面的最大设计内力值。
5. 配筋设计：通过截面强度和裂缝计算得出受力钢筋，并确定必要的分布钢筋与架立钢筋。
6. 绘制结构施工详图：如结构平面图、结构构件配筋图、节点详图，以及风、水、电和其他内部设备的预埋件图。
7. 材料、工程数量和工程财务预算。

1.4 地下建筑结构设计规范

由于地下建筑结构的建设费用昂贵，在施工过程中，又受许多不确定性因素影响，任何疏忽都有可能导致设计失败，所以要求地下建筑结构设计必须按照安全可靠、技术可行、经济合理的原则进行。

地下建筑结构设计应按相关的行业规范执行，如《混凝土结构设计标准（2024年版）》GB/T 50010—2010、《铁路隧道设计规范》（2024年局部修订）TB 10003—2016、《公路隧道设计规范 第一册 土建工程》JTG 3370.1—2018、《地铁设计规范》GB 50157—2013、《岩土锚杆与喷射混凝土支护工程技术规范》GB 50086—2015 和《岩土工程勘察规范（2009年版）》GB 50021—2001、《建筑地基处理技术规范》JGJ 79—2012、《建筑桩基技术规范》JGJ 94—2008 等。

思考与练习

1. 地下建筑结构荷载分为哪几类？
2. 简述围岩压力的概念。
3. 土压力是如何分类的？
4. 静止土压力是如何确定的？
5. 库仑土压力的基本假定是什么？
6. 简述朗肯土压力的计算假定。
7. 简述地下建筑结构设计的主要内容。

教学单元 2　基坑支护结构

教学目标

1. 知识目标

了解基坑工程的不同类型，熟悉基坑支护的原理及受力分析，掌握基坑支护设计的方法与原则。

2. 能力目标

通过所学知识根据实际情况分析各类基坑支护结构的优缺点，选择合适的基坑支护结构。

3. 素质目标

通过各种基坑支护结构的学习，学会对具体情况进行具体分析，树立因地制宜的思想。

思维导图

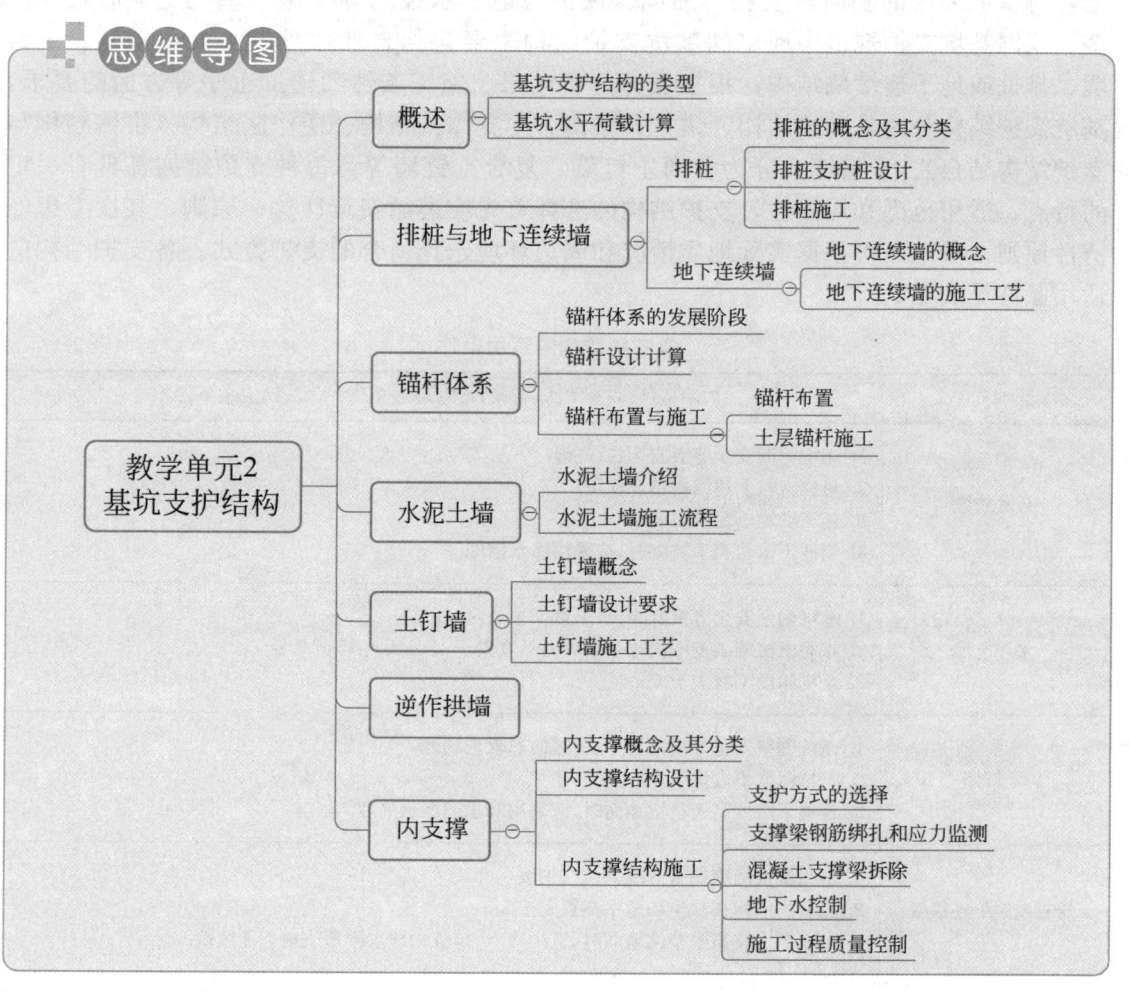

随着地下空间的大力开发，大量地下结构，如地下铁道、地下车站、地下停车库、地下商场等，遍布每一个城市，而地下工程的施工均涉及基坑开挖这一过程。为保证地下结构施工及基坑周边环境的安全，需对基坑侧壁及周边环境进行支挡、加固与保护，基坑工程应运而生。基坑工程涉及土力学、基础工程、结构力学、工程结构、施工技术、监测技术等多学科领域，具有很强的理论性和实践性。

2.1 概述

2.1.1 基坑支护结构的类型

基坑是指为进行建筑物地下部分的施工而开挖的空间，而基坑支护结构是基坑工程能否顺利完成的关键。基坑支护结构是指为保护地下主体结构施工和基坑周边环境的安全，对基坑采用的临时性支挡、加固、保护与地下水控制等措施。基坑支护形式有很多，我国基坑支护规范中规定的基坑支护结构主要包括自然放坡、水泥土挡墙、土钉墙、排桩或地下连续墙结构；根据受力分析结果、施工条件和施工工序等方面的要求，基坑支护结构分为悬臂式结构、锚拉式结构、内支撑式结构、逆作法结构（主体结构与支护结构结合）。土钉墙又分为普通土钉墙、复合土钉墙等。每种支护结构都具有一定的特点、适用范围和局限性，支护结构的选择首先应遵循安全性这一原则，其次考虑经济性原则。各地区可根据实际地质情况和周边环境选择适合的支护方式。各支护结构的适用条件见表2-1。

各支护结构的适用条件　　　　　　　　　表2-1

结构形式	适用条件（安全等级、基坑深度、环境条件、土类、地下水条件）
自然放坡	1. 基坑侧壁安全等级宜为二、三级 2. 可独立与上述结构结合使用 3. 施工场地满足放坡要求 4. 当地下水位高于坡脚时，应采用降水措施
水泥土墙	1. 基坑侧壁安全等级宜为二、三级 2. 水泥土桩施工范围内地基承载力不宜大于150kPa 3. 基坑深度不宜大于6m
土钉墙	1. 基坑侧壁安全等级宜为二、三级的非软土场地 2. 基坑深度不宜大于12m 3. 当地下水位高于基坑地面时，应采用降水或截水处理
排桩或地下连续墙	1. 适用基坑侧壁安全等级一、二、三级 2. 悬臂式结构在软土场地中不宜大于5m 3. 当地下水位高于基坑地面时，宜用降水、排桩加载水帷幕或地下连续墙

续表

结构形式	适用条件（安全等级、基坑深度、环境条件、土类、地下水条件）
锚拉式结构	1. 适用基坑侧壁安全等级一、二、三级 2. 可用于较深的基坑中 3. 锚杆不宜用在软土层和高水位的碎石土、砂土层中
逆作法结构	1. 基坑侧壁安全等级宜为二、三级 2. 基坑深度不宜大于12m 3. 淤泥和淤泥质土场不宜采用 4. 拱墙轴线的矢跨比不宜小于1/8 5. 地下水位高于基坑底面时，应采取降水或截水措施

2.1.2 基坑水平荷载计算

随着基坑的开挖，基坑支护结构内侧出现临空，基坑外侧的土体向基坑内移动，对结构产生一定的压力，基坑内部的土体对结构起支撑作用，阻止结构的进一步变形。前者为主动土压力，后者为被动土压力，土压力计算简图如图2-1所示。

土压力的计算一般情况下采用朗肯土压力理论，在某些特殊情况下才采用库仑土压力理论。具体的计算按照水土合算与水土分算分别如下。

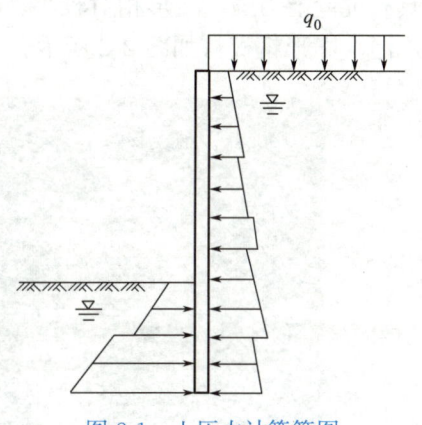

图 2-1 土压力计算简图

（1）对于地下水位以上或水土合算的土层。

$$p_{ak}=\sigma_{ak}K_{a,i}-2c_i\sqrt{K_{a,i}} \tag{2-1}$$

$$K_{a,i}=\tan^2\left(45°-\frac{\varphi_i}{2}\right) \tag{2-2}$$

$$p_{pk}=\sigma_{pk}K_{p,i}+2c_i\sqrt{K_{p,i}} \tag{2-3}$$

$$K_{p,i}=\tan^2\left(45°+\frac{\varphi_i}{2}\right) \tag{2-4}$$

式中，p_{ak}——支护结构外侧第 i 层土中计算点的主动土压力强度标准值（kPa）；当 $p_{ak}<0$ 时，应取 $p_{ak}=0$；

σ_{ak}、σ_{pk}——支护结构外侧、内侧计算点的土中竖向应力标准值（kPa）；

$K_{a,i}$、$K_{p,i}$——第 i 层土的主动土压力系数、被动土压力系数；

c_i、φ_i——第 i 层土的黏聚力（kPa）；内摩擦角单位为度（°）；

p_{pk}——支护结构内侧第 i 层土中计算点的被动土压力强度标准值，单位为 kPa。

（2）对于水土分算的土层。

$$p_{ak}=(\sigma_{ak}-u_a)K_{a,i}-2c_i\sqrt{K_{a,i}}+u_a \tag{2-5}$$

$$p_{pk}=(\sigma_{pk}-u_p)K_{p,i}+2c_i\sqrt{K_{p,i}}+u_p \tag{2-6}$$

式中，u_a、u_p——支护结构外侧、内侧计算点的水压力（kPa）。

2.2 排桩与地下连续墙

2.2.1 排桩

1. 排桩的概念及其分类

排桩支护是指利用各种支护桩型［如钻孔灌注桩、预制混凝土桩、钢桩、钢板桩、SMW（Soil Mixing Wall，型钢水泥土搅拌墙）工法桩等］按队列式布置形成的挡土结构，具有抗弯能力强、变形相对较小、刚度大等特点，在 7~15m 开挖深度的基坑工程中应用广泛。U 形钢板桩如图 2-2 所示。

图 2-2 U 形钢板桩

3.
排桩与地下连续墙

排桩支护结构形式主要有悬臂式结构、锚拉式结构及支撑式结构等。其中，锚拉式结构、支撑式结构因具有安全、经济、施工便利、适用性强等特点，被广泛应用于深基坑支护工程，是深基坑常用的支护形式。

排桩适用于可采用降水或截水帷幕的基坑。悬臂式结构适用于较浅的基坑；锚拉式结构及支撑式结构均适用于较深的基坑。在上述三种支护结构不适用时，可考虑双排桩结构。

首先，排桩支护工期短，整个支护结构的强度较大，便于和其他支护形式结合形成复合支护。排桩支护的排列方式多种多样，可灵活布置。然而，排桩支护的缺点在于施工复杂，对施工场地要求较高，且排桩支护的造价比锚杆支护造价要高。其次，排桩支护的最大弊端是对地下水的隔断能力较弱，需要和其他隔水设施共同使用。因此，在工程上使用排桩支护时，要充分考虑工程的地质特点和适用情况，避免出现支护结构失稳、地下水渗漏等情况。

排桩根据桩型以及成桩工艺进行分类，主要有混凝土灌注桩、型钢桩、钢管桩等。表 2-2 列举了各个排桩桩型的适用条件与优缺点。在选取排桩时，应该根据施工场地的地质条件、基坑周围变形要求等因素进行综合分析。如果基坑周围对于土体水平位移和沉降要求较为严格，那么应该选择在排桩施工过程中挤土和振动较少的排桩方案。如果排桩选择的是挖孔桩，并且在施工的过程中要求进行降水作业，那么必须观测基坑周围构筑物的沉降，并计算分析；当降水作业造成的基坑沉降超过了基坑周围构筑物的允许限值的时候，必须实施相应的防护措施。

排桩桩型对比　　　　　　　　　表 2-2

桩型	适用条件	优缺点
混凝土灌注桩	开挖深度 8～20m 均可采用。对岩土层的适用性强，黏性土、粉土、砂土、填土、碎石土及风化岩均可成桩。可有效与止水帷幕结合，同时解决治水问题	优点是桩身强度高，刚度大，支护稳定性好，变形小。成孔设备根据土层和工期要求可选择性较多。 缺点是造价较高，工期较长，施工设备较多，且多为大型设备，占用的作业空间大，在砂土层、软土层条件下桩间缝隙易产生水土流失，需要进行特殊处理
型钢桩	可适用于软土，一般用于开挖深度不超过 6m 的基坑	优点是体积小，施工速度快，能承受较大的变形，进度快，可重复使用。 缺点是型钢桩施工时噪声大，在地下水位以下时止水效果差
钢管桩	采用静压或植入方式施工，适用于淤泥质土、黏性土、粉土、砂土、人工填土，采用植入方式施工时亦可适用于碎石土、风化岩及岩石	优点是设计灵活。桩长易调节所需施工场地小、施工机械轻便，施工迅速安全。孔径小，施工时噪声和振动小。施工时对已有建筑物影响较小。 缺点是相对于混凝土灌注桩而言，其支护稳定性不足，结构刚度小，周边土体产生的变形量大

在我国，目前实际基坑工程中可以选择的排桩形式有很多，比如混凝土灌注桩型排桩、型钢桩、钢管等，其中，混凝土灌注桩型排桩的应用较为广泛。这些形式的排桩，在荷载作用下的受力情况基本相同，只是在实际工程设计和施工的时候，需要考虑不同排桩的工艺以及特点。

2. 排桩支护桩设计

支护桩的直径可通过计算得到，计算依据主要包括支护桩承受的弯矩和支护桩的允许变形，同时，支护桩的直径还要满足工程预算、施工工艺等要求。基坑工程中的支护桩，如果选择混凝土灌注桩，对于不同形式的排桩，其桩径都必须符合构造要求。采用悬臂式排桩时，桩径应大于 600mm；采用锚拉式排桩或支撑式排桩时，桩径应大于 400mm。排桩的间距不应太大，要满足桩和土体之间的相互作用，桩距应小于 2 倍桩径。在实际工程中，对于大桩径或黏性土，桩距应小于 900mm；对于小桩径或砂土，桩距应小于 600mm。

其中，支护桩的弯矩和剪力设计值应按下式计算。

弯矩设计值：

$$M = \gamma_0 \gamma_F M_k \tag{2-7}$$

剪力设计值：

$$V = \gamma_0 \gamma_F V_k \tag{2-8}$$

轴向力设计值：

$$N = \gamma_0 \gamma_F N_k \tag{2-9}$$

式中，M——弯矩设计值（kN·m）；

　　　M_k——作用标准组合的弯矩值（kN·m）；

　　　V——剪力设计值（kN）；

　　　V_k——作用标准组合的剪力值（kN）；

　　　N——轴向拉力设计值或轴向压力设计值（kN）；

　　　N_k——作用标准组合的轴向拉力或轴向压力值（kN）；

　　　γ_0——作用基本组合的综合分项系数；

　　　γ_F——支护结构的重要系数。

3. 排桩施工

排桩施工工艺流程：桩位测量放线→安装钻机并定位→钻进成孔→清孔并检查成孔质量→下放钢筋笼、导管→灌注混凝土→拔出护筒→孔口回填→桩机移位→桩养护。

施工过程中应严格控制定位、桩径、垂直度。采用全站仪定位，防止出现塌孔。出现坍孔时应利用孔径探测器探测塌孔孔径和主要方向，排桩支护必须满足规定的技术要求，严格按照技术要求进行。

（1）排桩宜采取隔桩施工，并应在灌注混凝土24h后进行邻桩成孔施工。

（2）必须保证钢筋笼主筋的全长配置长度，保证桩身混凝土的完整性，严禁出现断桩、混浆或缩颈现象。

（3）钻机安放要平稳，使转盘中心与桩位中心重合，再找平垫实，使机座周正水平，桩位偏差＜50mm，竖向偏差＜1％。

（4）混凝土采用商品混凝土，须有相应的质保书，和易性、流动性要满足要求，混凝土坍落度18～22mm。

（5）钢筋笼要按要求确定钢筋位置，绑扎要牢固，吊放要垂直，不得出现钢筋笼弯曲现象。钢筋笼焊接完好后，应缓慢下放至孔内，钢筋笼下放至预定位置后，应在孔口固定，以防其上窜或下沉。现场技术人员要进行详细的技术交底，并设专人检查钢筋的位置、方向及尺寸偏差，允许偏差控制在规范规定的范围之内。

（6）混凝土灌注前，计算出混凝土灌注初灌量。

由于实际工程的需求，基坑排桩支护新技术也在不断地发展和应用。为充分合理地利用建筑红线内的面积，将围护排桩作为正常使用阶段主体地下结构的一部分的"桩墙合一"技术产生了；为了使支护结构具有更大的侧向刚度，减小基坑的侧向变形及锚索越界问题，双排桩支护技术产生了。根据不同的开挖深度、地层条件、施工环境等，用到的支护桩体有钻孔灌注桩、旋喷搅拌加劲桩、钢桩、钢板桩、水泥搅拌桩、预应力高强混凝土矩形支护桩、PHC（Prestressed High-strength Concrete，预应力高强混凝土）管桩。其中，预制预应力桩因施工速度快、绿色环保等优越性有望成为支护桩中的一种常用桩体。

2.2.2　地下连续墙

1. 地下连续墙的概念

地下连续墙是通过机械施工方法，在基坑周边原位成槽浇筑或预制插入而形成的具有一定厚度和宽度的、连续的地下钢筋混凝土墙体，地下连续墙施工图如图2-3所示。地下连续墙结构在挡土止水支护方面具有较好的性能，集挡土、截水、防渗及承重功能于一体，适用于 30～50m 的超深基坑。当采用 H 型钢接头、十字钢板接头、V 形接头设计时，能有效提高墙体整体性；其地层适用范围广，黏性土、砂土、硬质地层均具有良好的应用效果；施工时，其振动小、噪声低，对环境影响较小，适于城市施工。由于具有显著的技术和经济优势，以地下连续墙作为深基坑支护的技术方法，在高层建筑、地铁车站及地下市政场站基坑工程中，得到广泛应用。

图 2-3　地下连续墙施工

地下连续墙按照施工方法的不同，可以分为现浇地下连续墙和预制地下连续墙两类。现浇地下连续墙是指采用专用机械设备现场成槽、现场制作钢筋笼并浇筑混凝土的现浇混凝土或钢筋混凝土地下连续墙。对于现浇地下连续墙，根据平面形状和功能，可以分为素混凝土地下连续墙、型钢混凝土地下连续墙、整片式钢筋笼混凝土壁板式地下连续墙、预制箱形型钢混凝土地下连续墙、异形地下连续墙五类。

2. 地下连续墙的施工工艺

地下连续墙的施工工艺主要有：测量放线，导墙修筑施工，泥浆制备及护壁、成槽施工，刷壁及清底处理，接头锁口管处理，钢筋笼的制作和吊放，水下混凝土浇筑，锁口管吊拔，降水井施工及运行，土方开挖，封底。表 2-3 列出了地下连续墙施工工艺和主要施工内容。

地下连续墙施工工艺和主要施工内容　　　表 2-3

序号	施工工艺	主要施工内容
1	测量放线	由专业测量工程师在现场用全站仪、水准仪测定施工场地的控制点和水准点，并将主要控制点和水准点引到场外易保护地段。先依据设计要求挖好基坑，验收合格后，再向坑内浇筑混凝土。在混凝土上的控制点插入钢筋做标记，钢筋头露出地面 5～10cm
2	导墙修筑	导墙的质量直接影响地下连续墙的轴线和标高，以及对成槽的设备进行的向导，导墙和连续墙的中心线必须保持一致，竖向面必须保持垂直
3	泥浆的制备与处理	泥浆质量将直接影响地下连续墙成槽施工，选用优质泥浆，从而保证泥浆的护壁性能。针对通过探槽揭露出来的砂质地层，可在泥浆中添加硫酸钡，以提高泥浆对地层的正压力，平衡和减少地层对槽壁的压力

续表

序号	施工工艺	主要施工内容
4	成槽施工	成槽机按地下连续墙坐标位置进行定位,定位后在导墙槽内放入泥浆,开始成槽,并始终保持泥浆液面高度,液面离导墙顶不大于300mm。由地面至地下10m左右的初始挖槽精度对整个槽壁精度影响非常大,必须慢速均匀开挖,严格控制垂直度和槽的宽度,使其在允许偏差范围内
5	钢筋笼的吊放	钢筋笼顶标高控制应采用水准仪,在成槽完成后根据吊筋位置在导墙上分别测量四点位置的标高,再准确计算吊筋长度,以确保钢筋笼顶标高。地下室各楼层标高的预埋筋(件)则以笼顶标高为基准点,以钢卷尺定位后再放置预埋筋(件)
6	水下混凝土浇筑	每槽段的混凝土浇筑采用导管插入钢筋笼内成槽的底部,并固定在支架上灌注,使用隔水球做堵头,由专用顶升架,悬吊施工

根据现场施工情况和后期出现的问题,在地下连续墙成槽施工控制中,泥浆、成槽速度、成槽垂直度是关键控制点,是成槽质量的三个重要影响因素。泥浆的比重、泥浆的黏度、在成槽过程中泥浆面的高度和泥浆的循环速度以及成槽速度决定着泥浆护壁的质量。泥浆控制和成槽速度如果配合不当,直接的后果是出现塌槽。地下连续墙的成槽精度对地下连续墙的施工质量起决定性作用。测量时,应严格控制对桩点,以导墙为依据进行准确划分,并做好分段标记工作。

深基坑支护结构中,地下连续墙以墙体刚度大、整体性能高、防渗效果好、施工速度快、噪声小等优点,被越来越多地用于超深基坑工程中。为满足工程建设的需求,GFRP(Glass Fiber Reinforced Polymer Rebar,玻璃纤维增强塑料)筋(耐腐蚀、强度高、质量轻、耐电磁的玻璃纤维增强聚合物)、TRD(Trench cutting Remixing Deep wall method,渠式切割深层搅拌地下水泥土连续墙)工法(水平轴锯链式切削箱沿桩深垂直整体搅拌形成墙体的工法)、TRUST工法(高精度的超薄型地下防水连续墙施工方法)、CMW(Cement Mixing Wall,水泥搅拌墙)工法(通过三轴搅拌桩内插入预应力管桩形成复合挡土和止水的施工方法)等新材料、新工艺、新技术越来越多地用在地下连续墙结构中。近年来,一种占地小、施工快速方便的围护体系——水泥土地下连续钢墙,被研发出来,满足了目前地下空间的发展需求。水泥土地下连续钢墙采用水泥浆替代混凝土,同时采用预制型钢作为劲性骨架,与原地下连续墙中的钢筋施工相较,占地小、安装方便、工期短、对周边环境影响小,造价相对较低。它将大大改善传统地下连续墙工法在城市工程建设中的用地和环境影响问题,也为城市复杂区域的基坑开挖工程提供了一种新的支护方案。

2.3 锚杆体系

2.3.1 锚杆体系的发展阶段

锚杆体系是指以锚杆技术支护为主的结构类型,包括锚杆支护、喷锚支护、锚格梁支护、锚格网支护等,属于主动型支护方式。锚杆支护具有较好的适应性,基本不受基坑深度的制约，能与各种支护结构组合应用。基坑排桩支护技术、基坑土钉墙支护技术等都可以与该技术配合应用。

随着锚杆支护技术的发展及其应用范围的不断扩大，人们对锚杆支护的认识也不断深化。新结构、新材料、新方法不断涌现，同时，新的支护理论与概念也相继被提出。锚杆支护技术进入了一个新的阶段。回顾半个多世纪以来，我国锚杆支护技术的应用与发展大致可分为三个阶段。

（1）单体锚杆群阶段。这一阶段主要是锚杆支护刚刚引入我国的初期应用阶段，即20世纪50～60年代。这一时期以钢丝绳、水泥砂浆锚杆为代表，锚杆无托板，锚杆之间相互无联系。锚杆实际上只起悬吊作用，锚杆被动承载，不与围岩共同作用。相应理论为悬吊理论和原始楔形剪切理论等。

（2）组合锚杆支护阶段。20世纪70～80年代，锚杆支护技术有了很大的发展，出现了一大批新型锚杆，如水泥钢筋锚杆、树脂卷钢筋锚杆及其他类型的金属锚杆。该类锚杆在尾部均有托板、螺帽，有时还会增加金属网、混凝土喷层及钢带、钢筋梯、钢架等，形成组合式支护体系。该结构体系又从平面组合发展到空间组合，形成稳定的结构体系。此阶段相应的支护理论就是组合理论——组合拱、组合梁等。

（3）预应力锚杆体系阶段。进入20世纪90年代，随着锚杆支护在松软动压和大跨度巷道中的推广应用，人们注意到：绷紧锚杆网、带，采用有横向预应力的管缝式锚杆和锚杆桁架，能显著改善支护效果。国外研究表明，当锚杆预应力达到60～70kN时，可以基本阻止巷道顶板下沉。实践与理论都证明，保证锚杆体系有足够的纵向和横向预应力，才能真正发挥其主动支护的作用，充分发挥围岩与支护体系的最大支护力。此时，锚杆支护理论、设计施工也就进入了一个应用高预应力的新阶段。

锚杆支护是一种利用杆身受拉来激发深层地层潜力，从而实现基坑稳定性的一种岩土主动加固技术。锚杆技术是一项新兴起的基坑支护技术，这种技术的灵感源于隧道施工中的新奥法，它通过喷射混凝土技术和全粘接注浆锚杆技术的完美结合来保持周围土体的稳定性。它在有机质土、含水量超过50%的黏土层、相对密度低于0.3的砂土中不适用，并且要注意合理选择锚杆长度，不能穿透土地红线，避免对邻近管线和建筑物造成损害。

喷锚网支护结构是在打入锚杆后加入钢筋网，最后喷射混凝土。在巷道的开挖过程中，锚杆的一端安设在围岩的稳定结构上，另一端锚固在开挖的破碎面上。由于这一破碎区域的承载能力差，通过混凝土加固碎裂区域增强其承载能力可以达到更好的支护效果。锚杆支护的整体性较差，只能对局部小范围进行加固，而锚喷网联合支护可以很好地解决该问题。通常，施工顺序是在打入锚杆之后挂网喷射混凝土。这种支护结构有一定的防水功能。边坡稳定式的喷锚支护，结构简单、承载力大、可阻水、变形小、安全可靠、适应性强、机具简单、施工灵活、污染小、噪声低、对周边环境影响小、支护费用低。喷锚支护适用于无流砂、含水量不高、不含淤泥等流塑土层的基坑，开挖深度≤18m。当地下水位高于基坑底面时，应采取降水或截水措施。

格构梁是由浆砌块石或混凝土组成的网格状结构，主要用于边坡表面，配合锚索对边坡进行防护。在配合框架网格梁支护的情况下，应与锚杆或锚索视为整体计算，既要考虑锚杆的各项特性，又要兼顾锚杆与锚杆、锚杆与锚索之间的协调，对锚索长度、间距等布置参数进行分析，使其与锚杆本身的对应参数相协调，从而使锚杆和锚索的单独效应得到最大限度发挥，形成协调的支撑效应，达到提高整体治理效果的目的。

锚杆可以划分为杆体、锚具和锚固体三个部位。锚杆通过锚固体与外部岩土体结合。锚孔中心的杆体是锚杆的主要受力部分，杆体通过拉杆周边的握裹力将所受之力传递到锚固体中，然后通过锚固体与周边土体之间形成摩擦力，摩擦力传递至周围稳定地层中，进行分散，让周边地层整体受力。锚杆基本构造如图 2-4 所示。

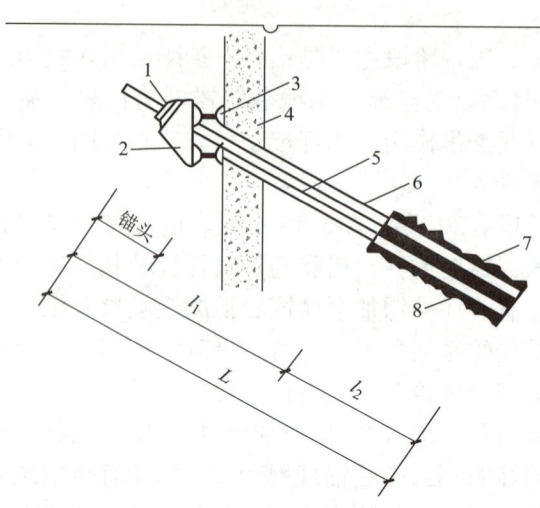

图 2-4　锚杆基本构造

1—锚具；2—台座；3—腰梁；4—支护桩墙；5—砂浆防腐；
6—钻孔；7—锚筋；8—锚固体

锚杆设置于钻孔内，端部伸入稳定土层，通过注浆与岩土体连接。用于基坑工程中的锚杆可从不同角度进行分类。

（1）根据锚杆使用年限的不同，锚杆可分为临时锚杆和永久锚杆。临时锚杆是指使用时间小于两年的锚杆，永久锚杆则是使用年限不小于两年的锚杆。

（2）根据施工工艺的不同，锚杆可分为普通钻孔锚杆、扩孔式锚杆和旋转钻式钻孔锚杆三种。

（3）根据工作机理，锚杆可分为主动性锚杆和被动性锚杆两种。

（4）根据是否添加预应力，锚杆可划分为非预应力锚杆和预应力锚杆两类。锚杆在土体发生位移时才有支护侧壁的作用，然而，出于对基坑的稳定性与安全性的考虑，需控制土体的位移，把张拉锚杆锚固定在挡土结构上以使土体位移变小，这就是预应力锚杆。预应力锚杆属于主动锚杆，非预应力锚杆属于被动锚杆。

（5）根据锚杆张拉施工完成后锚固体与周围稳定性土层的受力状态不同，锚杆可分为拉力型锚杆和压力型锚杆两种。

2.3.2　锚杆设计计算

等值梁法、弹性支点法以及有限元法等是目前进行锚杆支护结构设计施工的主要理论。锚杆设计计算主要步骤如下：

(1) 锚杆承载力验算。

锚杆的极限抗拔承载力应符合式 (2-10) 要求。

$$\frac{R_k}{N_k} \geqslant K_t \tag{2-10}$$

式中，K_t——锚杆抗拔安全系数；

N_k——锚杆轴向拉力标准值 (kN)；

R_k——锚杆极限抗拔承载力标准值 (kN)。

锚杆的轴向拉力标准值 N_k 按式 (2-11) 计算。

$$N_k = \frac{F_h s}{b_a \cos\alpha} \tag{2-11}$$

式中，F_h——挡土构件计算宽度内的弹性支点水平反力 (kN)；

s——锚杆水平间距 (m)；

b_a——结构计算宽度 (m)；

α——锚杆倾角 (°)。

锚杆极限抗拔承载力标准值 R_k 应通过抗拔试验确定，也可按式 (2-12) 估算，但应按规程规定的抗拔试验进行验证。

$$R_k = \pi d \sum q_{sik} l_i \tag{2-12}$$

式中，d——锚杆的锚固体直径 (m)；

l_i——锚杆的锚固段在第 i 土层中的长度 (m)；

q_{sik}——锚固体与第 i 土层之间的极限黏结强度标准值 (kPa)，应根据工程经验并结合表 2-4 取值。

锚杆的极限黏结强度标准值　　　　　　　　　　　　　表 2-4

土的名称	土的状态或密实度	q_{sik}/kPa	
		一次常压注浆	二次压力注浆
填土		16~30	30~45
淤泥质土		16~20	20~30
黏性土	$I_L > 1$	18~30	25~45
	$0.75 < I_L \leqslant 1$	30~40	45~60
	$0.50 < I_L \leqslant 0.75$	40~53	60~70
	$0.25 < I_L \leqslant 0.50$	53~65	70~85
	$0 < I_L \leqslant 0.25$	65~73	85~100
	$I_L \leqslant 0$	73~90	100~130
粉土	$e > 0.90$	22~44	40~60
	$0.75 < e \leqslant 0.90$	44~64	60~90
	$e < 0.75$	64~100	80~130
粉细砂	稍密	22~42	40~70
	中密	42~63	75~110
	密实	63~85	90~130

续表

土的名称	土的状态或密实度	q_{sk}/kPa	
		一次常压注浆	二次压力注浆
中砂	稍密	54~74	70~100
	中密	74~90	100~130
	密实	90~120	130~170
中砂	稍密	80~130	100~140
	中密	130~170	170~220
	密实	170~220	220~250
砾砂	中密、密实	190~260	240~290
风化岩	全风化	80~100	120~150
	强风化	150~200	200~260

（2）锚杆几何尺寸的确定。

锚杆杆体的截面面积根据杆体轴向受拉承载力计算确定如下，锚杆计算详图如图2-5所示：

$$A_p \geqslant \frac{N}{f_{py}} \tag{2-13}$$

式中，N——锚杆轴向拉力设计值（kN）；

f_{py}——预应力钢筋抗拉强度设计值（kPa）；当锚杆杆体采用普通钢筋时，取普通钢筋强度设计值（f_y）；

A_p——预应力钢筋的截面面积（m²）。

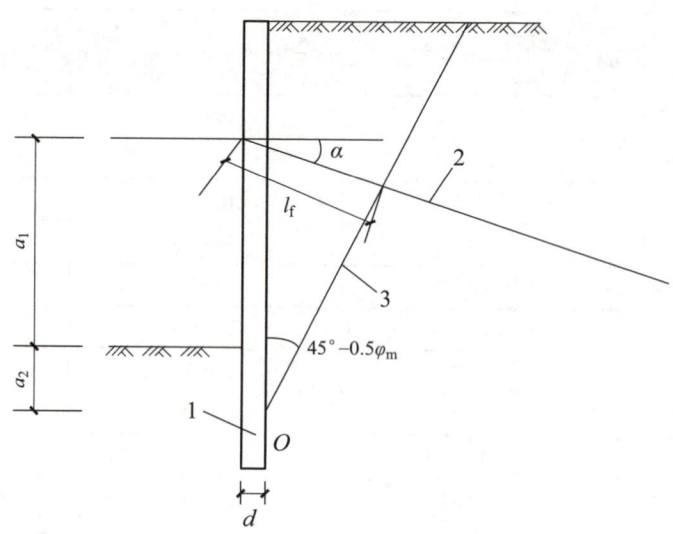

图2-5 锚杆计算详图

1—挡土构件；2—锚杆；3—理论直线滑动面

锚杆的自由段长度应按式（2-14）确定，且不应小于5m。

$$l_f \geqslant \frac{(a_1 + a_2 - d\tan a)\sin\left(45° - \frac{\varphi_m}{2}\right)}{\sin\left(45° + \frac{\varphi_m}{2} + a\right)} + \frac{d}{\cos a} + 1.5 \tag{2-14}$$

式中，l_f——锚杆自由段长度（m）；

a_1——锚杆的锚头中点至基坑底面的距离（m）；

a_2——基坑底面至挡土构件嵌固段上基坑外侧主动土压力强度与基坑内侧被动土压力强度等值点 O 的距离，单位为 m；对于多层土地层，当存在多个等值点时应按其中最深处的等值点计算；

d——挡土构件的水平尺寸（m）；

φ_m——O 点以上各土层按厚度加权的内摩擦角平均值（°）。

2.3.3 锚杆布置与施工

1. 锚杆布置

最上层锚杆的覆土厚度一般不少于 4m。锚杆间距通过计算确定，一般上下层间距为 4~5m，水平间距为 1.5~3m，锚杆倾角为 13°~35°。锚固体位于滑动土体 1m 以外，锚杆长度目前常用 15~30m。

2. 土层锚杆施工

钻孔施工应根据地质情况选用不同钻机，钻孔前根据设计先确定孔位并做好标记。钻孔时，严格控制位置、方向和深度。

（1）锚杆制作与安装。制作锚杆时，应根据设计断面采用 1~3 根钢筋或钢绞线制成束型，每隔 2~3m 绑扎一处。为保证锚杆束位于钻孔中心，并方便插入，每隔 2~3m 放置一个定位器。同时，为使非锚固段拉杆自由伸长，应在锚固段和非锚固段之间放置堵浆器，或在非锚固段包裹塑料布加以保护。锚杆安装前要认真检查，符合要求方可进行安装。当钻机钻杆退出后应及时插入锚杆和注浆管。

（2）注浆作业。注浆是土层锚杆施工中的一个关键工序，施工时应予以重视。锚杆注浆一般使用水泥净浆，常用普通硅酸盐水泥，水灰比为 0.4~0.45，这样的混凝土流动性好，方便泵送。为防止其泌水、干缩，可在材料中掺加外加剂和微膨胀剂。一般采用一次注浆法，在重要工程上，也可进行第二次注浆，以提高锚杆的承载力。

（3）锚杆试验。锚杆试验一般分为抗拔试验、抗拉试验和张拉试验。抗拔试验是在使用新型锚杆或在未曾试用过的土层条件下设置锚杆，为得到锚杆的极限承载能力而进行的试验。抗拉试验要在与工地相同条件下进行，将荷载张拉至设计荷载，并绘制出锚杆的荷载-变位图的试验，以此作为张拉锚杆的检查验收标准。这两种试验的锚杆根数通常取 3 根。

与钢模内支撑相比，锚杆技术优点如下：节省材料，不占用施工空间，可以更加便捷地进行施工，不必担心场内空间不足。锚杆施工期间，只需移动式钻机进行施工，灵活方便又简单，需要的施工面也很有限，可以有效地配合施工期间其他工序的进行，对环境的影响、对土体的扰动都较小。

2.4 水泥土墙

2.4.1 水泥土墙介绍

水泥土挡墙是由水泥等固化剂与坑边土体搅拌形成格栅状、壁状等形式的重力式支护结构。实践中，水泥土挡墙结构主要有重力式水泥土挡墙、SMW（Soil Mixing Wall）工法水泥土挡墙等。水泥土墙用作基坑围护结构时，适用于淤泥质土、黏土、粉质黏土、粉土和砂土等土层，但是，使用该结构需场地宽敞，但不适合用于支护深度较大的基坑。

水泥土墙的优势有：施工时没有震动、没有噪声、没有废弃泥浆污染物；施工简单方便，成桩工期短、成本低；隔水性较好，基坑内外允许有水位差；基坑的内力变形小，对周围建筑物的影响小。其缺点为：对土体性质有特定要求，水泥用量相对较大，需要28天以上的养护期。

重力式水泥土挡墙通过深层搅拌或高压喷射注浆的方式使水泥与土体相互固结，从而形成挡墙结构。该项技术源于20世纪80年代从日本引进的水泥土搅拌桩施工技术，早期主要应用于软土地基加固；经多年消化吸收和改进创新后，在我国基坑开挖支护中得到广泛应用。目前，采用三轴搅拌桩技术，在淤泥质土、黏土、粉质黏土、粉土地层中适用性较好，容易形成连续搭接的加固墙体，隔水防渗性能良好，可兼作止水帷幕。另外，重力式水泥土支护的基坑工程，基坑内部空间较为开敞，便于土方开挖和后期地下结构施工，经济性较好。重力式水泥土挡墙属于无支撑自立式挡土结构，主要依靠墙体自重、墙底摩阻力和墙前开挖面以下被动土压力来稳定墙体，主要应用于开挖深度5～7m的基坑支护。其原因在于对于深、大基坑，侧向位移相对难以控制。下面对重力式水泥土墙的设计进行简单介绍。

重力式水泥土墙的设计要点包含适用地基范围、基本构造要求、相关计算参数的选取等。设计时，应综合考虑各方面因素，合理选择计算参数，确定合理的结构尺寸，通过相关计算以完成重力式水泥土墙的设计。整体稳定计算方法可采用圆弧条分法进行验算，圆弧滑动稳定安全系数不应小于1.3，滑弧面在地下水位以上或地下水位以下的黏性土，取孔隙水压力为0。重力式水泥土墙中水泥土搅拌桩搭接宽度不宜小于150mm；水泥土墙顶面宜设置混凝土连接面板，面板厚度不宜小于150mm，混凝土强度不宜低于C15；重力式水泥土墙的嵌固深度，对淤泥质土，不宜小于1.2倍基坑深度（h），对淤泥，不宜小于1.3h，重力式水泥土挡墙的宽度，对淤泥质土不宜小于0.7h，对淤泥不宜小于0.8h；重力式水泥土墙采用格栅式时，格栅面积置换率，对一般黏性土、砂土，不宜小于0.6，格栅内侧的长宽比不大于2。

2.4.2 水泥土墙施工流程

水泥土挡墙的施工工艺流程为：场地平整、测量放线、桩机就位、旋转钻进、喷浆提升、重复搅拌、结束移位。

水泥土搅拌桩施工机械用深层搅拌桩机,主要由深层搅拌机、机架及灰浆搅拌机、灰浆泵等配套机械组成。水泥土搅拌桩施工可采用"一次喷浆、二次搅拌"或"二次喷浆、三次搅拌"工艺,主要依据水泥掺入比及土质情况而定。水泥掺量较小、土质较松时,可用"一次喷浆、二次搅拌";水泥掺量较大、土质较紧实时,可用"二次喷浆、三次搅拌"。水泥土搅拌桩施工中应注意水泥浆配合比及搅拌速度、水泥浆喷射速率与提升速度的关系及每根桩的水泥浆喷注量,以保证注浆的均匀性与桩身强度。施工中还应控制桩的垂直度以及桩的搭接等,以保证水泥土墙的整体性与抗渗性。

随着基坑开挖深度的增加,单纯的重力式水泥土挡墙已难以平衡墙后的土、水压力。为此,在水泥土搅拌桩基础上,发展出一种劲性水泥土挡墙结构,以 SMW 工法应用最为广泛。SMW 工法是在水泥土尚未硬结之前,将 H 型钢插入搅拌桩体内,形成具有一定强度和刚度的、连续搭接的完整墙体,具有较好的止水挡土效果。型钢在结构施工完毕后,可回收重复利用,具有造价低、节能环保的优点。经过多年的工程实践与优化改进,采用该工法支护,基坑开挖深度最大可达 15m。其适用土层范围很广,不仅可应用于填土、淤泥质土、黏性土、粉土、砂性土等地层条件,还可实现在砂砾甚至砂卵石地层中施工。

水泥土与劲性材料的组合支护结构主要有型钢水泥土搅拌桩墙、高应力区加筋水泥土墙、混凝土芯水泥土搅拌桩墙、PHC 管桩劲性水泥土墙、内插钢管重力式水泥土墙等几种形式。目前水泥土墙的设计仍是参照传统的重力式挡墙的模式来进行计算的,采用静水压力,不考虑渗流作用的影响。但在地下水位较高的地区对基坑进行开挖时,都需对基坑进行降水,悬挂式止水帷幕使得坑内外存在水头差,土体中将会产生渗流的作用,且大量的基坑工程实例表明,渗流对基坑支护结构的水土压力分布及稳定性的影响非常显著,是未来设计的研究方向之一。

2.5 土钉墙

2.5.1 土钉墙概念

土钉墙是随基坑开挖分层设置的、纵横向密布的土钉群,也是喷射混凝土面层以及原位土体所组成的支护结构。土钉墙现场图如图 2-6 所示,土钉墙构造图如图 2-7 所示。土钉墙的支护作用与地下连续墙不同,地下连续墙起到被动的挡土作用,而土钉墙具有主动嵌固作用,可提高边坡的稳定性,在基坑开挖后仍能使坡面保持稳定,在土质较好地区适用性强,但土质较差的区域难以运用。

土钉墙的应用要求土体具有暂时稳定的能力,以保证在规定的时间内进行土钉墙的施工,所以必须对其所处的土壤环境进行限制。土钉墙适用于二级和三级基坑以及非软土基坑,基坑深度不能超过 12m。其施工速度快、用料省、造价低,但采用土钉墙时,需注意排水,否则会软化土钉墙,造成整体或局部破坏。

图 2-6 土钉墙现场图

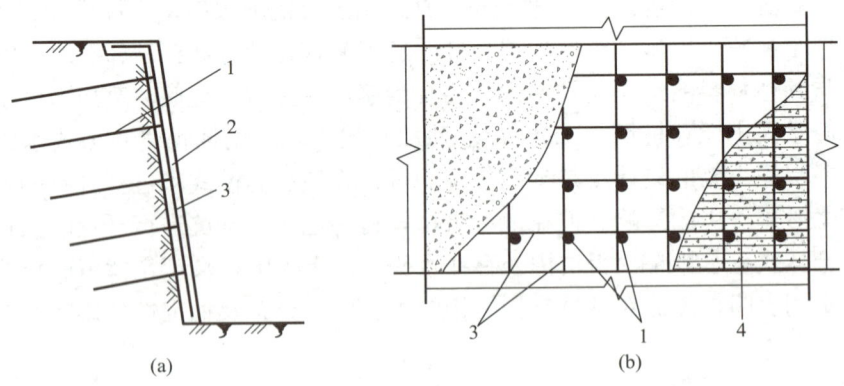

图 2-7 土钉墙构造图
（a）土钉墙剖面；（b）混凝土面层
1—土钉钢筋；2—喷射混凝土面层；3—面层加强钢筋；4—钢筋网

2.5.2 土钉墙设计要求

土钉墙的支护结构设计要注重基坑坡面的设置，当基坑较深时，可适当调小坡度比，并且要考虑开挖时坡面稳定性和承受力。除此以外，特别强调土钉的选择，现阶段的深基坑支护施工宜采用钢筋土钉，同时需要根据土质来选择土钉。

土钉墙支护计算采用条分法，以极限平衡法为基础。在运用条分法将坡体条分之前，需要分析获知潜在滑移面的实际位置及形状。坡体条分好后再运用剩余推力法，将每一块坡体条剩余的下滑力及坡体的整体稳定性准确计算出来。在土钉墙支护计算过程中，不能忽视深基坑存在的一些问题，比如基坑中的大滑裂面。对此类问题，计算得出的土钉墙长度需要相应加长。在计算各层土钉长度以及主筋直径时，得出的数值必须满足长高比（0.5~1.2）的要求，同时，结合自身工程实践经验，初步得出各层土钉的长度和主筋直径。之后再根据初步得出的相关数值，来验算土钉墙内部稳定性。接着将数值适当调整，反复验算，直至验算结果满足本次工程规范要求为止。土钉作为复合土钉墙的重要组成部分，其长度的确定是非常重要的。在确定土钉最终长度时，要考虑以下两方面问题：土钉墙深度范围内上侧土层若为填土层，通常承载力低，且土层松散，不利于支护结构。基坑周边地面堆载不得超过设计限值，堆载越大，越不利于边坡支护，从而使基坑支护工程难度增大。在设计土钉间距时，要确保每一根土钉注浆时，周围土体影响区域和相邻孔影响区域能够重叠，同时相邻土钉的水平间距要控制在 1.2~2.0m，竖向间距要控制在 0.6~1.5m。

在传统土钉墙结构设计中，面层多为钢筋混凝土面层，属于刚性面层，它和土体共同变形的范围受到很大的限制，且混凝土面层排水困难，地下水或雨水渗入坡体中，会给基坑带来安全隐患。采用绿色的柔性面层材料如土工格栅、土工布以及复合土工布，使用柔性土工合成材料面层代替钢筋混凝土材料，只需在修整好的坡面上进行铺设、张紧即可。这样可以节省钢筋绑扎与混凝土喷射工序，避免出现混凝土前期因强度不足需养护的问题，并可大幅加快施工进度，提高施工效率且造价较低。新研发的绿色土钉墙有装配式预加载 GFRP（Glass Fiber Reinforced Plastic，玻璃纤维增强塑料）复合材料土钉墙支护体系、复合型预加载可回收柔性面层土钉墙支护体系。用新型材料代替钢筋土钉和混凝土面，虽然造价高，但社会效益显著，能有效解决传统土钉墙的缺陷，值得推广应用。

2.5.3 土钉墙施工工艺

制定合理的施工方案有助于厘清和明确支护与开挖之间的工序关系，并做好测设工作、施工准备、材料选择。土钉墙的施工应在排水作业之后进行，排水措施能够有效控制土体的含水量，避免其处于饱和状态，从而减小甚至消除对面层产生不利影响的静水压力。土钉墙具体施工内容见表 2-5。

4.

土钉墙施工

土钉墙具体施工内容　　　　　　　　　　　表 2-5

序号	施工工艺	施工具体内容
1	测量定位放线	施工前计算工程控制点的具体坐标，并依据支护方案的具体开挖控制线坐标，测量放出开挖线，角点用钢筋做好标记，并用白灰撒线
2	土方按开挖线开挖，人工修坡	上方应严格按方案分段、分层开挖，土方每步开挖深度 1.8m。人工修理的坡面不平整度应小于 20mm
3	土钉成孔	土钉施工时应及时对土钉孔位做出标记并编号。施工过程中应做好施工记录，发现有较大偏差时应反映给设计方修改土钉的设计参数。成孔后孔底浮土要清理干净，如孔内出现局部渗水或脱落散土时应及时处理。验收合格及时安装土钉注浆
4	土钉钢筋安设	应设置土钉钢筋保护层支架，支架每隔 2m 焊一组。验收合格后放入土钉筋，随即注浆，注浆压力为 0.5MPa。注浆时将导管插入距孔底 50mm 处，边注浆边拔导管，以便水泥浆将孔中空气全部排出。为保证土钉的注浆饱满度，采取二次或多次注浆，保证灌浆质量，增加土钉的抗拔力

续表

序号	施工工艺	施工具体内容
5	编钢筋网	土钉墙钢筋网片由绑扎而成,搭接长度大于200mm。土钉端部与主筋焊接压住钢筋网片
6	喷射混凝土面层	钢筋网片验收合格,主筋焊接土钉部位合格,钢筋网片垫好保护层,喷射混凝土时,喷头应垂直于土钉墙面,距离坡面1m左右,保持喷射混凝土坡面表面平整。喷射混凝土,并及时进行养护

2.6 逆作拱墙

逆作法施工是指在地下结构施工时,不架设临时支撑,而以结构本身既作为挡土墙,又作为支撑,从上而下依次开挖和构筑结构体的施工方法,其施工顺序与顺作法相反。逆作拱墙法是开挖一(节)段后先浇筑顶层拱墙,在顶层拱墙的保护下,自上而下开挖、支撑(拱墙)和浇筑结构内衬(拱墙)的施工方法。

5.

逆作拱墙

逆作拱墙是将基坑开挖成圆形或椭圆形,沿着基坑侧壁逆作钢筋混凝土拱墙,以拱墙作为基坑的围护墙。其原理是将垂直于墙体的土层压力通过拱墙传递变为切向力,因此,一般情况下拱墙厚度不用太厚,并且不必设置锚杆或内支撑就能达到强度和稳定性的要求,一般用于基坑深度不大于12m、拱墙轴线的矢跨比不小于1/8的淤泥质场合。在地下水位以上施工时,需要配合人工降水或截水措施。

逆作拱墙法施工简单,工期较短,强度较大,开挖深度较大,一般可应用于坑深10m以内的工作坑支护中。然而,由于逆作拱墙法嵌固深度为零,不适用于淤泥质土层、流塑性软黏土、有流砂等软土且地下水丰富的土层。使用过程中需保证干槽作业,为保障工程质量,需有专门施工机具和专业施工队伍。基底地基还需满足整体稳定性验算、抗隆起验算等,根据土质条件,掘段长度需控制在50~100cm,对于上软下硬地基,还需借助深层水泥搅拌桩、旋喷桩等来挡土和水。

如果作业区域基坑平面形状为类圆形、椭圆形或多边形,则可以利用拱墙结构来完成支护作业。目前,所使用的拱墙结构包括圆形拱墙、椭圆形拱墙、多边形拱墙、复合型拱墙等。拱墙的截面以Z字形为主,若一道Z字形拱墙无法满足支护高度,则需要适当增加竖向拱墙数量,横向沿拱墙高度也应设置数道肋梁,其间距不宜超过2.5m。该技术多用于安全等级不低于三级的非软土区域,且结合基坑平面布置拱轴线矢跨比例宜大于1/8,基坑深度宜小于12m,并可搭配合理截流及降水、排水措施来提高墙体结构的稳固性。设计时,拱墙轴线矢跨比应不小于1/8,否则应设置支点。拱墙水平肋梁的竖向间距应不大于3m。当组合曲线拱墙支座处的不平衡力指向基坑内或非闭合拱墙支座处,应架设内支撑或土层锚杆。混凝土强度等级应不小于C25,拱墙内水平方向钢筋配筋率应不小于0.7%,拱墙的壁厚应不小于500mm。当基坑较深时,沿高度方向应设数道肋梁;坑基较窄时，可不加肋梁，但要加厚拱壁。非闭合拱墙与挡土桩组合时，拱支座应嵌入基坑下，嵌入深度不小于基坑深度的 50%，并设置桩顶圈梁。当用拱与钢筋混凝土直墙组合时，钢筋混凝土直墙应按计算加设内支撑或锚杆。

2.7 内支撑

2.7.1 内支撑概念及其分类

内支撑是指用钢筋混凝土构建或钢件支撑基坑侧壁的支护结构体系。内支撑系统构造简单，受力明确，且不必侵入周边地下空间，当基坑的周边环境复杂时，是基坑支护的一种有效方法。基坑开挖施工过程中，钢筋混凝土内支撑梁以水平压力为主，钢筋混凝土内支撑与钢支撑不同，具有强度大、变形小的优势，同时可以调整配筋与截面尺寸，理论上可以无限地提高支撑梁的潜力，配合竖向立柱体系可以进一步加大支撑跨度。内支撑现场图如图 2-8 所示。

图 2-8 某工地内支撑现场图

采用内支撑系统的基坑工程，一般由围护体、内支撑以及竖向支撑三部分组成。其中，竖向支撑与内支撑两部分合称为内支撑系统。内支撑系统中的内支撑作为基坑开挖阶段维护基坑内外两侧压力差的平衡体系，经过多年来大量深基坑工程的实践，形式丰富多样。常用的内支撑按材料可分为钢支撑、钢筋混凝土支撑以及钢与钢筋混凝土组合支撑，材料优缺点见表 2-6；按空间布置不同，可分为单层或多层平面支撑体系和竖向斜撑体系，分别如图 2-9 所示。内支撑系统中的竖向支撑一般由钢立柱和立柱桩一体化施工完成，其主要功能是作为内支撑的竖向承重结构，并保证内支撑的纵向稳定，加强内支撑体系的空间刚度。常用的钢立柱形式一般有角钢格构柱、H 型钢柱以及钢管混凝土柱等。立柱桩通常选用灌注桩。

两种内支撑支护对比 表 2-6

项目	钢支撑	钢筋混凝土支撑
材料	采用钢管或型钢	钢筋混凝土
施工方法	预制后现场拼装	现场浇筑
节点	焊接或螺栓连接	一次浇筑而成
适应性	适用于对撑布置方案，平面布置变化受限制；只能受压，不能受拉，不宜用作深基坑的第一道支撑	易于通过调整断面尺寸和平面布置形式为施工留出较大的挖土空间。既能受压，又能受拉，也经得起施工设备的撞击
对布置的限制	荷载水平低、支撑在竖向和水平向的间距都比较小	荷载水平高，布置不受限制，可放大截面尺寸以满足较大间距的要求
支撑的形成	安装结束时，已形成支撑作用，还可以用千斤顶施加轴力以调整围护结构的变形	混凝土结硬以后才能整体形成支撑作用。混凝土收缩变形大，影响支撑内力的增长
重复利用的可能性	在等宽度的沟渠开挖时，可做成工具式重复使用，但在建筑基坑中因尺寸各异难以实现重复使用的要求	无法重复使用
支撑的利用或拆除	拆除方便，但无法在永久性结构中使用	在围护结构兼作永久性结构的一部分时，钢筋混凝土支撑可以作为永久性结构的构件；但如不作为永久性构件，则拆除工作量比较大
支撑体系的刚度与变形	刚度小、整体变形大	刚度大，整体变形小
支撑体系的稳定性	稳定性取决于现场拼装的质量，包括节点轴线的对中精度、杆件受力的偏心程度以及节点连接的可靠性。个别节点的失稳会引起整体破坏	现浇的钢筋混凝土体系节点牢固，支撑体系的稳定性可靠

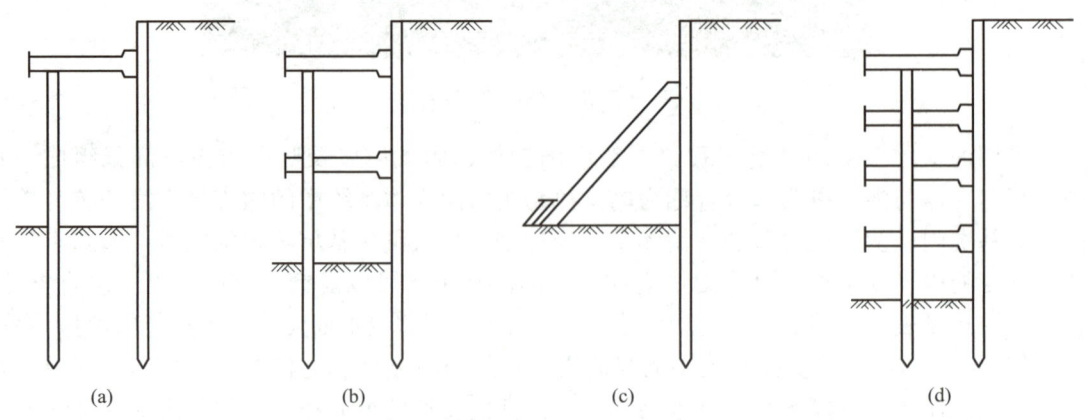

(a)　　　　　　(b)　　　　　　(c)　　　　　　(d)

图 2-9　内支撑结构示意图
（a）单层支撑；（b）双层支撑；（c）单层斜支撑；（d）多层支撑

2.7.2 内支撑结构设计

支撑结构上的主要作用力是由围护墙传来的水、土压力和坑外地表荷载所产生的侧压力。支撑系统构件的强度、稳定性以及节点构造等的设计计算要点，主要有如下几个方面的内容。

支撑结构上作用的竖向荷载不考虑施工过程中材料和机械的重力，只计算支撑结构的自身重力和施工过程中的活荷载。支撑结构施工过程中的活荷载指的是施工过程中施工人员的自重和混凝土输送管道的作用，在实际工程中，该活荷载一般取值为4kPa。如果在施工的过程中出现在支撑结构上面堆砌建筑材料或者承载施工机械的现象，那么需要专业技术人员重新进行支撑结构设计。

支撑结构中的构件如果采用钢筋混凝土结构，那么构件之间的连接处应该采用整体现浇混凝土的方法，实现构件之间连接处的刚接。如果支撑结构中的腰梁采用的是钢构件，那么在腰梁施工之前需要在支撑结构中的围护墙上布置牛腿。钢腰梁与围护墙间的安装间隙应采用C30细石混凝土填实。采用钢筋混凝土腰梁时，要与围护墙和支撑构件整体浇筑连接，计算支座弯矩可乘以调幅折减系数0.8~0.9，但跨中弯矩相应增加。钢支撑构件与腰梁斜交时，宜在腰梁上设置水平向牛腿。

施工过程中温度变化对支撑结构的受力也会产生较大的影响，但是现在工程中还没有成熟的方法来计算温度对支撑结构的受力影响，因为支撑结构属于超静定结构，缺乏相关的试验数据。在实际工程中，温度对支撑结构的受力影响一般根据工程经验确定，当支撑的尺寸大于40m，温度可导致支撑结构的受力变化10%。

2.7.3 内支撑结构施工

1. 支护方式的选择

基坑支护工程施工中，有多种深基坑支护形式可以采用。施工前应全面了解各类支护方式的功能及特点，一般常采用排桩＋混凝土支撑形式作为基坑设计的总体思路。

2. 支撑梁钢筋绑扎和应力监测

内支撑梁钢筋的规格选择、钢筋布设应根据支护结构设计施工，并埋设应力计、位移变形计等检测设备。应力计埋设于钢筋混凝土支撑内，应用绝缘胶带包裹应力计，防止设备直接接触混凝土。在完成钢筋的绑扎后，可串联边侧的主筋，这样可以更好地预留绑扎的位置。在将支撑梁钢筋安装绑扎于基坑时，应保证应力计的连线能传达至基坑边坡位置，便于读取变化数值，并保证应力计安置的稳定性。按照钢筋的直径选择相匹配的应力钢筋计，把仪器的两端连接杆与支撑内钢筋主筋进行平行焊接，且焊接的强度要满足强度设计需求。在焊接应力钢筋前，应使用湿毛巾或隔热布料对应力钢筋计加以保护，防止焊接过程中高温对其造成损害。在焊接应力钢筋计时，要将数据传输线掩盖，起到保护的作用，以防止焊接过程中产生的焊渣将数据传输线损坏。对应力钢筋计和数据传输线进行编号之后把线及电缆绑扎固定绕成一定弧度向上引出，直至桩顶处固定。仔细查看应力钢筋计的焊接部位及数据线电缆的编号是否一致，确保无误后方可进行下一步的施工。在实施混凝土浇捣的同时，还要对应力钢筋计及其管线进行保护，保证至少 0.5m 的施工距离，确保仪器设备安全。

3. 混凝土支撑梁拆除

混凝土内支撑结构的拆除工作需要待地下室楼板与支护体系间的换撑梁施工完成，或地下室外回填土完成后进行拆除，拆除时要分段分节，控制切割长度，宜采用人工与水链切割拆除，吊车吊出。

4. 地下水控制

地下水的控制直接影响到排桩及混凝土支撑梁的设计结果，因此基坑降水需要考虑多方面的因素。第一，考虑地质勘查情况，主要有地基土物理特性（组成、含水量及塑性指标）、地下水位的状况、渗透指标及附近建筑与地下管道；第二，考虑基坑开挖的深度和工程进展程度；第三，考虑地区季节和施工技术方式；第四，考虑降水设备使用情况及使用的效果；第五，考虑类似项目施工的工作经验。

5. 施工过程质量控制

在施工过程中，质量控制是建筑工程施工中的一项重要环节，在施工前，工程技术人员必须详细了解并掌握设计施工技术要点，按照规定进行必要的工程施工前的报备，完善各类许可。施工过程中工作人员要确保施工与设计方案匹配，对施工机械、材料进行核实等，对施工人员进行岗前交底，规范操作并严格监督和检查，从而保证工程的质量。同时，对施工中出现的质量问题及处理结果要详细记录。

传统基坑工程的内支撑结构在基坑工程结束后，要逐层拆除，然后逐层进行地下主体结构的施工，这样做会导致资源浪费，工程造价高，工期延长。在拆除内支撑进行换撑的时候，支护结构改变，周围土体的支撑能力也会改变，可能会破坏周围环境。目前内支撑结构的技术进展在于多种内支撑体系的综合运用。这样既能发挥对撑杆受力直接的特性，又能利用拱状杆受压性能好的优势，将不同支撑体系的优点结合起来，以便进行灵活设计和结构体系优化布置。钢管拼接大跨度内支撑是大型基坑内支撑支护技术的新突破，是在混凝土和钢管内支撑的基础上发展起来的一种内支撑体系。它借助规格不同的圆钢管和槽钢构件，经焊接和高强度螺栓组装而成，支撑跨度超 40m。钢管拼接大跨度内支撑可以减少基坑周边围护结构的侧向变形，阻止坑壁向坑内坍塌，保证开挖基坑四周房屋建筑设施、市政管网及道路的安全。此外，装配式预应力鱼腹梁钢结构支撑技术（IPS 工法）、预应力型钢组合支撑技术也在迅速发展。

思考与练习

1. 基坑支护结构的形式有哪些？
2. 基坑水平荷载计算采用什么原理？
3. 各个基坑支护形式的优缺点是什么？
4. 不同的基坑支护结构中，施工工艺流程有哪些？

教学单元 3　新奥法隧道结构

教学目标

1. 知识目标

新奥法隧道支护结构设计的概念、原理、作用和特点；新奥法隧道支护结构的组成部分；新奥法隧道支护结构的一般程序与内容；了解新奥法隧道支护结构设计中的不同支护及衬砌形式；了解超前支护的分类、原理、作用和特点。

2. 能力目标

能够有效地应用所学知识，分析确定新奥法设计流程，能正确说出新奥法隧道支护结构的核心目标。

3. 素质目标

通过对新奥法隧道结构的认识，激发学生的社会责任感，树立正确的世界观、人生观、价值观。

思维导图

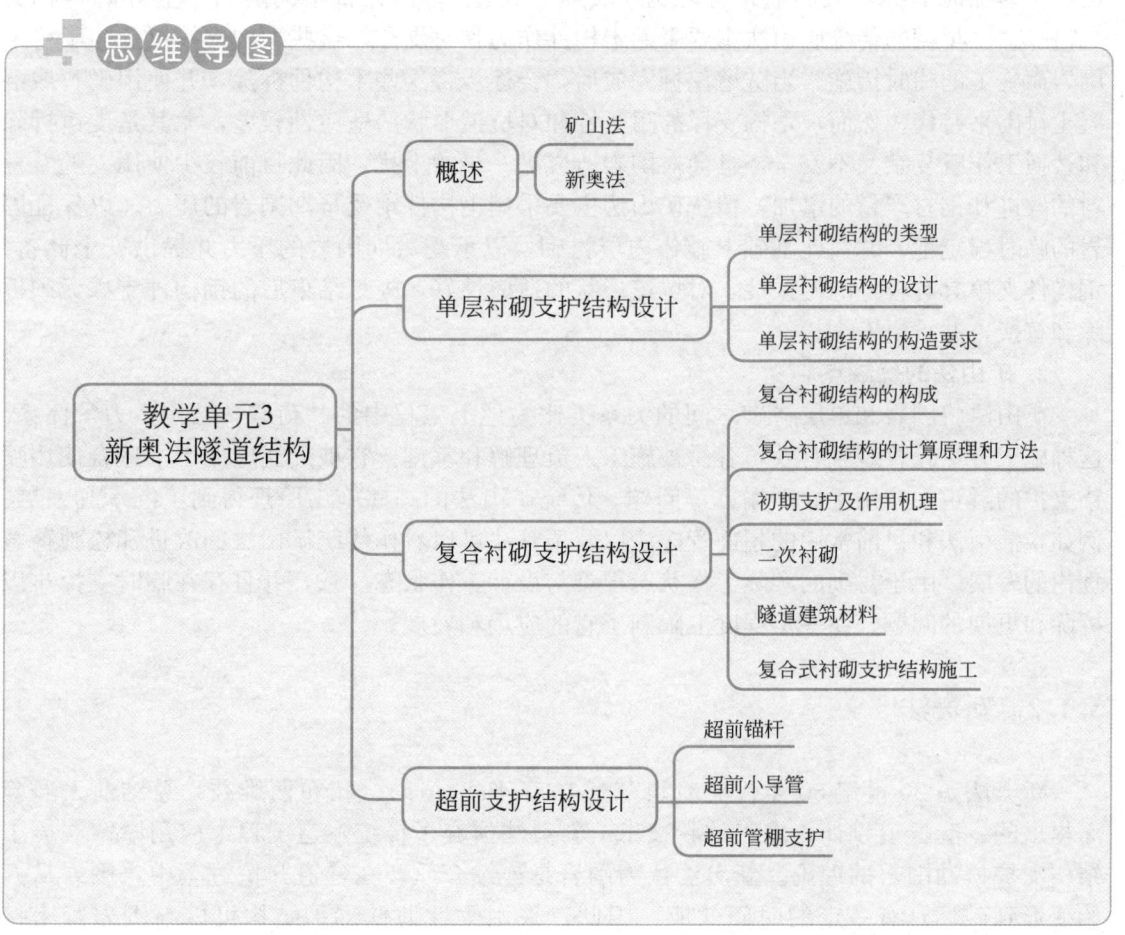

本单元主要讲述新奥法隧道结构的基本概念，如单层衬砌支护结构设计、复合衬砌支护结构设计、超前支护结构设计等，并结合实际介绍了复合衬砌结构的构造、初期支护作用机理、二次衬砌、超前支护种类等内容。

3.1 概述

3.1.1 矿山法

1. 矿山法的定义

矿山法是一种施工方法，最早应用于挖掘矿井的过程，因此而得名。它在隧道工程中也被称为"钻爆法"，因为它是通过钻眼爆破的方式来破坏岩石。"矿山法"施工通常采用纵向分段、横向全断面或分部开挖的方式，当一部分挖掘完成后，对暴露的岩石进行支撑或支护，并同时构建必要的永久性人工结构，以确保隧道的长期稳定性。如果采用钢、木构件作为临时支撑，人们通常称之为"传统矿山法"，而在日本的隧道专业界则被称为"背板法"。早期的传统矿山法主要采用木构件作为临时支撑，这些木构支撑仅是为了稳定围岩而施工的临时措施。当隧道挖掘完成后，会逐步将这些木构件拆除，并使用砌石或混凝土衬砌来替代。然而，木构支撑的耐久性和对坑道形状的适应性较差，尤其是支撑拆除和替换工作既复杂又不安全，且会对围岩造成进一步的干扰，因此目前较少使用。随着材料的改进和钢材产量的增加，传统矿山法主要采用钢构件承受早期围岩的压力，以保证围岩的临时稳定性，并在此基础上施作内层衬砌，以承受后期围岩的压力并提供安全储备。钢构件支撑具有较好的耐久性，对坑道形状的适应性好，施工结束后的钢构件支撑无须拆除和替换，并且更安全。

2. 矿山法的优缺点

矿山法将围岩和单层衬砌之间的关系类比为地上工程中的"荷载—结构"力学体系。这种施工方法较直观且有效，容易被施工人员理解和掌握。它被广泛应用于不适合使用喷锚支护的隧道中或用于处理塌方等问题。传统矿山法的一些施工原理得到了继承和发展。例如，插板法和目前常用的超前管棚法以及顶管法可以看作传统矿山法的改进和松弛荷载理论的发展。由于衬砌的实际工作状态很难与设计工作状态一致，并且存在临时支撑难以拆除和更换的问题，在一定程度上限制了它的应用和发展。

3.1.2 新奥法

新奥法是 20 世纪 60 年代奥地利专家 L. V. Rabcewicz（拉布西维兹）总结前人经验而提出的一套隧道设计、施工的新技术。新奥法摒弃了传统隧道工程中应用厚壁混凝土结构支护松动围岩的理论。新奥法认为围岩是连续介质，在隧道开挖过程中，围岩从开始变形到破坏具有一定的时间效应，因此，采用柔性薄壁支护结构可以与围岩紧密接触，使支护结构与围岩共同变形、共同承载，充分发挥围岩的自承能力，形成一个长期稳定的洞室。

1987年奥地利土木工程学会地下空间利用分会把新奥法定义为在岩质、土砂质介质中开挖隧道，使围岩形成一个中空筒状支承环结构为目的的隧道设计施工方法。

为了使围岩形成中空筒状支承环结构，应遵循下述原则。

（1）新奥法施工中，围岩是承载结构的一部分，要充分发挥围岩的自承能力，保持围岩的稳定性。

（2）隧道开挖时，要尽可能减轻对围岩的扰动，使围岩保持原来的应力状态，这需要对临空面施作喷射混凝土等，以维持围岩的稳定性。

（3）为使围岩充分发挥自承能力，允许围岩发生一定的变形，因此，初期支护需要采用柔性薄壁结构，多采用喷射混凝土、锚杆、钢筋网等联合支护形式。

（4）洞室开挖后应及时进行初期支护，常采用边开挖边支护的形式，以防止围岩坍塌，待围岩变形稳定后，再进行二次衬砌。出于安全考虑，在设计时，通常认为初期支护可以完全承担围岩压力，形成稳定洞室，二次衬砌可视为安全储备。

（5）在隧道开挖过程中，需要对隧道的变形进行严密的监测，根据具体的现场测量数据及时调整设计和施工方案。

以上原则是运用新奥法原理进行隧道开挖的基本思想，其核心是保护围岩，充分发挥围岩的自身承载作用。

3.2 单层衬砌支护结构设计

隧道单层衬砌技术是20世纪70年代发展起来的一种新型隧道支护体系。在复合式衬砌出现之前，单层衬砌是主要的衬砌形式。由于技术条件的限制，当时的单层衬砌主要是由模筑混凝土衬砌构成，现在这种衬砌方式被称为整体式衬砌。单层衬砌在隧道开挖后立即施作一层防水混凝土，再根据围岩等级设置支护构件，如锚杆、钢拱架等。根据结构耐久性及平整度等要求，施作一层或多层混凝土（图3-1）。衬砌各层间具有很强的黏结力并可充分传递剪力。

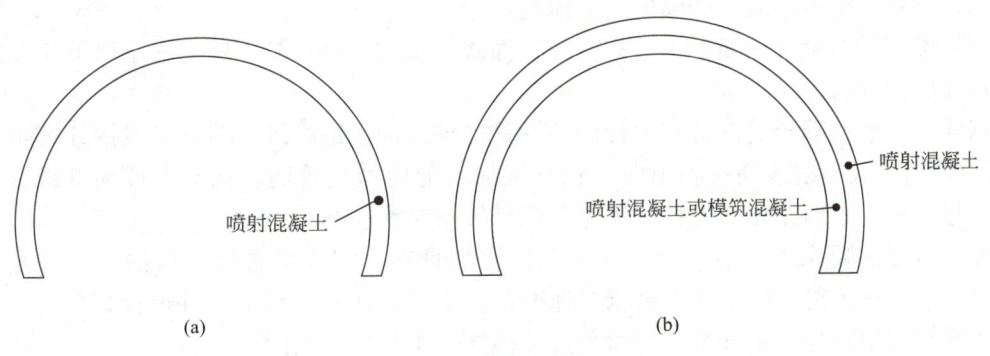

图3-1 单层衬砌概念图

3.2.1 单层衬砌结构的类型

1. 钢纤维喷射混凝土单层衬砌

钢纤维喷射混凝土单层衬砌是一种将钢纤维添加到普通喷射混凝土中的材料。它可以改善喷射混凝土的物理力学性能,增强结构的吸能和抗冲击能力,防止结构开裂,并改善延展性和耐磨性,是一种理想的隧道支护材料。因此,在隧道工程中,使用钢纤维喷射混凝土的实例逐渐增多。

(1) 钢纤维长径比。

钢纤维的长度和直径会影响喷射混凝土的施工性能和结构性能。钢纤维越短粗,其对喷射混凝土的增强效果越低;而细长的钢纤维在拌合时容易结团,会影响施工性能。根据实验结果,钢纤维的最佳长度为 25~30mm;最适宜直径为 0.35~0.71mm。钢纤维的最佳长径比一般约为 50。

(2) 钢纤维掺入量。

钢纤维的掺入量会直接影响钢纤维混凝土的物理力学性能和物理特性。随着添加量的增加,混凝土的坍落度减小,内部摩擦力增大,会导致混凝土的和易性变差,强度下降。考虑到钢纤维对混凝土抗压和抗拉强度的增强作用以及喷射机械性能的限制,最适宜的钢纤维掺入量为 $45kg/m^3$。

(3) 钢纤维喷射混凝土的配合比。

采用干式喷射时,钢纤维喷射混凝土的配比一般呈现如下情形:水泥用量为 $400\sim520kg/m^3$,水灰比为 45%~60%,粗骨料用量为 $500\sim600kg/m^3$,砂用量为 $1050\sim1260kg/m^3$,速凝剂用量为水泥用量的 5%。

(4) 钢纤维喷射混凝土的相关设计规定。

在围岩变形大、自稳性差的软弱围岩、膨胀性围岩地段,可采用钢纤维喷射混凝土支护。钢纤维喷射混凝土应符合下列规定。

1) 钢纤维喷射混凝土的强度等级不应低于 C25。

2) 钢纤维喷射混凝土中钢纤维的掺入量宜为干混合料质量的 1.5%~4.0%。

3) 防水要求较高时,可采用强度等级高于 C30 的高性能喷射混凝土。

(5) 钢纤维喷射混凝土的喷射工艺流程。

钢纤维喷射混凝土的喷射工艺有干式、潮式、湿式三种。其不同点在于以下几方面。

1) 混合和搅拌。

钢纤维喷射混凝土的混合和搅拌的关键是均匀地加入钢纤维,防止形成钢纤维团。

① 采用干式喷射或潮式喷射时,钢纤维加入前应通过筛网、振动器或使纤维分开的其他装置,防止重新结团;搅拌时需避免钢纤维扭结在一起。

加料搅拌的顺序为:第一步,加入全部粗细骨料、钢纤维总掺入量的 1/2 和全部水泥;第二步,加入剩下的 1/2 钢纤维与速凝剂。或者在拌料全部加入并搅拌好后,再均匀加入钢纤维搅拌。加入钢纤维后应避免过度搅拌,否则也会结团。

② 采用湿式喷射时,其加料搅拌的顺序应为:第一步,加入全部粗骨料与水泥到搅拌机内搅拌;第二步,加入 1/3 含有减水剂的水;第三步,加入砂和 1/3 含有减水剂的

水;第四步,按坍落度要求加入剩余部分的水。待这种无纤维拌合料的坍落度符合要求且搅拌均匀后,向搅拌机中均匀加入钢纤维,持续搅拌约4min即可输入湿喷机喷射。

2)喷射机的改动。

现有的喷射设备无须改动就可用于钢纤维喷射混凝土的喷射,但为了减少堵管的发生,在可能发生扼流的部位应该避免出现90°弯头或胶管直径突变等。如果需要小直径的管道,应使用锥形的长渐缩管。堵管通常发生在喷嘴出口处,这是由直径突然减小和方向突然改变导致的。一般采用内径50mm以上的胶管,最佳的内径应为钢纤维长度的2倍。

2. 模筑混凝土单层衬砌

模筑混凝土单层衬砌(也称整体式衬砌)是一种采用传统矿山法施工并根据传统松弛荷载理论设计的永久性隧道支护结构。使用该方法,需要在隧道内部设置模板架和模板,再浇筑混凝土以形成衬砌结构。模筑混凝土单层衬砌适用于各种不同的地质条件,可以按需成形,适用于多种施工方法。因此,它在我国的各类隧道工程中得到了广泛应用。

单层衬砌需要适应不同围岩级别和围岩压力分布的情况,这需要通过调整断面形状和衬砌厚度来实现,所以不同的单层衬砌在形状和厚度上差别很大。按照形状分类,单层衬砌通常分为直墙式衬砌和曲墙式衬砌两种形式。曲墙式衬砌的下部会根据围岩级别设置仰拱。按照衬砌厚度的不同,单层衬砌厚度通常在50~100cm之间。

(1)直墙式衬砌。

直墙式衬砌适用于地质条件较好的Ⅱ和Ⅲ级围岩。其岩体坚硬完整,围岩压力主要是竖向压力,几乎没有水平侧向压力。直墙式衬砌横断面由上部拱圈、两侧竖直边墙和下底板三部分组成。

上部拱圈是由三段不同半径的圆弧线组成的结构。在拱圈中间约90°的范围内为半径较小的圆弧线,而两边则为较大半径的圆弧线。从整体上看,拱圈矢跨比较大。上部拱圈的厚度是一致的,因此,外弧线增加了一个拱圈的厚度。内外半径的圆心是重合的,是同心圆弧。两侧边墙是与拱圈等厚的竖直墙,与拱圈平齐衔接。由于洞内设有排水沟,所以水沟一侧的边墙要稍微深一些。整个结构的下部是开放的,没有封闭;底部多采用素混凝土铺设,称为底板,用于铺设轨道或路面。

当地质条件良好,岩层坚硬、完整且没有地下水渗入时,边墙受到的水平侧压力很小,可以省去两侧边墙,只设上部拱圈的衬砌,此为半衬砌。在这种情况下,为了确保洞壁岩体能承受拱圈衬砌带来的压力,需要在洞壁顶部保留一个15~20cm的平台。如果不设置边墙,则应在两侧岩壁表面喷涂防风化层,以保护岩面免受风化和剥蚀的影响,同时也可以阻止少量地下水的渗透。在地质条件良好但侧压力不大且不适宜采用半衬砌的情况下,为了节省边墙的建造成本,可以简化边墙的设计方式。简化的方法有两种:一种是降低边墙的建筑材料等级,例如将混凝土边墙改为石砌边墙;另一种是采用柱式边墙或连拱式边墙,统称为花边墙。柱式边墙由一排均匀间隔的立柱组成,立柱的高度一般不小于3m,柱间间距不宜大于3m。连拱墙则采用带有支墩的连拱形式,支墩的纵向尺寸不小于2m,墙上拱形孔洞的纵向跨度不应大于5m,墙拱顶至拱圈起拱线的高度距离不宜小于100cm。

(2)曲墙式衬砌。

曲墙式衬砌适用于围岩松散破碎、围岩强度较低、侧压力较大以及存在地下水的情况,主要适用于地质条件较差的Ⅲ～Ⅴ级围岩。曲墙式衬砌由上部拱圈、两侧曲边和底部仰拱组成。与直墙式衬砌相比,曲墙式衬砌的上部拱圈内轮廓相同,但拱圈的厚度有所不同。拱圈在拱顶处较薄,在拱脚处较厚,因此拱圈的内弧和外弧的半径及圆心不同。侧墙的内轮廓和外轮廓都由一段半径较大的圆弧线组成,但外轮廓半径较大,并且在下部变为直线,略微向内倾斜。

仰拱由一段半径较大的圆弧构成,主要用于承受底部围岩的压力和防止衬砌结构发生沉降。同时,仰拱结构能够形成一个封闭的环状整体,可提高衬砌的整体承载能力。因此,在围岩较好、无地下水、衬砌不发生沉降的情况下,可以省去仰拱,只需要设置底板;但在围岩较差、有地下水、围岩松散破碎且围岩压力较大的情况下,就必须设置仰拱,并且曲墙底面应增加宽度(厚度),以抵抗上部的鼓力,防止整个结构下沉。在围岩为Ⅴ～Ⅵ级,且存在地下水时,竖向和水平压力都很大,衬砌宜采用近圆形(蛋形)或圆形断面。

整体式衬砌截面可设计为等截面或变截面。设置仰拱时,仰拱厚度不应小于边墙厚度。

采用整体式衬砌,出现下列情况时,宜采用钢筋混凝土结构。
1) 存在明显偏压的地段。
2) 净宽大于 3m 的横通道、通风道、避难洞室等与主隧道交叉的地段。
3) Ⅴ级围岩地段。
4) 单洞四车道隧道。
5) 地震动峰值加速度大于 0.20g 的地区洞口段。

整体式衬砌采用钢筋混凝土结构时,应符合下列规定。
1) 混凝土强度等级不应低于 C30。
2) 结构厚度不宜小于 300mm。
3) 受力主筋的间距不宜小于 100mm。

3.2.2 单层衬砌结构的设计

1. 单层衬砌的支护对象

不同的支护理论对隧道支护的对象有不同的认识和理解。较早期的支护理论(如普氏地压理论、泰沙基承载力理论等)将砂石拱内的岩石重力视作支护的荷载,并据此进行支护设计。因此,研究者们认为支护的对象是砂石拱内的岩石重力。而现代岩石力学中的弹塑性支护理论主张,开挖后围岩中塑性区的形成和变形是产生地压的原因,相关学者主张通过支护手段限制塑性区的发展,以阻止围岩松动破坏,支护对象显然是围岩的弹塑性变形和处于弹塑性状态的围岩。然而,这种支护理论以介质连续体各向同性为条件,假设支护结构体一开始就与围岩接触良好,不考虑围岩破碎后的体积变化,这些都与地下工程的实际情况不相符。

试验和实践表明,围岩破裂过程中的岩石碎胀变形或碎胀力是单层衬砌支护的主要对象。支护的目标是确保破裂的岩石在原位不会塌落,并限制隧道围岩松动区的有害变形。在隧道开挖前,围岩处于三向原岩应力的压缩状态,围岩内积累了大量的膨胀势能。隧道开挖后,围岩卸荷,这会释放出围岩内积累的膨胀势能,导致岩块向洞内移动并引发岩石破裂。虽然在理论上可以采用"硬支"的方式阻止能量的释放,但实际上是不可行的,只能在能量释放到一定程度后进行永久支护。膨胀势能在岩石刚破裂时达到最大值,随着时间的推移逐渐减小。如果是自由膨胀,膨胀势能将降为零。岩石的膨胀势能是破裂岩块变形的动力源,破裂岩块借此发生变形,深部围岩的膨胀势能推动浅部破裂岩块向洞内移动,从而产生较大的碎胀变形。

在破裂岩体的碎胀变形过程中,如果岩块周围没有任何约束,碎胀变形可以自由释放,当受到外界约束时,则会产生碎胀变形力。碎胀力不仅与破碎岩体的碎胀变形相关,还与周围介质(支护)的力学特性和约束条件有关。若试件破裂后没有外界约束,允许破裂块体自由滑移,则试件只有碎胀变形而没有碎胀力,如图 3-2(a)所示;若对试件施加刚性约束,则会产生很大的碎胀力,其数值与膨胀势能相当且不会有碎胀变形,如图 3-2(b)所示;若外界有约束而非刚性约束(围岩与支护相互作用,共同变形)时,则同时产生碎胀变形和碎胀力,如图 3-2(c)所示,其数值与支护阻力及刚度有关。

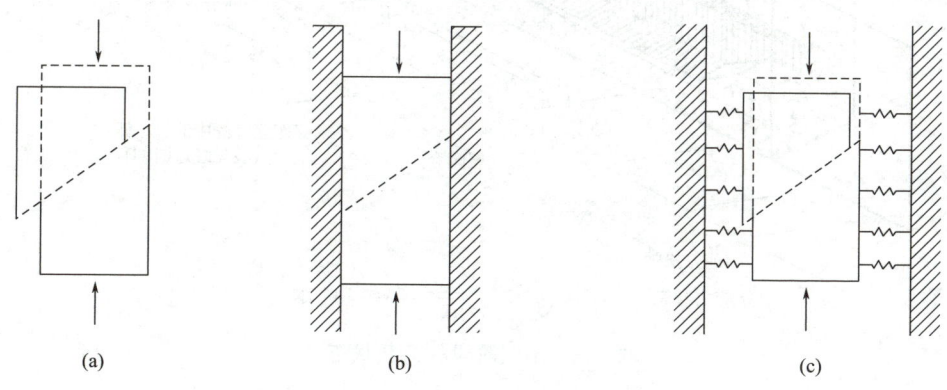

图 3-2　破裂试件的碎胀力与碎胀变形

(a)有碎胀变形,无碎胀力;(b)有碎胀力,无碎胀变形;(c)既有碎胀力又有碎胀变形

2. 单层衬砌的力学特性

在单层衬砌系统中,应力的内部传递机制是比较理想的。首先,当结合面完全附着时,可以有效地控制因受限应变而产生的应力,应力可以从围岩传递到第一层和整个衬砌,并在第一层和第二层之间提供最佳的传递条件。其次,由于各个工程所处的地质和地下水等条件不同,在建造第二层衬砌时,必须合理地安排施工时间。

单层衬砌在支护过程中经历不同的荷载状况,隧道开挖后产生的变形也是荷载的一种。图 3-3 表示隧道单层衬砌的荷载状态历程。在该过程中存在两种不同的力学传递机理。

(1)围岩压力的传递。

在支护施工之前,围岩会形成一定的变形和松弛范围。隧道开挖后,产生的各种变形压力(如弹塑性变形、围岩松弛和碎胀变形等)会作用在第一层衬砌上。如图 3-3 所示,第一层衬砌的施工到第二层衬砌施工完成的最短时间,是如图 3-4 中所示的 t_4(第二层)和 t_1(第一层)的时间差。如果围岩变形仍在增大,就要修建第二层衬砌,这样两层衬砌将与围岩共同发生变形,以达到新的平衡状态。此时,第二层衬砌需要具有足够的承载能力,而使用钢纤维喷射混凝土可以满足这个要求。围岩的变形基本稳定后,再建造第二层衬砌。第二层衬砌则起到防水或提高耐久性的作用,很少甚至不承担围岩压力。这也体现了按支护时间分配荷载的原则,即先支护的先受力。

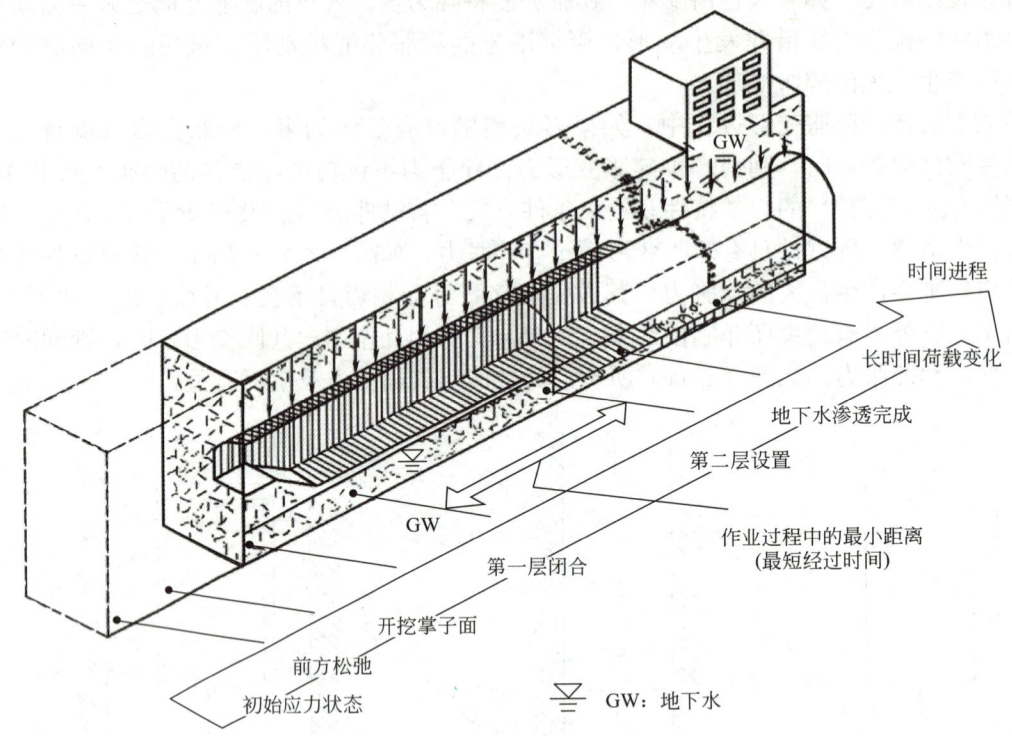

图 3-3 不同阶段的荷载状态

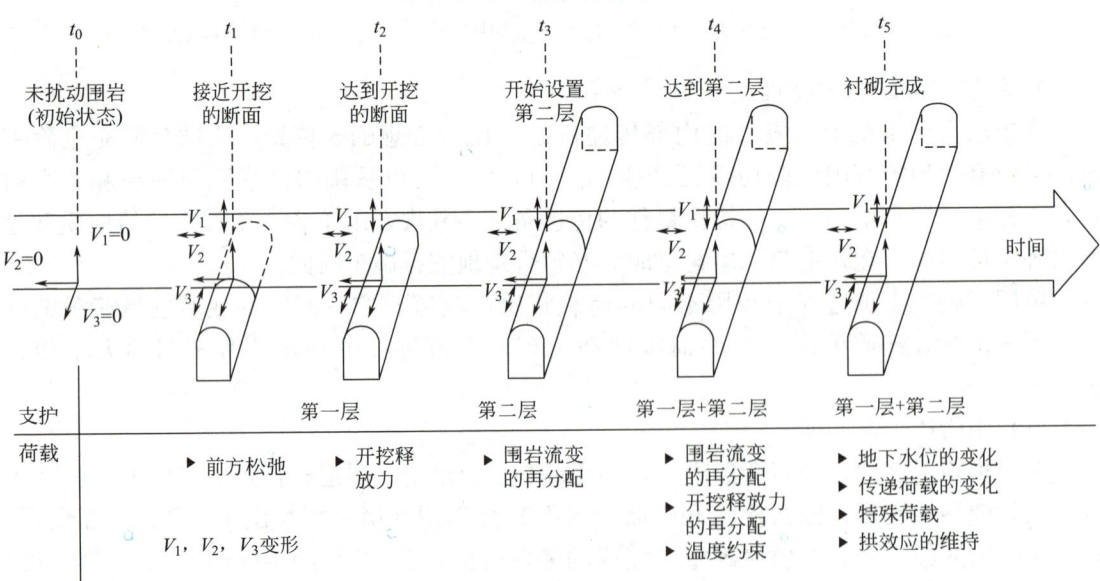

图 3-4 荷载的时间历程

(2) 应力的内部传递。

应力在内部的传递特征为：第一层的变形传递；第二层的水化热冷却时产生温差的传递；第二层的收缩传递。根据这种传递机制，整个衬砌中由于受到约束应变而产生的应力是逐渐增加的。这样的应力在第二层完成后立即产生一定的效果，能够避免开裂的发生。

3.2.3 单层衬砌结构的构造要求

根据上述力学传递机制，采用结合的单层衬砌结构需要满足以下条件：喷射混凝土除了需要具备一定的初期强度，还必须形成紧密咬合的一体化截面，如图 3-5 所示。各层之间的附着可以通过接触咬合来确保。剪切动态试验结果表明，在第一层未处理的喷射面上，与人为制造的具有三角形表面的情况相同，这表明设置补强材料的必要性不大。如果第二层的修建时间过迟，就需要清洁表面，并通过调整喷射混凝土的配合比来降低水化热作用，同时减少干缩和早期收缩，以确保一定的黏结力，一旦达到黏结强度，第一层和第二层将形成整体结构。

6. 单层衬砌支护设计

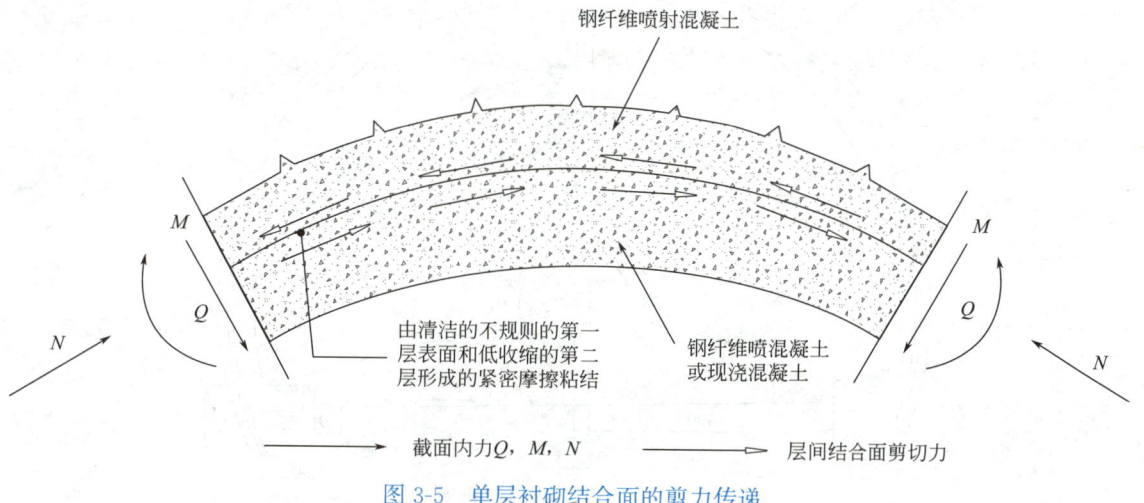

图 3-5　单层衬砌结合面的剪力传递

3.3　复合衬砌支护结构设计

3.3.1　复合衬砌结构的构成

应用现代围岩承载理论设计并采用新奥法施工的隧道，其支护结构多采用复合式衬砌（图 3-6）。复合式衬砌指的是把隧道衬砌分为两层或两层以上的支护结构，一般由初期支护、防水层、二次衬砌组成。具体施工方式为：在隧道开挖后，及时进行初期柔性支护（一般为喷锚支护），允许围岩产生一定的变形，但又不至于发生松动破坏，待围岩变形稳定后再进行二次衬砌（一般为模筑混凝土）。为满足隧道的防水要求，需要在初期支护和二次衬砌之间设置防水层。

初期支护结构最基本的形式之一就是喷锚支护，也是隧道工程中使用最多的措施。喷锚支护一般是通过高压喷射混凝土（素喷、网喷或钢纤维喷射混凝土）和打入围岩中的金属锚杆的联合作用来加固地层，根据围岩级别，有时需要加入钢支撑（型钢拱架或格栅拱架）联合支护。喷锚支护又称为"常规支护"。当围岩破碎，隧道开挖后使用常规支护无法维持洞室的稳定时，需要采取超前支护措施。超前支护又称为"特殊支护"，主要包括超前锚杆、超前管棚、加固注浆等一系列支护结构和工程措施。常规支护和特殊支护可以根据具体工程的需要单独使用或联合使用。

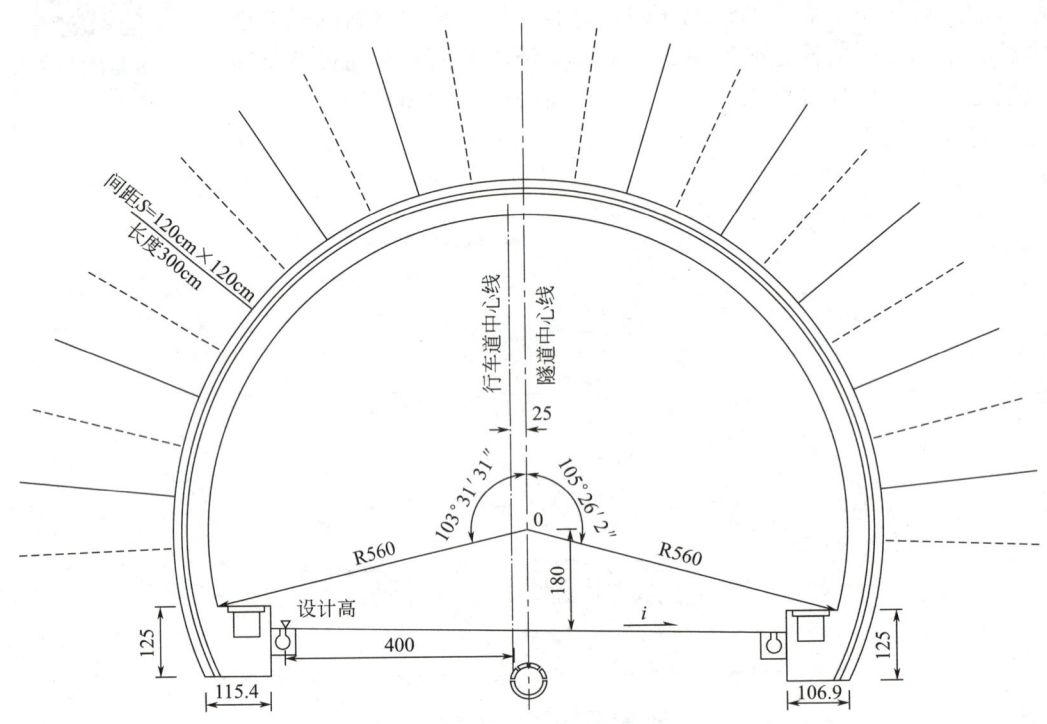

图 3-6　复合衬砌结构示意

二次衬砌是在初期支护内侧施作的衬砌结构，主要作用是承担初期支护后围岩产生的变形和围岩压力以及提供安全储备，保证隧道的稳定和安全。二次衬砌多采用就地模筑混凝土或钢筋混凝土，也可以采用喷射混凝土或喷射钢纤维混凝土，还可以采用拼装衬砌。其结构形状和尺寸可根据界限要求、成拱作用和结构受力要求予以调整。

3.3.2　复合衬砌结构的计算原理和方法

围岩与支护特征曲线法是伴随着喷锚等柔性支护的应用和新奥法的发展，将弹塑性理论和岩石力学运用到地下工程中，进一步解释围岩和支护相互动态作用过程的一种方法。

该方法可用图 3-7 中的几条曲线来解释支护与围岩的作用原理。

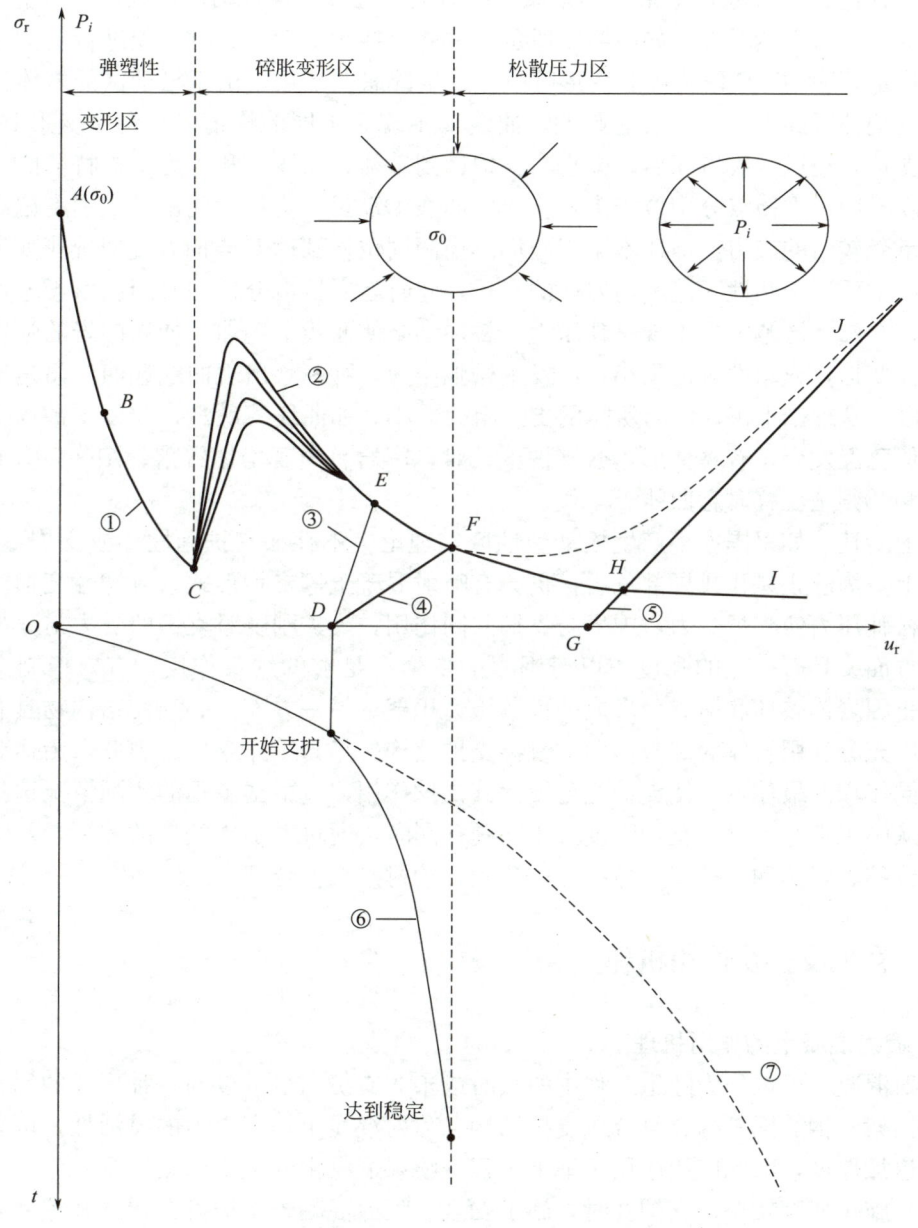

图 3-7　围岩与支护特征曲线法原理

u_r—径向位移；σ_r—径向应力；P_i—支护反力；t—时间

从图 3-7 中可以看出，隧道围岩变形可分成三部分：弹塑性变形区、碎胀变形区和松散压力区。曲线①代表隧道侧壁径向位移 u_r 与侧壁径向压力 σ_r 的关系曲线。在隧道开挖前，围岩在初始地应力 σ_0 的作用下处于平衡状态，没有发生变形，对应于曲线①上的 A 点。隧道开挖后，隧道周边应力变为零，围岩首先产生弹性变形，但由于隧道掌子面对其变形有一定的约束作用，实际上隧道周边应力没有真正达到零，此时对应于曲线①上的某一点（B 点）。如果原岩应力值不足以产生塑性变形区，围岩不产生碎胀，但随着掌子面的继续前进，掌子面的约束作用也将消失，此时隧道周边应力才真正为零，围岩最终的弹塑性变形到达 C 点才稳定下来。如果原岩应力大到足以产生松动塑性区，围岩将产生碎胀变形，围岩压力突然增大，如曲线②所示，位移也持续增大，此时必须进行支护才能确保洞室的稳定，图中 CF 段为碎胀变形阶段。发生碎胀变形后，由于松动区的岩体性质、碎胀率以及塑性区的大小等因素的影响，曲线②出现了不同的峰值。在洞室变形到达 D 点时开始支护，经过一段时间后，围岩与支护达到平衡。曲线③和④为支护特征曲线，由于支护刚度不同，平衡点分别位于 E、F 点，曲线 DE 虽然支护时间偏早，刚度偏高，支护结构要承受较高的应力，但还不至于破坏。当洞周位移到达 F 点时，此时碎胀变形基本结束，荷载主要源于塑性区范围内岩体的自重，此时是支护最合适的时间。由于塑性区域不断扩大，在塑性区范围内出现松弛压力，叠加结果使曲线上翘曲。如果围岩的强度高，不产生塑性变形，或塑性区范围小，不发生松弛压力，则不会出现曲线翘曲，而是出现水平的 HI 段，从理论上讲，此时所需的支护阻力最小。如曲线⑤所示，此处支护承受的压力最小，但已经发生了有害变形，若支护不及时，围岩将出现垮塌冒落。图 3-7 中下半部分曲线⑥和⑦则是位移时态曲线。

综上所述，如果围岩不产生松动塑性区，理论上不存在支护问题，或支护不起作用，但实际上，为防止风化或局部危岩，仍会有喷射混凝土等支护形式。有塑性变形时，岩体释放的松弛压力使支护受力，围岩与支护共同作用，支护刚度对支护的受力与变形影响很大：一方面要具有一定的强度，以对围岩的变形有足够的约束作用，有效控制围岩的变形，防止因岩体破坏和坍塌而形成的松散压力积聚；另一方面，必须使结构物具有一定的柔度，以充分利用岩体的卸载作用，改善支护结构的静力工作条件。因此，为达到支护与围岩共同作用的最佳点，使支护充分发挥其支护作用，应根据工程的实际情况选择支护形式，或从施工工艺上解决支护刚度大小问题；同时，通过对围岩变形的监测，及时掌握隧道周边位移、岩体和支护变形情况，以达到支护衬砌结构合理、经济和安全的目的。

3.3.3 初期支护及作用机理

1. 喷射混凝土的作用机理

喷射混凝土可以作为隧道工程中的临时或永久支护，也可以与各种形式的锚杆、钢纤维、钢拱架、钢筋网等构成复合式支护结构。喷射混凝土具有很强的灵活性，可以根据需要分次追加厚度，因此广泛应用于地下工程。喷射混凝土的主要优点如下。

(1) 施工速度较快，支护及时，施工安全。喷射混凝土支护可在隧洞开挖后几小时内进行，具有立即提供连续支护抗力的特性。隧洞开挖后立即进行喷射混凝土支护，就可以避免围岩处于单轴或双轴受力的状态，有效地限制围岩变形的发展，保持围岩的稳定。喷射混凝土支护的及时性，也表现为它能紧跟掌子面施作，这样就能充分利用空间效应（即端部支承效应），以限制支护前变形的发展，阻止围岩发生过大变形，防止围岩进入松弛状态和岩体松散。因此，喷锚支护的及时性对迅速控制围岩的扰动、发挥围岩的自承能力具有明显的影响。

(2) 支护质量较好，强度高，密实度好。这主要体现在喷射混凝土的黏结性上。喷射混凝土能与围岩紧密黏结，黏结效应使喷射混凝土在围岩结合面上产生抗力，传递剪应力、拉应力和压应力,改变了围岩表面的受力状态,使围岩处于三向受力的有利状态,防止围岩强度劣化,喷层本身的抗冲切能力也能阻止不稳定块体的滑落。喷射混凝土可以填充围岩表层节理裂隙和表面凹穴,使被裂隙分割的岩块联结,保持岩块间的咬合作用,提高其黏结力、摩阻力,防止围岩松动,避免或缓和围岩的应力集中,使不稳定围岩的荷载得到转移,提高围岩的自承能力。黏结性对防止裂隙水渗流、减小地下水对支护结构强度的破坏也能起到一定的作用。

(3) 施工灵活性大,可以根据需要分次喷射混凝土追加厚度,满足工程设计与使用要求。喷射混凝土的强度一般不低于C20,厚度不应小于50mm。

(4) 由于喷射混凝土的工艺特征决定了可以将其设计成既有一定支撑能力又有良好柔性的支护结构。

1) 可以沿围岩表面喷成薄层。

2) 较厚的喷射混凝土可以分期完成。

3) 喷射混凝土能同锚杆结合使用,必要时喷层可设置纵向变形缝。喷射混凝土的良好柔性对于控制塑性流变围岩的初始变形特别重要,其容许围岩塑性区有一定发展,避开应力峰值,能充分发挥围岩的自承能力和有效利用支护结构的支撑能力。

(5) 与普通(浇筑)混凝土相比,喷射混凝土具有高水泥含量、低水灰比和封闭的毛细孔,使其具有高密封性和良好的不透水性。喷射混凝土覆盖在围岩表面,阻止或限制了水流从地层中流出,从而降低了地下水或潮湿空气对岩体的侵蚀,阻止了节理间的填充物和断层泥的流失,保持了岩块间的摩擦力及岩体固有强度,也提高了岩体的抗冻性和岩层的稳定性。

2. 喷射混凝土的支护作用

喷射混凝土的支护作用主要有两个方面。

(1) 加固围岩,提高围岩的强度。当隧道挖掘完成后,立即喷射混凝土快速封闭岩石表面,隔绝水和空气,防止岩石受潮解体、风化剥落及软化,进而避免发生填充物和土粒流失等现象,保持岩石的强度和稳定。此外,高压高速喷射混凝土时,其中一部分混凝土浆液可以渗入裂隙或节理中,起到胶结和加固作用,提高围岩的强度。

(2) 改善围岩的应力状态,提高围岩的强度和稳定性。使用含有速凝剂的混凝土进行喷射,快速形成一个硬壳覆盖在围岩表面,为围岩提供了径向支撑力。这样,围岩表面的岩体由原先未受支撑的双向受力状态(在平面问题中为单向受力状态)转变为受到三个方向支撑的双向受力状态(在平面问题中为双向受力状态),如图3-8所示。这种转变使围岩具有更高的强度和更好的稳定性。

无喷层时,假设原岩应力σ_0为静水压力状态,则围岩中距隧道中心为r的任意一点的径向应力σ_r和切向应力σ_θ分别为

$$\sigma_r = \sigma_0 \left(1 - \frac{a^2}{r^2}\right) \tag{3-1}$$

$$\sigma_\theta = \sigma_0 \left(1 + \frac{a^2}{r^2}\right) \tag{3-2}$$

在隧道洞壁上($r=a$)有

$$\sigma_r = 0, \sigma_\theta = 2\sigma_0$$

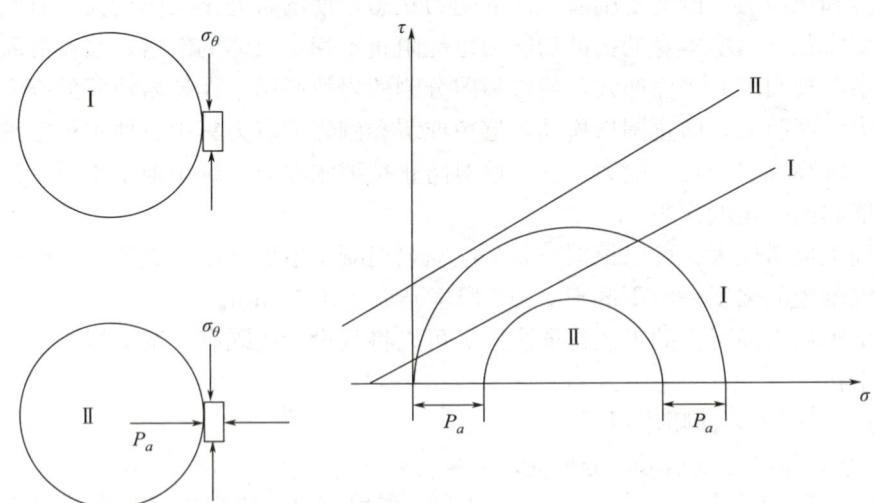

图 3-8 喷射混凝土支护前后洞周的应力状态

喷射混凝土后，喷层对围岩提供支撑力 p_a，按照围岩附加应力理论，围岩中距隧道中心为 r 的任意一点的径向应力 σ_r 和切向应力 σ_θ 分别为

$$\sigma_r = \sigma_0\left(1 - \frac{a^2}{r^2}\right) + p_a \frac{a^2}{r^2} \tag{3-3}$$

$$\sigma_\theta = \sigma_0\left(1 + \frac{a^2}{r^2}\right) - p_a \frac{a^2}{r^2} \tag{3-4}$$

在隧道洞壁上（$r = a$）则有

$$\sigma_r = p_a \tag{3-5}$$

$$\sigma_\theta = 2\sigma_0 - p_a \tag{3-6}$$

3. 径向锚杆的作用机理

锚杆或锚索是用金属或其他高抗拉性能的材料制作的一种杆状构件。在隧道中，主要采用全长黏结式锚杆作为支护形式。在岩体开挖后，使用具有一定强度和刚度的材料特性的锚杆，并通过砂浆或树脂锚固界面层传递应力，来限制围岩的变形，从而达到加固岩体或工程结构体的目的。在现代隧道和地下工程中，锚杆、喷射混凝土支护、监测测量被认为是三个重要的支柱。锚杆的受力机制和荷载传递方式一直是科研和工程实践中备受关注的问题。

锚杆的种类、长度和间距是锚杆设计的重要参数，要根据隧道围岩地质条件、隧道断面大小、锚杆作用、施工工艺条件等合理选择。

锚杆种类按作用原理分为以下几类。

（1）全长黏结型锚杆，包括普通水泥砂浆锚杆、早强水泥砂浆锚杆、树脂锚杆、水泥卷锚杆、中空注浆锚杆、组合式锚杆和自钻式注浆锚杆等。用水泥砂浆或树脂作填充黏结剂，使锚杆和孔壁岩石黏结牢固，提供摩擦阻力，并通过安装在孔口上的垫板、螺母对岩壁的约束力来抑制围岩变形和承受围岩的松弛荷载。系统锚杆和局部锚杆、锁脚锚杆等永久支护锚杆可采用这类锚杆。

（2）端头锚固型锚杆，包括机械锚固锚杆、端头黏结式锚杆，通过锚杆的机械式锚固或黏结式锚固，将锚杆前端锚固于锚杆孔底部的岩体，并通过孔口垫板及螺母使锚杆受拉，对孔口附近围岩施加径向约束力。这类锚杆主要用作预应力锚杆、局部锚杆，起临时支护作用，注满砂浆后可作为永久支护锚杆。机械锚固锚杆又分为楔缝式锚杆、胀壳式锚杆和倒楔式锚杆，可用于硬岩支护中。端头黏结式锚杆有树脂端头锚固锚杆、快硬水泥卷端头锚固锚杆。端头黏结式锚杆除用于硬岩和中硬岩外，也用于软岩。

（3）摩擦型锚杆包括缝管锚杆、水胀锚杆等，主要作为局部锚杆，起临时支护作用。

锚杆按施工工艺，可分为普通砂浆锚杆、中空注浆锚杆、组合中空锚杆和自进式锚杆；按施工范围，可分为系统锚杆和局部锚杆。

系统锚杆是指在挖掘隧道时，掘除了一定范围内的岩体后，沿隧道横断面将锚杆安装在围岩内，加固已经暴露的岩体，并且在已经加固且稳定的坑道中进行下一轮的挖掘工作。

局部锚杆用于维护围岩的局部稳定或加强初期支护的局部部位。它只需在特定的区域按规定方向安装（图3-9）。局部锚杆可采用全长黏结型锚杆、端头锚固型锚杆、预应力锚杆，锚固端应置于稳定岩体内，锚杆参数可通过工程类比或计算确定。

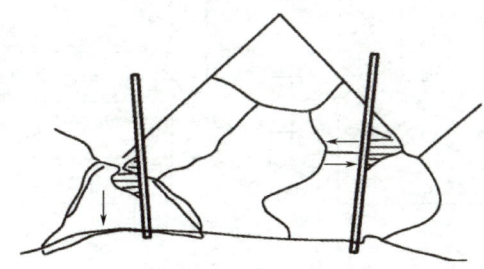

图3-9 局部锚杆的锚固作用示意

锚杆支护设计应根据隧道围岩条件、断面尺寸、作用（图3-10）、施工条件等选择锚杆种类和参数，并符合下列规定。

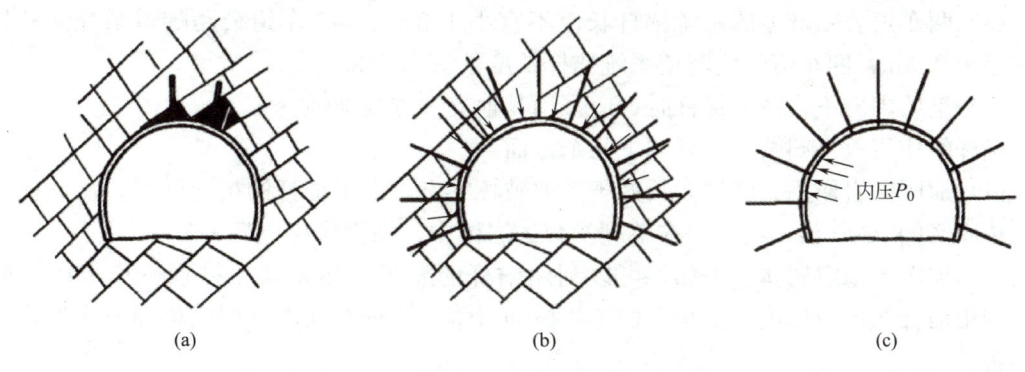

图3-10 锚杆作用
（a）悬吊作用；（b）组合拱作用；（c）挤压加固作用

（1）作为永久支护的锚杆应为全长黏结型锚杆，端头锚固型锚杆作为永久支护时必须在孔内注满砂浆或树脂，砂浆或树脂的强度等级不应小于M20。

(2) 自稳时间短的围岩，宜采用全黏结树脂锚杆或早强水泥砂浆锚杆。

(3) 在软岩、变形较大的围岩地段，可采用预应力锚杆。预应力锚杆的预应力不应小于 100kPa。预应力锚杆的锚固端必须锚固在稳定岩体内。

(4) 岩体破碎、成孔困难的围岩宜采用自进式锚杆。

(5) 锚杆直径宜采用 20～28mm。

(6) 锚杆外露端应设置垫板，垫板尺寸不应小于 150mm（长）×150mm（宽）×8mm（厚）。

当采用系统锚杆时，应符合下列规定。

(1) 系统锚杆宜沿隧道周边径向布置。当结构面或岩层层面明显时，锚杆宜与岩体的主要结构面或岩层层面呈大角度布置。

(2) 锚杆宜按梅花形布置。其布置方式如图 3-11 所示。

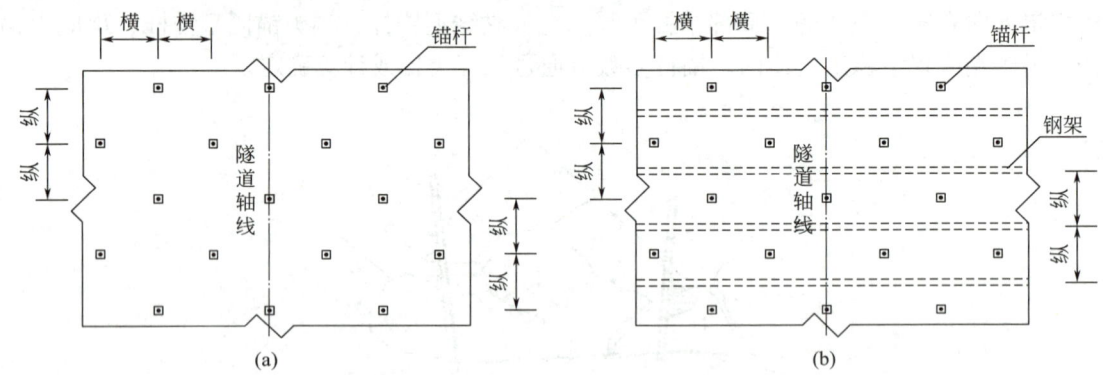

图 3-11 系统锚杆的布置方式

(3) 系统锚杆的长度和间距应根据围岩条件、隧道宽度，通过计算或工程类比确定。

(4) 锚杆间距一般不宜大于其长度的 1/2 且不小于 1.5m，锚杆间距较小时，可采用长短锚杆交错布置。

(5) 两车道公路隧道的系统锚杆长度不宜小于 2.0m，三车道公路隧道系统锚杆长度不宜小于 2.5m，四车道公路隧道系统锚杆长度不宜小于 3.0m。

(6) 土质围岩不设系统锚杆时，应采用其他支护方式加强。

锚杆的作用效果归纳起来有如下几个方面。

(1) 加固围岩作用。围岩多数处于受剪破坏状态，由于锚杆的抗剪能力，从而提高了围岩锚固区的 c、φ 值，尤其是在节理发育的岩体中，加固作用更显著。

(2) 加固不稳定岩体。例如，可以利用锚杆的悬吊作用来防止拱顶不稳定块体的塌落，利用锚杆的抗剪作用来防止不稳定块体的滑落。锚杆在加固软弱结构面方面的作用非常出色。

(3) 形成沿开挖面的受力环区，将开挖面处的高应力延伸到岩体深处。

(4) 改善岩石混凝土结构体系的承重效果，起到锁定岩石共同受力的作用。

(5) 限制围岩位移，部分减少开挖过程中引起的松动。

(6) 具备梁的作用。在层状岩体中，其作用如叠合梁一样，锚杆的使用可使层间紧密，使之能传递剪力，具有组合梁的效果。

4. 钢支撑的作用机理

在软弱且易碎的隧道围岩中，仅仅依靠系统锚杆、喷填层和钢筋网等传统的支护方式是不足以承受来自破碎围岩的大量外部载荷的。因此，为了有效地控制围岩过度变形，通常需要采取辅助施工措施。其中一种常见的做法是在隧道纵向并且与壁面紧密贴合的位置使用一定间距的钢支撑，比如型钢或格栅钢架。通过这种方式，钢支撑与钢筋网和喷射混凝土一起形成内层支护拱承载结构，共同发挥支撑作用。钢架的设计需符合下列规定。

(1) 钢架支护应具有足够的强度和刚度，能够承受隧道在施工期间可能出现的荷载。

(2) 宜选择格栅钢架支护。

(3) 钢架间距宜为 0.5～1.2m。

(4) 连续使用钢架的数量不应少于 3 榀。

(5) 相邻钢架之间应设横向连接，采用钢筋作为横向连接时，钢架直径不宜小于20mm，间距不应大于 1m，并在钢架内缘、外缘交错布置。

(6) 钢架应分节段制作，节段之间应采用钢板连接。

(7) 钢架与围岩之间的喷射混凝土保护层厚度不应小于 40mm；临空一侧的喷射混凝土保护层厚度不应小于 20mm。当采用喷锚单层衬砌时，临空一侧的混凝土保护层厚度不应小于 40mm。

(8) 钢架形状和尺寸应根据开挖断面确定，受力变形后不得侵入设计净空或二次衬砌范围。

花钢拱架（也称格栅钢架）是一种由螺纹钢筋焊接成的弧形钢桁架，通常在工地上进行现场拼装。因为花钢拱架与混凝土及其他材料能很好地相容，所以在现代隧道工程中被广泛用于初期支护。格栅钢架的主筋应采用 HRB400 钢筋，腹筋可采用 HRB400 或 HPB300 钢筋；格栅钢架的截面尺寸应通过工程类比或计算确定，截面高度可采用 120～220mm。连接钢板的平面应与钢架轴线垂直，格栅钢架的主钢筋与连接钢板焊接时，应增加 U 形钢筋进行帮条焊接（图 3-12）。

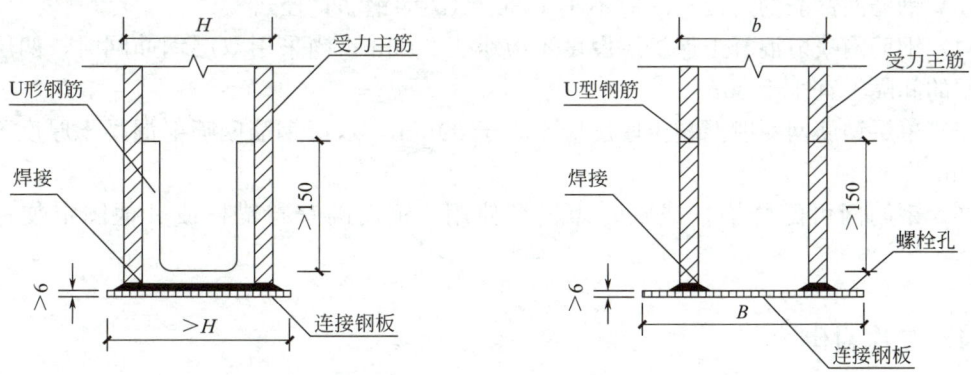

图 3-12 格栅钢架主钢筋与连接钢板焊接（尺寸单位：mm）

H—钢架截面高度；b—钢架截面宽度；B—垫板宽度

型拱钢架是一种由型钢（如工字钢、H 型钢、钢管、U 型钢）弯曲而成的弧形钢桁架，通常在工厂中进行加工和现场拼装。型钢钢架节段两端的连接钢板平面应与钢架轴线垂直。由于型钢拱架的表面积较小，与混凝土和其他材料的相容性较差，因此它一般只在工程抢险和塌方处理时作为临时支撑使用。

钢拱架的截面高度一般为 100～200mm。如果隧道断面较大或围岩压力较大，钢拱架的截面高度可以增加到 200～250mm。而当隧道断面和围岩压力都很大时，钢拱架的截面高度可取 250～300mm。

在软弱围岩的隧道中，围岩自稳的时间很短，喷射混凝土和锚杆无法及时提供足够的支撑力。为了保持围岩的稳定并保证隧道的设计断面，通常需要采用钢支撑进行支护。钢支撑的作用机理如下。

（1）在围岩强度较低，或者在松散、颗粒状地层条件下，或者在外部压力较大时，可以在隧道开挖面的拱部或整个截面上安装钢拱架。它与喷射混凝土、锚杆和钢筋网一起组成了钢筋混凝土支护结构，用于初次支护。这种支撑结构可以提高支撑结构的强度和刚度，稳定围岩，防止位移。

（2）作为顶部保护。

（3）作为喷射混凝土的环形构造钢筋，提高喷射混凝土的承载力。

（4）作为保证横截面几何形状的模板。

5. 钢筋网的作用机理

钢筋网支护一般同喷射混凝土一起工作，其作用机理如下。

（1）防止收缩裂缝出现或减小裂缝数量和限制裂缝宽度。

（2）使喷射混凝土的应力分布更均匀，增强喷射锚固的整体性，防止围岩局部破坏。

（3）提高喷射混凝土的承载能力，主要表现在提高喷射混凝土的抗剪和抗拉能力。

（4）增强喷射混凝土的柔性，改变其变形性能。

（5）提高支护的抗动载能力。

喷射混凝土钢筋网的设计应符合下列规定。

（1）钢筋网钢筋直径应不小于 6mm，不宜大于 12mm。

（2）钢筋网网格应按矩形布置，钢筋间距宜为 150～300mm。

（3）钢筋网钢筋的搭接长度应不小于 30d（d 为钢筋直径）。

（4）钢筋网喷射混凝土保护层厚度不应小于 20mm；当采用双层钢筋网时，两层钢筋网之间的间隔不宜小于 80mm。

（5）单层钢筋网喷射混凝土厚度应不小于 80mm，双层钢筋网喷射混凝土厚度不应小于 150mm。

（6）钢筋网可配合锚杆或临时短锚杆使用，钢筋网宜与锚杆或其他固定装置连接牢固。

3.3.4　二次衬砌

二次衬砌是在初期支护发挥支护作用的前提下，待围岩稳定下来后所构筑的混凝土衬砌。除了装修作用外，二次衬砌对隧道的耐久性、防水性和安全性都有不可忽视的作用。

在新奥法的发展中，对二次衬砌的作用有两种观点。

(1) 二次衬砌主要起装修作用。持这个观点的人认为，在初期支护内空变位达到稳定后再进行二次衬砌，而二次衬砌除了承受自重荷载以外没有其他外部荷载，所以主要起到装修隧道的作用。对于交通隧道，二次衬砌的目的是增加通行的安全感，改善通风和照明条件，固定管线设备，提高隧道的防水性能。对于水利工程中的隧道，二次衬砌可以减少壁面的粗糙度，降低能量损失，还可以防止岩块脱落，损坏水轮机。关于初期支护到底是起暂时的还是永久的支护作用，目前还没有统一的认识。如果初期支护主要靠喷射混凝土和锚杆进行支撑，一段时间后可能因腐蚀而失去支撑作用，二次衬砌就可以承担一定荷载，防止隧道突然破坏。所以，以装修作用为设计目的的二次衬砌能提高隧道的安全性。

(2) 二次衬砌主要起承载作用。持这种观点的一些人认为，二次衬砌需要承受隧道完工后产生的荷载。对于那些需要很长时间才能达到变位稳定的隧道，考虑到施工进度的要求，会在内空变位接近稳定时就进行二次衬砌。尤其是在膨胀性地层中，由于需要很长时间才能达到稳定的变位，因此通常会在变位稳定之前就进行二次衬砌。这样，二次衬砌需要承受围岩变位引起的荷载。当在地下水位变动或在地下水丰富的地层中开挖隧道时，在地下水位升高或恢复时，二次衬砌需要承受地下水的压力。当浅埋隧道建成后，如果地表有新的荷载作用，二次衬砌需要承受这些来自地面的荷载。另外一些人认为，二次衬砌主要承担了全部或大部分的外部荷载，而不太考虑初期支护的作用。例如，德国的地下隧道设计中完全不考虑初期支护的作用。根据设计，单线断面的二次衬砌厚度约为 30～35cm，双线断面的二次衬砌厚度约为 40～50cm。在德国的公路隧道设计中，二次衬砌是根据承担 75% 外部荷载的原则进行设计的。这些做法虽然能提高隧道的安全性，但同时也增加了成本和材料消耗，并没有充分体现出新奥法的原理和优势。

二次衬砌通常在初期支护完成且围岩变形基本稳定之后进行。二次衬砌的构造形式、材料和施工方法与单层衬砌相似。为了防止地下水渗入隧道内，通常在外衬和内衬之间设置一层防水层，例如塑料防水板等。

二次衬砌的厚度不仅与周围岩石的变形速度和变形程度有关，还受到施工时间和建筑材料的影响。通常采用现浇混凝土或者钢筋混凝土作为二次衬砌的材料，也有使用预制衬砌块进行拼装的。二次衬砌的截面厚度一般是均匀的，只是在两侧边墙的下部稍微加厚，以减轻基础的压力。铁路单线隧道的二次衬砌厚度通常为 25cm，而双线隧道的内层衬砌厚度一般为 30cm。当双线高速铁路隧道或公路隧道的断面尺寸较大时，应适当增加二次衬砌的厚度。

修建隧道衬砌的材料应具有足够的强度和耐久性，在某些环境中，还必须具有抗冻性、抗渗性和抗侵蚀性。此外，衬砌材料还应满足造价、施工方便及易于机械化施工等要求。

衬砌的结构类型、支护参数应根据使用要求、围岩级别、工程地质和水文地质条件、隧道埋置深度、结构受力情况等，并结合周边工程环境、支护手段、施工方法，通过工程类比和结构计算综合分析确定。在施工阶段，尚应根据现场监控量测结果调整支护参数，实行动态设计，必要时可通过试验分析确定。

隧道衬砌的设计应符合下列规定。
(1) 衬砌断面宜采用曲边墙拱形断面。

(2) 在围岩较差、侧压力较大、地下水丰富的地段可设仰拱，仰拱曲率半径应根据地质条件、地下水状况、隧道断面形状、隧道宽度等确定。路面与仰拱之间可采用混凝土或片石混凝土填充。隧道底围岩较好、边墙基底承载力和稳定性满足要求时，可不设仰拱。

(3) 洞口段应设加强衬砌，加强衬砌段的长度应根据地形、地质和环境条件确定，对于两车道隧道不应小于 10m，对于三车道隧道不应小于 15m。

(4) 围岩较差地段的衬砌应向围岩较好地段延伸 5～10m。

(5) 偏压衬砌段应向一般衬砌段延伸，延伸长度应根据偏压情况确定，不宜小于 10m。

(6) 在净宽大于 3m 的横通道与主洞的交叉段，主洞与横通道的衬砌均应加强。加强段衬砌应向各交叉洞延伸，主洞的延伸长度不应小于 5m，横通道的延伸长度不应小于 3m。在延伸长度范围内不宜设变形缝。

3.3.5 隧道建筑材料

隧道工程常用的衬砌建筑材料有：混凝土（C50、C40、C30、C25、C20、C15）、石材（MU100、MU80、MU60、MU50、MU40）水泥砂浆（M25、M20、M15、M10）、喷射混凝土（C40、C30、C25、C20）、混凝土砌块（MU30、MU20）、钢筋（HPB300、HRB400、HRB500）。

衬砌及管沟建筑材料强度等级见表 3-1。

衬砌及管沟建筑材料强度等级　　表 3-1

材料种类 工程部位	混凝土	片石混凝土	钢筋混凝土	喷射混凝土
拱圈	C20	—	C25	C20
边墙	C20	—	C25	C20
仰拱	C20	—	C25	C20
棚洞盖板	—	—	C25	—
底板	C20	—	C25	—
仰拱、填充	C15	C15	—	—
水沟、电缆槽身	C25	—	C25	—
水沟、电缆槽盖板	—	—	C25	—

(1) 混凝土与钢筋混凝土。对于直墙式衬砌，所用的混凝土强度等级不低于 C20；对于曲墙式衬砌以及Ⅲ级围岩的直墙式衬砌，混凝土的强度等级不低于 C20。钢筋混凝土主要用于明洞衬砌以及地震区、偏压段通过断层破碎带或淤泥、流沙等不良地质地段的隧道衬砌，其强度等级不低于 C25。在特殊情况下，还可以使用旧钢轨或焊接钢筋骨架来加强衬砌。

（2）片石混凝土。为了节省水泥，在岩层较好地段的边墙衬砌中，可以使用片石混凝土（片石的掺量不得超过总体积的20%）。此外，在起拱线1m以上的外部区域有超挖时，可以使用片石混凝土回填。应该选用较坚硬的石料，抗压强度不低于30MPa，严禁使用风化片石，以确保质量。

（3）料石或混凝土预制块。料石或混凝土预制块可以用作隧道衬砌材料，且所用水泥砂浆的强度等级不低于M10。其优点是可以在现场使用自然材料，节约大量水泥和模板，能够保证衬砌的厚度并尽早承受荷载。然而，这种方法的缺点是整体性和防水性较差，施工速度较慢，需要高水平的砌筑技术。因此，在现代隧道工程中很少使用这种方法。

（4）喷射混凝土。在普通的铁路隧道工程中，可以使用喷射混凝土作为内层衬砌材料。其强度等级不得低于C20，优先采用普通硅酸盐水泥或矿渣硅酸盐水泥。细骨料方面，应该选用坚硬耐久的中砂或粗砂，其细度模数应大于15，砂的含水率应控制在5%～7%之间；粗骨料方面，应选用坚硬耐久的卵石或砾石，其粒径不应超过15mm。在隧道衬砌中使用的建筑材料的强度等级应符合表3-1中规定的要求。

（5）锚杆。砂浆锚杆的杆体材料宜采用HPB400、HPB500热轧带肋钢筋；中空锚杆材料宜采用Q345结构无缝钢管，杆体断裂后的延伸率不应小于16%；锚杆垫板材料宜采用Q235热轧钢板。

（6）钢筋网。钢筋网材料可采用HPB300热轧光圆钢筋。

（7）初期支护钢架。初期支护钢架宜采用格栅钢架或型钢钢架，也可使用钢管或钢轨制成的钢架。

（8）隧道内防水材料。隧道内防水材料可选用注浆止水材料、防水卷材、中埋式止水带、背贴式止水带、排水盲管、防水混凝土等。防水卷材宜采用乙烯-醋酸乙烯共聚物（Ethylene-Vinyl Acetate Copolymer，EVA）、乙烯-醋酸乙烯与沥青共聚物（Ethylene-Vinyl Acetate-Bitumen Copolymer，ECB）、聚乙烯（Pdyethylene，PE）或其他性能相似的材料，也可选用预铺反粘类防水卷材或立体防排水等新型防水材料。卷材及其胶黏剂应具有良好的耐水性、耐久性、耐刺穿性、耐腐蚀性和耐菌性。隧道内无纺布宜采用聚丙烯针刺非织造土工布。环、纵向排水盲管应具有一定的强度和良好的透水性，能顺壁面凹凸铺设。

（9）隧道注浆材料。浆液应无毒无臭味，不污染环境；浆液黏度低，流动性好，可注性强，凝结时间可按要求控制；浆液固化体稳定性好，能满足注浆工程的使用寿命要求；浆液应对注浆设备、管路基混凝土结构物无腐蚀性，易于清洗。

3.3.6 复合式衬砌支护结构施工

1. 施工原则

（1）少扰动。在隧道开挖中，要尽量减少对围岩的干扰次数、干扰强度、干扰范围和持续时间。因此，应该首选机械开挖方法；如果采用钻爆法，需要严格控制爆破过程；尽量采用大断面开挖；根据围岩类别、开挖方式和支护条件，选择适当大小的循环掘进进尺；对于自稳性较差的围岩，循环掘进进尺应缩短；支护结构要紧密贴合开挖面，以减少围岩应力松弛的时间。

(2) 早喷锚。开挖后及时进行初期喷锚支护，使围岩的变形进入受控制的状态。一方面是为了防止围岩因变形过度而坍塌失稳；另一方面是控制围岩变形适度发展，以充分发挥围岩的自承能力，必要时可采取超前支护措施。

(3) 勤测量。通过直观可靠的测量方法和数据，准确评估围岩（或围岩与支护结构）的稳定状况，判断其动态发展趋势，以便及时调整支护形式和开挖方法，确保施工安全和顺利进行。

(4) 紧封闭。一方面，采取喷射混凝土等防护措施，以避免围岩长时间暴露导致强度和稳定性下降，特别是对于易风化的软弱围岩；另一方面，及时对围岩进行封闭支护至关重要，这样不仅可以及时阻止围岩的变形，还能使支护结构与围岩良好地协同工作。

2. 施工顺序

(1) 开挖。

开挖作业的内容包括钻孔、装药、爆破、通风、出渣等。为了最大限度地利用围岩的自承能力，应该优先选择光面爆破或机械开挖，并尽量采用全断面开挖。对于地质条件较差的情况，可以考虑分块多次开挖的方式。一次开挖长度应根据围岩条件和开挖方式来确定。在同等围岩条件下，分块多次开挖的长度可以适当延长，而全断面开挖的长度应缩短。通常情况下，在中硬岩中的一次开挖长度为 2~2.5m，而在膨胀性地层中的一次开挖长度为 0.8~1.0m。

(2) 初期支护。

为了保护围岩的自承能力，需要及时进行初期支护。初期支护作业包括喷射混凝土、打锚杆、挂网、立钢拱架和复喷混凝土等工作。在隧道开挖后，应尽快喷射一层薄的混凝土（3~5cm）。为了争取时间，在较松散的围岩掘进中，初期支护作业可以在开挖堆填物上进行，等待在开挖面上施作一层喷射混凝土之后再出渣。锚杆要求系统布置，可以加固深度围岩，形成承载拱结构。外拱由喷射混凝土、锚杆和岩面承载拱共同构成，具有临时支护的作用，同时也是永久支护的一部分。复喷后的混凝土应达到设计厚度（一般为 10~15cm），并要求将锚杆、钢筋网和钢拱架等覆裹在喷射混凝土内。在安装锚杆的同时，需要在围岩和支护结构中埋设仪器或测点，实时测量围岩的位移和应力，根据测量数据来了解围岩的动态发展情况以及支护结构与围岩的适应程度。

完成初期支护的时间非常重要。根据目前的施工经验，在松散围岩中，初期支护应在爆破后的三小时内完成，具体时间取决于施工条件。在地质条件非常糟糕的破碎带或膨胀性地层（如风化花岗岩）中开挖隧道时，为了延长围岩的自稳时间并确保安全施工，需要在掌子面前方进行超前支护（预支护），然后再开挖。

(3) 二次衬砌。

初期支护完成后，当围岩变形趋于稳定时，可以进行二次衬砌和封底工作。这道工序被视为永久支护的一部分，可以采用补喷混凝土或浇筑混凝土内拱的方式。根据监测结果确定二次衬砌的时机，如果底板不稳定或底鼓严重变形，将影响到侧墙和顶部支护的稳定性。因此，应尽快完成封底工作，形成封闭式的支护结构，以确保围岩的稳定性。

复合式衬砌支护结构的施工流程如图 3-13 所示。

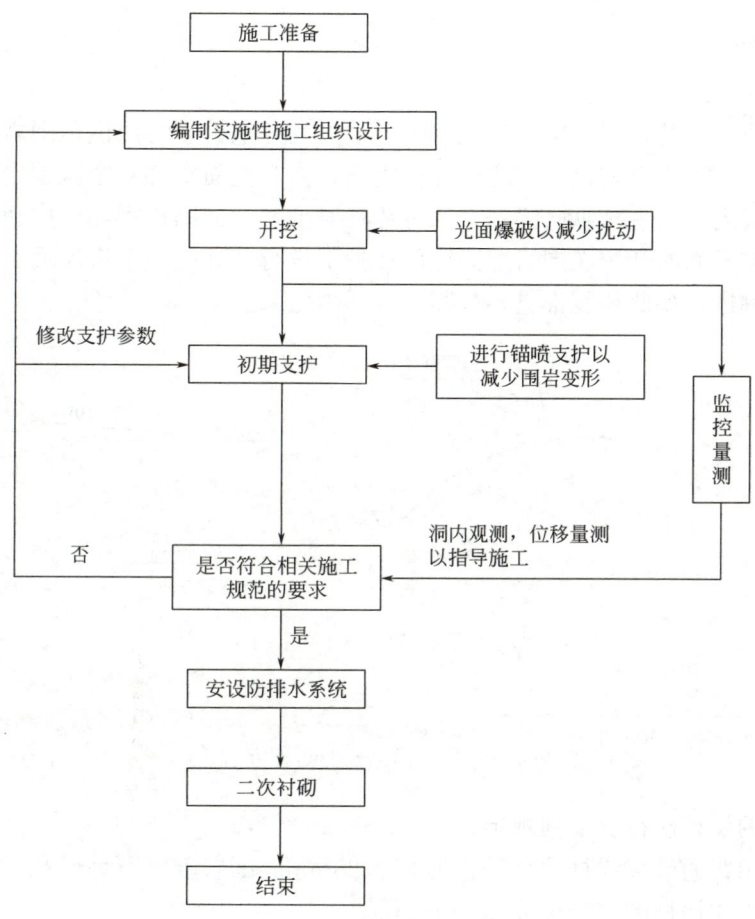

图 3-13 复合式衬砌支护结构施工流程

3.4 超前支护结构设计

隧道通过浅埋段、严重偏压段、自稳性差的软弱地层、断层破碎带等地段时，可采用下列辅助措施。

（1）Ⅴ级围岩洞口若为浅埋、偏压且在覆盖层进洞时，一般采用 ϕ108 或 T76 自进式管棚做超前支护。

（2）洞口基岩浅埋段及洞身断层破碎带地段，一般采用双层超前小导管或 T76 自进式管棚超前支护。

（3）洞身的Ⅴ级围岩地段和洞身Ⅳ围岩较差地段，一般采用单层超前小导管做超前支护。

（4）洞身Ⅳ围岩较差地段，一般采用单层小导管或锚杆做超前支护。

3.4.1 超前锚杆

在地下水位以上的软弱地层、薄层水平岩层以及开挖数小时内拱顶围岩可能剥落或局部坍塌的地段,可采用超前锚杆。隧道开挖之前,在开挖面拱部一定范围内,沿隧道断面的周边,向地层内打入一排纵向锚杆,通过锚杆对围岩的加固作用,形成超前于工作面的围岩加固棚。掌子面的开挖在围岩加固棚的保护下进行,开挖一个进尺后,再打入一排纵向锚杆,随后掘进,如此往复推进,如图 3-14 所示。

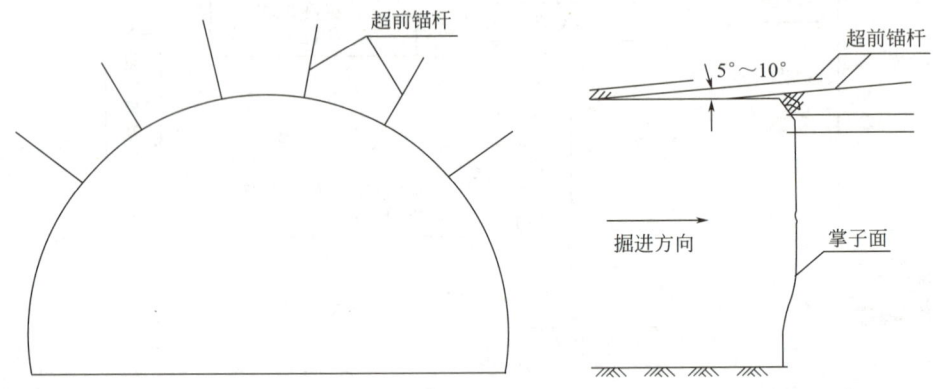

图 3-14 超前锚杆的布置方式

超前锚杆的设计应符合下列规定。

(1) 宜采用普通砂浆锚杆,直径宜为 22~28mm。围岩破碎不易成孔的地段可采用自进式锚杆,自进式锚杆的直径可取 28~76mm。

(2) 长度宜为 3.0~5.0m,采用自进式锚杆时长度宜为 5.0~10.0m。

(3) 环向间距宜为 300~400mm,外插角宜为 5°~15°,纵向水平搭接长度应不小于 1.0m。

(4) 尾端应支承在钢架上。

(5) 为了尽早发挥超前锚杆的预支护作用,砂浆宜采用早强砂浆,其强度等级应不低于 M20。

(6) 自进式锚杆应注水泥浆,其强度等级应不低于 M20。

3.4.2 超前小导管

在隧道开挖后,掌子面不能自稳的地段、拱部易出现剥落或局部坍塌的地段以及塌方段、浅埋段、地质较差的洞口段,可采用超前小导管做支护如图 3-15 所示。超前小导管的设计应符合下列规定。

(1) 宜采用直径为 42~50mm 的无缝钢管,长度宜为 3.0~5.0m。

(2) 管壁应钻注浆孔,孔径宜为 6~8mm,间距宜为 150~250mm,呈梅花形布置,尾端应有不小于 500mm 长的一段不进行钻孔处理。

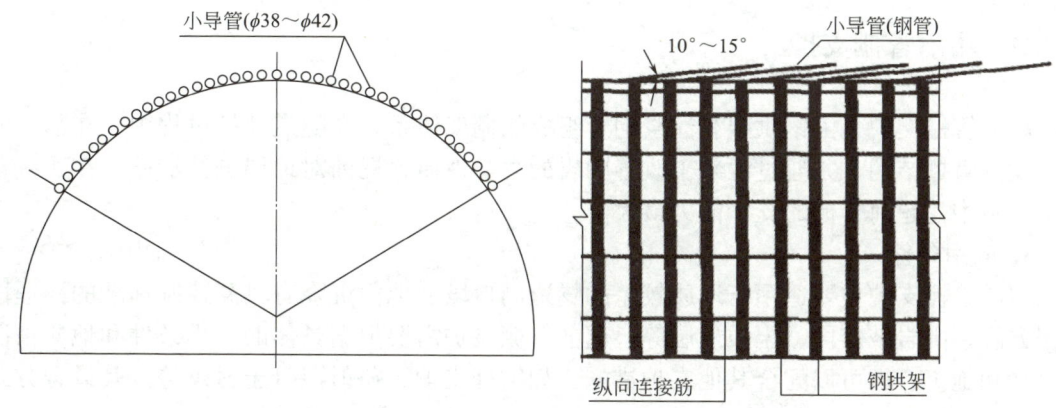

图 3-15 超前小导管设置方式

（3）环向设置间距宜为 300～400mm，外插角宜为 5°～12°，纵向水平搭接长度不应小于 1.0m。

（4）尾端应支承在钢架上。

（5）应通过导管向围岩体注浆。

（6）小导管应与钢拱架组成支护系统。

超前小导管的支护刚度和预支护效果均大于超前锚杆，如图 3-16 所示。在开挖掘进之前，先用喷射混凝土将开挖面和 5m 范围内的隧道围岩壁面封闭，然后沿拱部周边一定范围内打入小导管，导管的外插角宜控制在 10～15°。小导管插入钻孔后应露出一定长度（约 20cm），以便连接注浆管。两组小导管的前后纵向搭接长度不小于 1m。导管的尾部通常从格栅钢拱架的腹部穿过并与钢拱架焊接牢固，共同组成预支护系统。

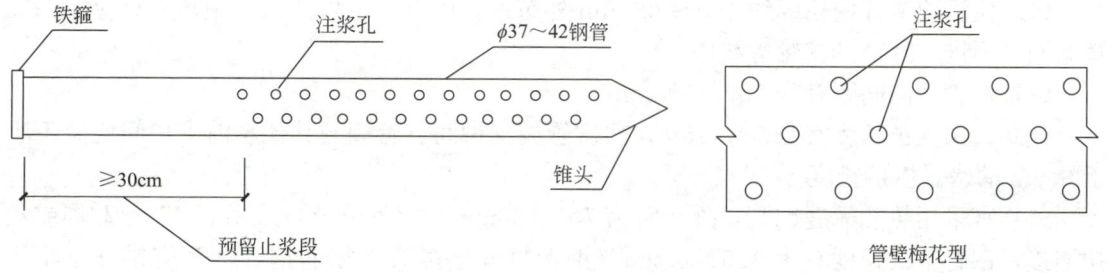

图 3-16 超前小导管钢管构造

小导管一般采用 $\phi38～\phi42$mm 的无缝钢管，管壁上有梅花形布置的注浆孔，其孔径为 $\phi6～\phi8$mm，间距为 15～20cm。使用注浆设备将浆液压入小导管内，并通过管壁的注浆孔注入地层孔隙，加固围岩，从而在隧道周围形成加固圈，保证隧道顺利开挖。小导管注浆主要是为了加固围岩，通常压注水泥砂浆，水灰比为 0.5～1.0。当岩体破碎，围岩止浆效果不好时，亦可采用水泥—水玻璃双液注浆。注浆后应检查效果，可以用地质钻钻取注浆后的岩芯检查，也可以用声波探测仪测量岩体声波速度，判断注浆效果。检查结果如未达到要求，应补孔注浆，如已达到设计要求，可进行开挖。

3.4.3 超前管棚支护

超前管棚支护是由钢拱架和注浆钢管组成的棚架体系。在隧道开挖过程中,在掌子面前方设置管棚结构,并通过注浆来改善围岩的力学性质,提前对地层进行加固。在所有预支护措施中,超前管棚的支护能力最大。

1. 应用条件

超前管棚支护主要适用于地质较差的隧道洞口段、地面沉降有较高控制标准的浅埋段及塌方段、围岩破碎段、土质地层等。超前管棚支护需要根据具体的工程条件和地质情况来设计和施工,也可以配合其他支护措施,如锚杆支护、喷射混凝土衬砌等。其设置方式如图 3-17 所示。

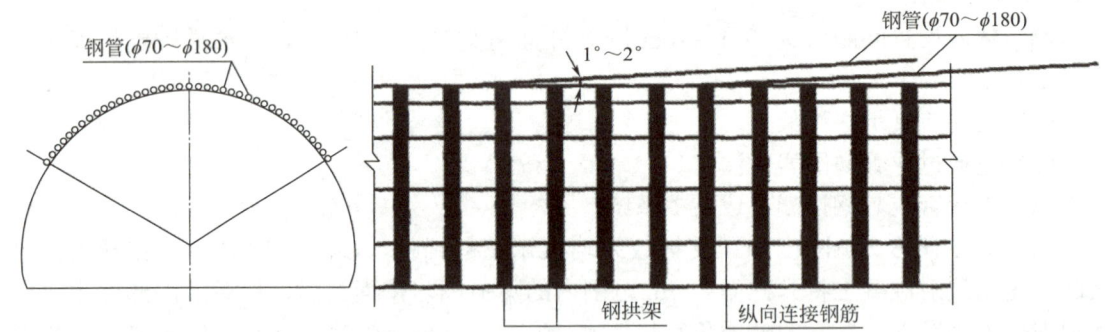

图 3-17 超前管棚设置方式

2. 超前管棚的设计规定

(1) 应沿隧道开挖轮廓线 100~200mm 外布设,应有一定外插角,倾角大小应能保证管棚钢管不进入隧道开挖轮廓线内。

(2) 钢管环向间距宜为 350~500mm。

(3) 一次支护长度宜为 10~45m,两次管棚支护间、管棚与其他超前支护间应有不小于 3.0m 的水平搭接长度。

(4) 宜采用热轧无缝钢管,外径宜为 70~180mm,钢管分节段采用"V"形对焊或丝扣连接,钢管节段长度宜为 1.6~4.0m。钢管每一连接头与相邻钢管接头应错开不小于 500mm 的距离。

(5) 钢管内应插入钢筋笼或钢筋束,并应注满强度等级不低于 M20 的水泥砂浆。

(6) 钢管管壁可钻注浆孔,注浆孔孔径宜为 10~16mm,间距宜为 200~300mm,呈梅花形布置,如图 3-18 所示。

(7) 尾端应支承在套拱上。套拱应为整体式钢筋混凝土结构或钢架结构,套拱内应预埋钢管导向管,套拱基础应能保证套拱稳定。

3. 管棚施工工艺

(1) 洞口管棚的孔口管安装与套拱施工:在工作平台上架立工字钢,钢架上按管棚规定方位(建议沿隧道开挖外轮廓周边按 1°外插角控制)焊接孔口管,浇筑套拱(套拱终端应抵紧仰坡面)。

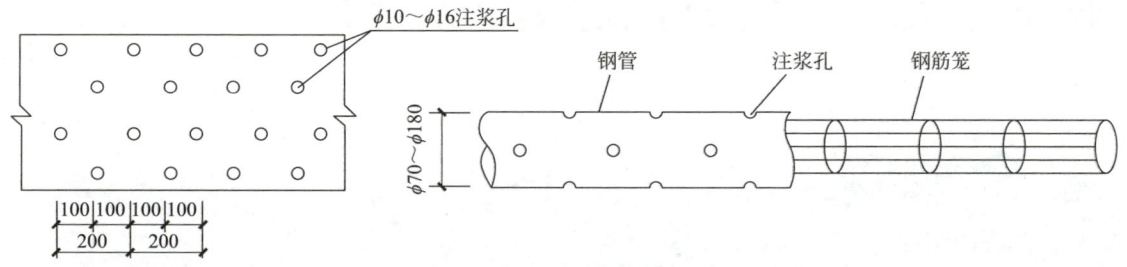

图 3-18　管棚钢管构造

（2）管棚导管钻孔：通过孔口管沿隧道开挖外轮廓周边以 1°外插角钻孔，钻孔机械可根据管棚段的地质条件合理选择。建议采用回转加冲击方式钻进，采用偏心钻头和自动跟进套筒导管的钻孔机械来加快施工进度。

（3）地层注浆：钻孔完成后撤出钻杆，留下导管，连上注浆头，即可进行地层注浆；可采用水泥单液浆，注浆压力为 0.5～1MPa；注浆参数根据现场情况试注确定。

（4）充填并加固导管：首先进行清孔和冲洗，然后下钢筋笼，插入注浆管，充填 M20～M30 水泥砂浆，以增强管棚的刚度与强度。

7.
超前支护结构设计

思考与练习

1. 简述新奥法的概念和特点。
2. 简述超前支护的分类。
3. 单层衬砌的类型有哪些？
4. 单层衬砌和复合衬砌的本质区别是什么？
5. 复合衬砌的优缺点有哪些？
6. 初期支护中径向锚杆的作用机理是什么？

教学单元4　机械掘进隧道结构

教学目标

1. 知识目标
(1) 了解盾构法、TBM法的概念和各自适用的范围。
(2) 了解盾构机和掘进机的类型、基本构造。
(3) 了解盾构法、TBM法的施工工艺。
(4) 了解盾构衬砌结构设计要点。
(5) 了解隧道防水的原则和常用措施。

2. 能力目标
(1) 能够区分盾法、TBM法各自的适用范围。
(2) 熟悉盾构机和TBM的基本构造并能复述两种工法的施工流程及异同。
(3) 能够进行简单的盾构衬砌结构设计。
(4) 熟悉现行规范中关于隧道防水的规定。

3. 素质目标
通过对盾构机、掘进机发展历史的学习，树立强国有我的责任意识，培养严谨细致的工作态度。

思维导图

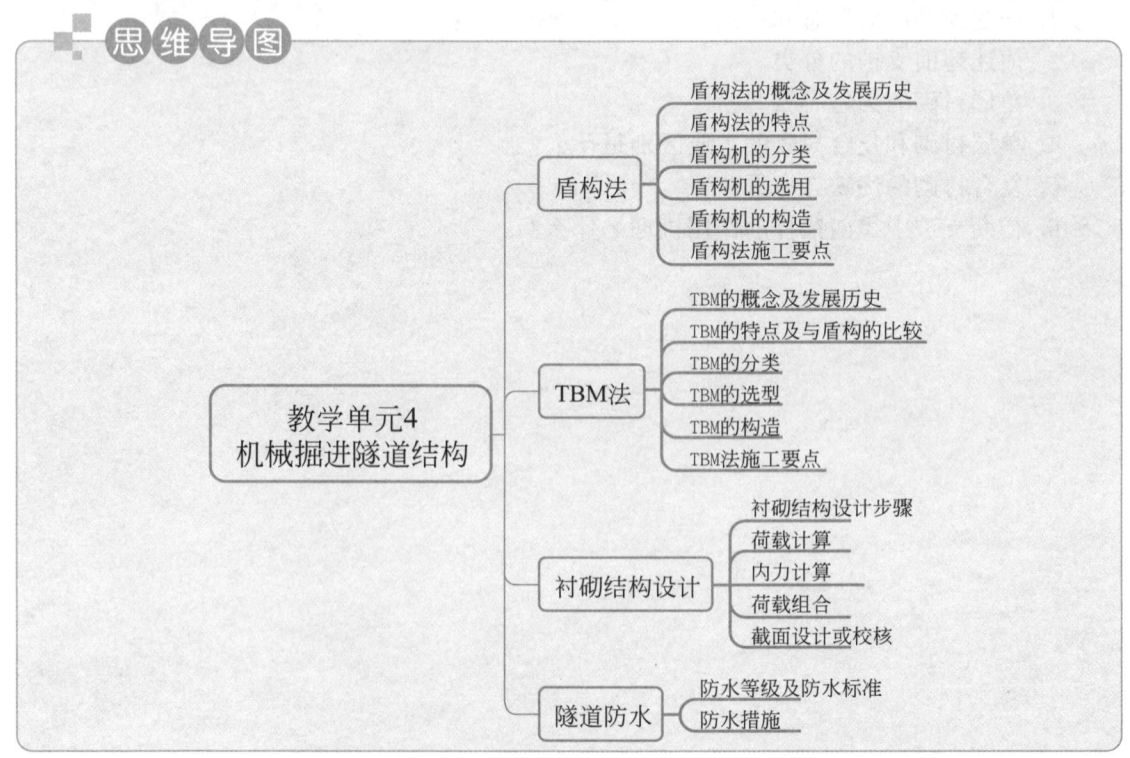

21世纪将是地下空间大开发的世纪。大型购物商场的地下停车库,城市交通管网中的过江隧道、地铁,市政工程中的综合管廊等都是地下空间开发的重要体现。大城市CBD(Central Business District,中央商务区)主干道上交通繁忙,城市密布的建筑使得地铁、管廊的施工不太可能采用明挖的方法,盾构法、TBM法因其对周围的环境影响较小而得到日益广泛的应用。

4.1 盾构法

4.1.1 盾构法的概念及发展历史

盾构法是一种地下暗挖隧道的施工方法。施工时,盾构机在地下掘进,在防止软基开挖时砂土崩塌和保持开挖面稳定的同时,在机内安全地进行隧道的开挖作业和衬砌作业,从而构筑成隧道。盾构法的施工示意图如图4-1所示。习惯上人们将用于软土地层的隧道掘进机称为盾构机。

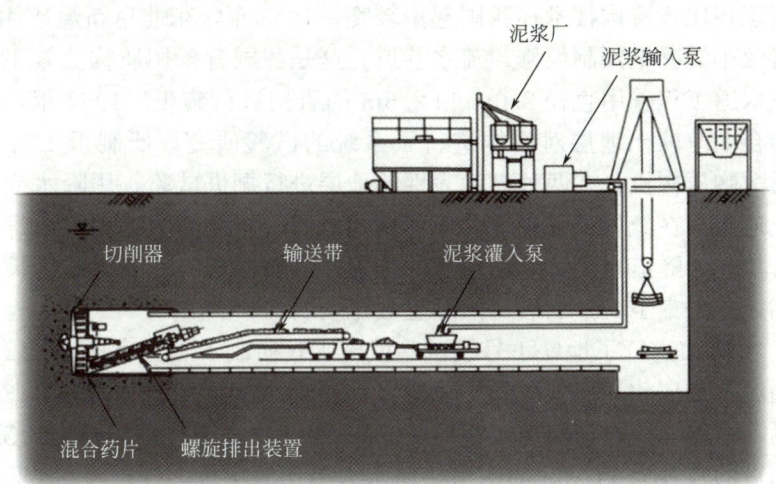

图4-1 盾构法的施工示意图

法国的布鲁诺尔(Marc Isambard Brunel)从观察船蛆在船的木头中钻洞,并从体内排出一种黏液加固洞穴的现象得到启示,于1818年提出盾构掘进隧道设想。后来布鲁诺尔完善了构思,发明敞开式手掘盾构,于1825年到1843年间在伦敦泰晤士河下的隧道工程中首次成功使用这种技术。

自布鲁诺尔以后,盾构技术又经过了几十年的改进。1869年,横贯泰晤士河上的第二条隧道,在建造过程中首次采用圆形断面,其外径为2.18m,长402m。这项工程由Burlow和Great两人负责。Great采用了新开发的圆形盾构机,并使用了铸铁扇形管片,直到隧道掘削结束,未出任何事故。随后,Great在1887年南伦敦铁道隧道施工中使用了盾构和气压组合工法并获得成功,这为现在的盾构工法奠定了基础。

19世纪末到20世纪中叶,盾构工法相继传入美国、法国、德国、日本、苏联等国,并得到不同程度的发展。美国于1892年最先开发了封闭式盾构;同年法国巴黎使用混凝土管片建造了下水道隧道;1896—1899年德国使用钢管片建造了柏林隧道;1913年,德国建造了断面为马蹄形的易北河隧道;1917年,日本引进西方盾构施工技术,是欧美国家以外第一个引进盾构法的国家。日本采用盾构工法建造国铁羽越线,后因地质条件差而停止使用。1931年,苏联用英制盾构建造了莫斯科地铁隧道,施工中使用了化学注浆和冻结工法;1939年,日本采用手掘圆形盾构机建造了直径为7m的关门隧道;1948年,苏联建造了列宁格勒地铁隧道;1957年,日本采用封闭式盾构建造了东京地铁隧道。总之,在这50~60年的时间里,盾构工法在世界上的多个国家得以推广普及。

20世纪60年代至80年代,盾构工法继续发展,成绩显著。1960年,英国伦敦开始使用滚筒式挖掘机;同年,美国纽约最先使用油压千斤顶盾构;1964年,日本埼玉隧道中最先使用泥水盾构;1969年,日本在东京首次实施泥水加压盾构施工;1972年,日本成功开发了土压盾构;1975年,日本成功推出了泥土加压盾构;1978年,日本成功开发了高浓度泥水盾构;1981年,日本成功开发气泡盾构;1982年,日本成功开发了ECL工法;1988年日本开发泥水式双圆搭接盾构工法;1989年日本开发HV工法、注浆盾构工法。总之,这一时期开发了多种新型盾构工法,以泥水式、土压式盾构工法为主。

与西方国家相比,盾构技术在我国起步较晚。1953年,东北阜新煤矿用直径2.6m的手掘式盾构机及小混凝土预制块修建疏水巷道,这是我国首条用盾构法施工的隧道。1957年,北京市下水道工程采用直径2.0m和2.6m的盾构进行施工。1962年,上海城建局隧道工程公司结合上海软土地层对盾构进行了系统的试验研究,研制了1台直径为4.16m的手掘式普通敞胸盾构机,在两种有代表性的地层进行掘进试验,用降水或气压来稳定粉砂层及软黏土地层。在经过反复论证和地面试验之后,相关部门选用了由螺栓连接的单层钢筋混凝土管片作为隧道衬砌,环氧煤焦油作为接缝防水材料。隧道掘进长度为68m,试验获得了成功,并采集了大量的盾构法隧道数据资料。

1980年,上海市进行了地铁1号线试验段施工,研制了1台直径6.412m的网格挤压盾构机,采用泥水加压和局部气压施工,在淤泥质黏土地层中掘进隧道1130m。1982年,上海外滩的延安东路北线越江隧道工程的1476m圆形主隧道采用了由上海隧道股份设计、江南造船厂制造的直径为11.3m的网格挤压水力出土盾构机,进行施工。

1985年,上海芙蓉江路排水隧道工程引进了一台日本川崎重工制造的直径为4.33m的小刀盘土压盾构,掘进1500m,该盾构机具有机械化切削和螺旋机出土功能,施工效率高,对地面影响小等特点。1986年,中铁隧道集团公司研制出半断面插刀盾构,并成功用于修建北京地铁复兴门折返线。1987年,上海隧道股份研制成功了我国第一台4.35m加泥式土压平衡盾构机,用于市南站过江电缆隧道工程,穿越了黄浦江底粉砂层、掘进长度583m,技术成果达到20世纪80年代国际先进水平,并获得了1990年国家科技进步一等奖。

1990年,上海地铁1号线工程全线开工,18km区间隧道采用7台由法国FCB公司、上海隧道股份、上海隧道工程设计院、上海船厂联合制造的6.34m土压平衡盾构。每台盾构机月掘进200m以上,地表沉降控制达-3~+1cm。1996年,上海地铁2号线再次使用这 7 台土压盾构机，并又从法国 FMT 公司引进了 2 台土压平衡盾构，掘进 24km 的区间隧道。上海地铁 2 号线的 10 号盾构机为上海隧道股份自行设计制造。1996 年，广州地铁 1 号线 8.8km 区间隧道由日本青木公司建设施工，采用 2 台 $\phi 6.14m$ 泥水盾构机和 1 台 $\phi 6.14m$ 土压平衡盾构机。1999 年 5 月，上海隧道股份成功研制了国内第 1 台 3.8m×3.8m 矩形组合刀盘式土压平衡顶管机，在浦东陆家嘴地铁车站掘进 120m，建成了 2 条过街人行地道。

2000 年 2 月，广州地铁 2 号线海珠广场至江南新村区间隧道采用了上海隧道股份改制的 2 台 $\phi 6.14m$ 复合式土压平衡盾构机，在珠江底风化岩地层中掘进。2001 年以来，广州地铁 2 号线、南京地铁 1 号线、深圳地铁 1 号线、北京地铁 5 号线、天津地铁 1 号线，先后从德国、日本引进 14 台 $\phi 6.14 \sim \phi 6.39m$ 的土压盾构机和复合式土压盾构机，掘进地铁隧道 50km。2003 年，上海地铁 8 号线首次采用双圆盾构隧道新技术，从日本引进 2 台 $\phi 6520 \times W11120$ 双圆型土压平衡盾构，掘进黄兴路站——开鲁路站 2.6km 区间隧道。2004 年，上海上中路越江隧道工程引进大直径的 $\phi 14.87m$ 泥压盾构，在黄浦江掘进施工 2 条隧道，隧道结构为双层 4 车道。

盾构法隧道已经成为我国城市地铁隧道的主要施工方法。以广州地铁为例：1 号线采用了 2 台泥水盾构机、1 台土压平衡盾构机进行施工；2 号线采用了 6 台土压平衡盾构机进行施工；3 号线采用了 13 台土压平衡盾构机、2 台泥水盾构机进行施工；4 号线采用了 10 台土压平衡盾构机进行施工；5 号线采用了 24 台土压平衡盾构机、2 台泥水盾构机进行施工；6 号线采用了 14 台土压平衡盾构机、1 台泥水盾构机进行施工；2 号、8 号线延长线采用了 8 台土压平衡盾构机、2 台泥水盾构机进行施工；3 号线北延段采用了 12 台土压平衡盾构机、2 台泥水盾构机进行施工；观光线采用了 6 台土压平衡盾构机进行施工；广佛线采用了 12 台土压平衡盾构机、2 台泥水盾构机进行施工。从上述数据可以看出，盾构工法在城市隧道施工技术中已确立了稳固的统治地位，且已成为一种必不可少的通用隧道施工技术。

4.1.2 盾构法的特点

1. 盾构法的优点

（1）除竖井施工、吊运盾构机和管片等少部分作业在地面进行外，盾构施工的大部分作业均在地下进行，施工对地面交通和附近居民的扰动（如噪声、振动、灰尘等）影响较少。

（2）土方量外运较少，穿越河道时不影响航运。

（3）隧道的施工费用不受覆土量多少的影响，适于建造覆土较深的隧道。

（4）只要设法使盾构的开挖面稳定，隧道越深、地基越差、土中影响施工的埋设物等越多时，盾构法在经济上和施工进度上就越有利。

（5）一方面，盾构的推进、出土、拼装衬砌等主要工序循环进行，施工易于管理；另一方面，由于机械作业化程度较高，需要的施工人员也较少，劳动强度低，生产效率高。

2. 盾构法的缺点

（1）由于盾构机体开庞大，当隧道曲线半径过小时，施工较为困难。

（2）在陆地建造隧道时，如隧道覆土太浅，开挖面的稳定和支护较为困难，有时甚至不能施工。而在水下时，如覆土太浅，则盾构法的施工不够安全，要确保一定厚度的覆土。

（3）要有适当的措施以解决竖井中的噪声、振动和地下隧道通风等问题。

（4）盾构施工中采用全气压方法以疏干和稳定地层时，对劳动保护要求较高，且施工条件差。

（5）隧道上方一定范围内的地表沉陷尚难完全防止，特别在饱和含水松软的土层中，要采取严密的技术措施才能把沉陷限制在很小的限度内，目前还不能完全防止以盾构正上方为中心土层的地表沉降。

（6）在饱和含水地层中，盾构法施工所用的拼装衬砌对达到整体结构防水性的技术要求较高。

（7）盾构机开挖的隧道横截面一般以圆形、矩形居多，对于一些非标准截面的隧道，如需采用盾构法开挖隧道，则需要重新定做盾构机，不利于控制项目造价。

4.1.3 盾构机的分类

按开挖面与作业室之间的隔板构造，盾构机可分为全敞开式、半敞开式及闭胸式三种。敞开式盾构机是指掘削面全部敞开，可直接看到掘削面及机器内部结构的盾构机。而封闭式盾构机则刚好相反，不能直接看到掘削面和机器内部构造。半敞开式盾构机，则刚好介于上述两者之间，可以局部看到掘削面。一般而言，全敞开式盾构机一般适用于开挖面自稳性强的围岩。如果施工地层的自然稳定性不足，就必须根据情况选择半敞开式盾构机或闭胸式盾构机。全敞开式盾构机在地下水位以下的地层或渗漏地层掘进时，必须用井点法降低地下水位。全敞开式盾构机和闭胸式盾构机如图 4-2 所示。

(a)   (b)

图 4-2 全敞开式盾构机和闭胸式盾构机

(a) 全敞开式盾构机；(b) 闭胸式盾构机

按稳定掘削面的加压方式分类，盾构机可分为以下几种。

（1）压气式盾构机，即向掘削面施加压缩空气，用该气压稳定掘削面。

(2) 泥水加压式盾构机，即用外加泥水向掘削面加压稳定掘削面。

(3) 土压平衡式盾构机，即用掘削下来的土体的土压稳定掘削面。

(4) 加水式盾构机，即向掘削面注入高压水，通过该水压稳定掘削面。

(5) 泥浆式盾构机，即向掘削面注入高浓度泥浆，靠泥浆压力稳定掘削面。

(6) 加泥式盾构机，即向掘削面注入润滑性泥土，使之与掘削下来的砂卵石混合，由该混合泥土对掘削面加压以稳定掘削面。

以土压平衡式盾构机为例，其掘削面受力如图 4-3 所示。掘削面左侧承受未开挖土体传来的土压力和地下水压力。为平衡上述压力，保证掘削面土体稳定，工程师提出用切削下来的土体来抵抗上述水土压力的构想。具体做法是在刀盘上开口，刀盘旋转切削下来的土壤通过开口进入刀盘后的泥土室，与泥土室内部的可塑土浆混合或搅拌混合，盾构千斤顶的推力通过承压隔板传递到泥土室内部的泥土浆上，泥土浆的压力作用于开挖面，以平衡开挖面处的地下水压力和土压力，从而保持开挖面的稳定。依次类推，泥水盾构是靠盾构机的推力使泥水（水、黏土及添加剂的混合物）充满封闭式盾构的密封舱（也称泥水舱），并对掘削面上的土体施加一定的压力，该压力为泥水压力。通常取泥水压力大于地层的地下水压和土压之和，所以盾构机的刀盘虽然掘削地层，但地层不会坍塌，即处于稳态。

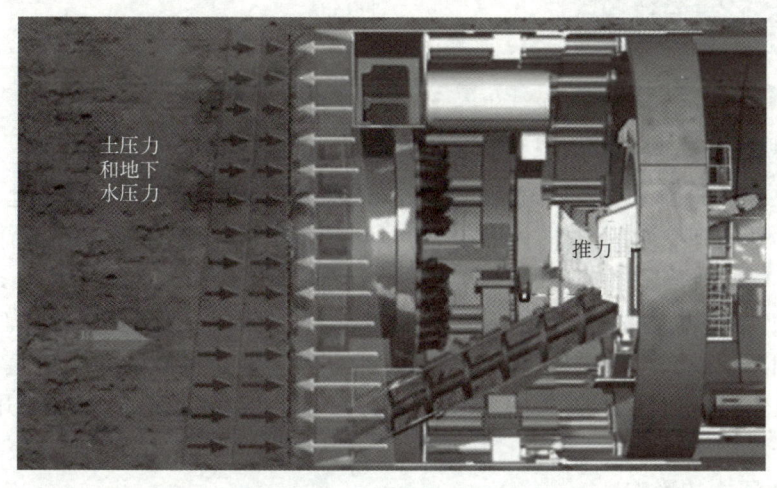

图 4-3　盾构机掘削面受力示意

4.1.4　盾构机的选用

影响盾构机选型的因素有很多，如地层渗透系数、颗粒级配、地下水压力大小、地质条件、工程条件（包括地面环境、地下障碍物、周边建筑物）、隧道设计条件（包括隧道轴线、衬砌形式、断面尺寸、长度）、工期、造价等。

1. 地层渗透系数的影响

地层渗透系数对于盾构的选型是一个很重要的影响因素。根据欧美和日本的施工经验，当地层渗透系数小于 1×10^{-7} m/s 时，可以选用土压平衡式盾构机；当地层渗透系数为 $1\times10^{-7}\sim1\times10^{-4}$ m/s 时，既可以选用土压平衡式盾构机，也可以选用泥水式盾构机；

当地层渗透系数大于 $1×10^{-4}$ m/s 时，宜选用泥水盾构。地层渗透系数与盾构机选型的关系如图 4-4 所示。

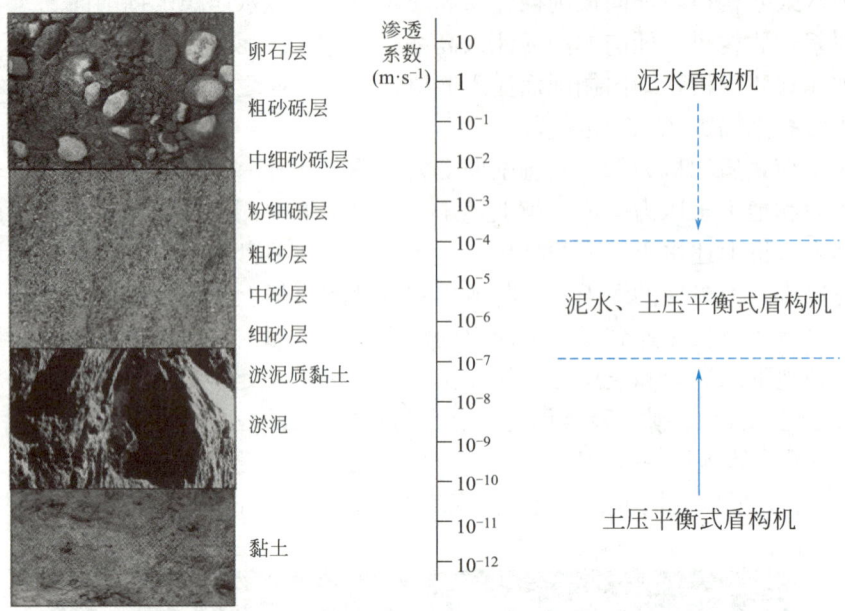

图 4-4　地层渗透系数与盾构机选型的关系

2. 颗粒级配的影响

一般来说，细颗粒含量多，碴土易形成不透水的塑流体，容易充满土仓，在土仓中可以建立压力，平衡开挖面的土体。粗颗粒含量高的碴土塑流性差，土压平衡困难。

根据上述结论，当掘进区段地层较均匀且无地下水或有少量地下水，地层透水性较差，地层以黏性土、淤泥黏土为主或隧道埋深较浅时，宜采用土压平衡盾构机，并宜配备向开挖面添加泥浆或泡沫的设备。当掘进区段地层及环境条件较复杂且道直径较大、地层透水性较好（粗砂、中砂和细砂）且地下水压力大于 25kPa 或需精确控制开挖面压力时，宜采用泥水平衡盾构。

3. 地下水压力的影响

当水压大于 0.3MPa 时，宜采用泥水盾构机。如采用土压平衡式盾构机，其螺旋输送机难以形成有效的土塞效应，在螺旋输送机排土闸门处易发生碴土喷涌现象，引起土仓中的土压力下降，导致开挖面坍塌。当水压大于 0.3MPa 时，如因地质原因需采用土压平衡式盾构机，则需增大螺旋输送机的长度，或采用二级螺旋输送机。

4. 地质条件的影响

砂质土类自立性能较差的地层，应尽量使用闭胸式盾构机施工。若为地下水较丰富且透水性较好的砂质土，则应优先考虑使用泥水平衡盾构机；对黏性土，则优先考虑土压平衡式盾构机。砂砾和软岩等强度较高的地层自立性能较好，应考虑半机械式或敞口机械式盾构机施工。在相同条件下，盾构机复杂，则操作困难，造价高；反之，盾构机简单，则制造使用方便，造价低。针对地下水条件，若其压力值较高（大于 0.1MPa），就应优先考虑使用闭胸式盾构机，以保证工程的安全。若条件许可，也可采用降水或气压等辅助方法。对于砾径较小的地层，可以考虑各种盾构机的使用。若砾径较大，除自立性能较好的地层可考虑采用手掘式或半机械式盾构机外，一般应使用土压平衡式盾构机。需采用泥水平衡盾构机的话，须增加一个颚式碎石机，在输出泥浆前，先将大石块粉碎。当掘进区段内地层岩石和土层交互分布、开挖面地层强度或稳定性差异较大时，宜采用复合盾构的方式。

5. 其他因素的影响

手掘式与半机械式盾构机使用人工较多，机械化程度低，所以施工进度慢。其余各类型的盾构机因为都是机械化掘进和运输，平均掘进速度比前者快。一般敞口式盾构机的造价比密闭式盾构机低，主要原因是敞口式盾构机没有密闭式盾构机那样复杂的后配套系统，在地质条件允许的情况下，从降低造价考虑，宜优先选用敞口式盾构机。

4.1.5 盾构机的构造

以下以广州地铁使用的典型土压平衡式盾构机为例，讲解盾构机的内部构造，盾构机的基本组成如图 4-5 所示。

图 4-5 盾构机的基本组成

1. 刀盘

刀盘的主要作用是开挖地层、搅拌渣土、排渣和扩挖，是盾构机的核心部件。其结构形式、强度和整体刚度都直接影响到施工掘进的速度和成本，并且维修困难。地质情况和制造厂家不同，刀盘的结构也不相同，其常见的结构有平面圆角刀盘、平面斜角刀盘、平面直角刀盘。

盾构机刀盘应满足以下要求。

（1）刀盘应有足够的强度和刚度。

（2）刀盘应有较大的开口率。

（3）针对地层的变化，能够方便地更换硬岩滚刀和软岩齿刀。

（4）刀盘结构应有足够的耐磨强度。

(5) 刀盘上应配置足够的渣土搅拌装置。

(6) 刀盘上应配置足够的注入口,且各口装有单向阀,以满足刀具的冷却、润滑和渣土改良。

刀具的结构、材料及其在刀盘上的数量和位置直接影响掘进速度和使用寿命。不同的地层条件,对刀具的结构和配置要求不同。刀盘用到的刀具种类有单刃滚刀、双刃滚刀、三刃滚刀(双刃以上的一般都是中心滚刀)、齿刀、切刀、刮刀和方形刀(超挖刀)等。为适应不同的地层,滚刀和齿刀可以互换,所以它们的刀座相同。刀盘使用到的部分刀具如图 4-6 所示。

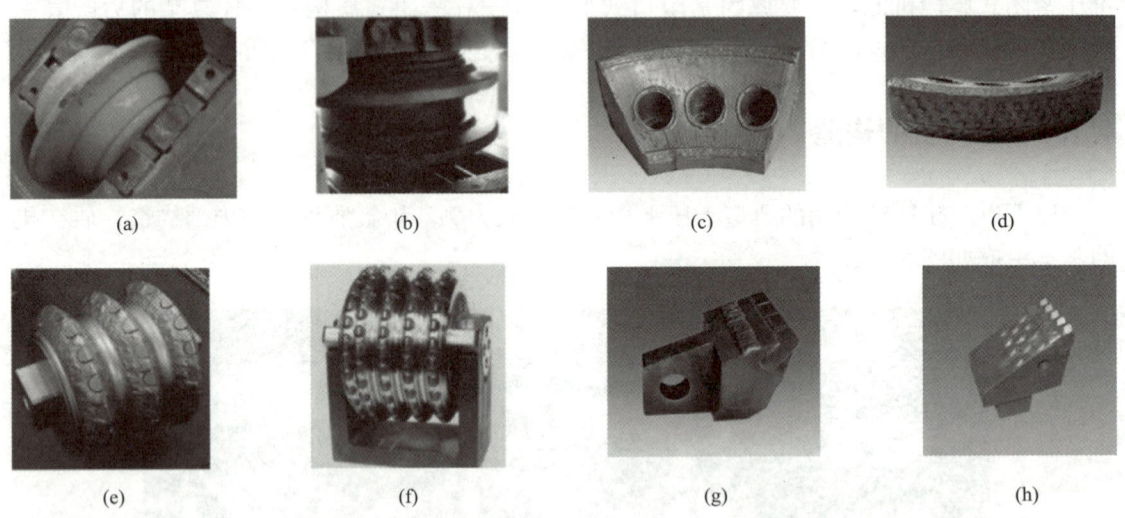

图 4-6　刀具

(a) 单刃滚刀;(b) 双刃滚刀;(c) 周边刮刀;(d) 周边刮刀(背面);
(e) 三刃滚刀;(f) 多刃滚刀;(g) 齿刀;(h) 方柄齿刀

双刃中心刀布置在刀盘中心,用于硬岩掘进,在软土中可以换为齿刀;单刃滚刀用于硬岩掘进;中心齿刀用于软土掘进,替换滚刀后可以增加刀盘中心部分的开口率;窄齿刀用于软土掘进,其结构形式有利于碴土进入刀盘后方土仓;切刀用于软土,斜面结构利于软土切削中后的导渣,同时可用于硬岩掘进中的刮渣;弧形刮刀布置在刀盘边缘,用于处理刀盘弧形周边软土的刀具,斜面结构利于碴土流动,同时在硬岩掘进下可用作刮渣;仿形刀用于局部扩大隧道断面。

2. 前体

前体又叫切口环,是开挖土仓和挡土的部分,位于盾构机的最前端,其结构为圆筒形,前端设有刃口,以减少对地层的扰动。在圆筒垂直于轴线的中段处焊有压力隔板,隔板上焊有主驱动、螺旋输送机及人员舱的法兰支座和四个搅拌棒,还设有螺旋机闸门机构及气压舱(根据需要)。此外,隔板上还安装了若干土压传感器、通气通水等的孔口。不同开挖形式的盾构机前体结构也不相同。

3. 中体

中体又叫支撑环,是盾构的主体结构,承受作用于盾构上的全部载荷。它是一个强度和刚度都很好的圆形结构,地层力、所有千斤顶的反作用力、刀盘正面阻力、尾盾铰接拉力及管片拼装时的施工载荷均由中体来承受。中体内圈周边布置有盾构千斤顶和铰接油缸，中间有管片拼装机和部分液压设备、动力设备、螺旋输送机支承及操作控制台。有的中体还有行人加、减压舱。中体盾壳上焊有带球阀的超前钻预留孔，也可用于注入膨润土等材料。中体的三维示意图如图4-7（a）所示。

4. 尾盾

尾盾主要用于掩护隧道管片拼装工作及盾体尾部的密封，通过铰接油缸与中体相连，并装有预紧式铰接密封。铰接密封和尾盾密封装置都是为防止水、土及压注材料从尾盾进入盾构。为减小土层与管片之间的空隙，从而减少注浆量及对地层的扰动，尾盾做成了圆筒形薄壳体，但又要能同时承受土压和纠偏、转弯时所产生的外力。尾盾的长度必须根据管片的宽度和形状及尾盾密封的结构和道数来决定。另外，在尾盾壳体上合理地布置若干根尾盾油脂注入管和同步注浆管。尾盾的三维示意图如图4-7（b）所示。

(a)

(b)

图 4-7　中体和尾盾
(a) 中体；(b) 尾盾

由于施工中纠偏的频率较高，尾盾密封要求弹性好，耐磨，防撕裂，能充分适应尾盾与管片间的空隙，一般采用效果较好的钢丝刷加钢片压板结构。钢丝刷中充满油脂，既有弹性又有塑性。尾盾密封的道数要根据隧道埋深、水位高低来定，一般为2～3道。

5. 螺旋输送机

螺旋输送机是土压平衡盾构机的重要部件。其作用有两点：①作为隧道渣土排出的唯一通道；②掘进时通过螺旋机内形成的土塞建立密封前方土仓内的压力，有效抵御地下水。螺旋输送机既要出土效率高，又要在喷涌时起到土塞作用，所以按螺旋器的结构可分为有心轴式和无心轴式。

6. 管片拼装机

管片作为地铁隧道的重要的受力结构，其上方承受着覆土压力，侧面承受地下水压力和土压力，其施工效果将直接影响地铁隧道的精度和质量。隧道管片如图4-8所示。

管片拼装机用于安装隧道管片，图4-8（a）所示的盾构隧道就是使用图4-8（b）所示的管片拼装机，把一片片预制管片像搭积木一样施工成型。拼装机由大梁、支承架、旋转架及拼装头组成。大梁以悬臂梁的形式安装在盾构中体的支承架上，支承架通过行走轮可纵向移动，旋转架通过大齿圈绕支承架回转，旋转架上装有两个提升油缸，用以实现对拼装头的提升和横向摆动。拼装头以铰接的方式安装在旋转架的提升架上。安装头上装有两个油缸，用以控制安装头的水平和纵向两个方向上的摆动，其结构如图4-8（b）所示。管片安装机的控制方式有遥控和线控两种，均可对每个动作进行单独、灵活的操作控制。管片安装机通过这些机构的协调动作把管片安装到准确的位置。管片安装机由单独的液压系统提供动力，通过液压马达和液压缸实现对管片的前后、上下移动，以及旋转、俯仰等六个自由度的调整，且各动作的快慢可调，从而使管片拼装灵活，就位准确。管片拼装机的三维示意图如图4-8（b）所示。

(a)　　　　　　　　　　　　　　　(b)

图4-8　隧道管片和管片拼装机

(a) 隧道管片；(b) 管片拼装机

7. 皮带输送机

皮带机输送用于将螺旋输送机输出的碴土传送到盾构机配套的碴车里。皮带输送机由皮带机支架、前随动轮、后主动轮、上下托轮、皮带、皮带张紧装置、皮带刮泥装置和带减速器的驱动电机等组成，安装在后配套连接桥和拖车的上面。为安全起见，其上设有若干急停开关。

8. 液压系统

盾构的液压系统包括主驱动、推进缸（包括铰接系统）、螺旋输送机、管片拼装机及辅助液压系统。主驱动液压系统用于转动刀盘；推进缸液压系统用于给舱内土体加压，保持掘削面挖掘土体时的稳定并推动盾构前进；铰接系统内的液压系统类似于汽车方向盘，其作用促使盾构机小幅度拐弯；螺旋输送机液压系统和管片拼装机液压系统都是给对应系统提供动力，以实现各自功能。

9. 注浆系统

盾构机采用同步注浆系统，这样可以使管片与开挖隧道的间隙及时得到充填，有效地保证隧道的施工质量并防止地面下沉。盾构机配有若干台液压驱动的注浆泵，它将砂浆泵入相应的注浆点，通过盾尾的注浆管道将砂浆注入开挖直径和管片外径之间的环形间隙，盾尾注浆如图 4-9 所示。注浆压力可以通过调节注浆泵工作频率，在可调范围内实现连续调整，并通过注浆同步监测系统监测其压力变化。单个注浆点的注入量和注浆压力信息可以在主控室看到。在数据采集和显示程序的帮助下，随时可以储存和检索砂浆注入的操作数据。

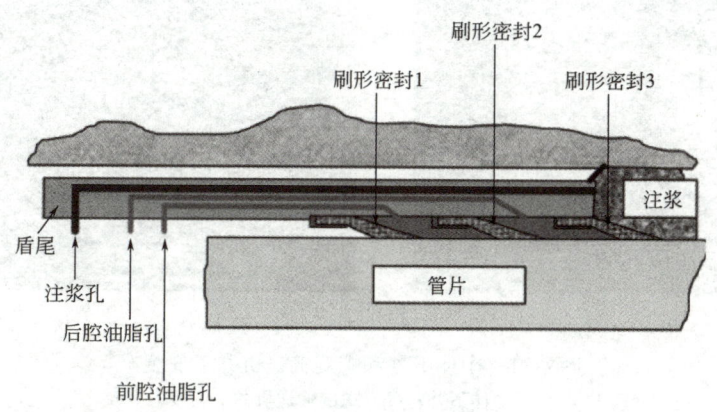

图 4-9 盾尾注浆示意

4.1.6 盾构法施工要点

以广州地铁隧道施工为例，盾构法的一般施工流程如图 4-10 所示。需要注意的是每个项目都有自己的特点，施工单位可能会根据现场实际和专业情况对流程进行调整。

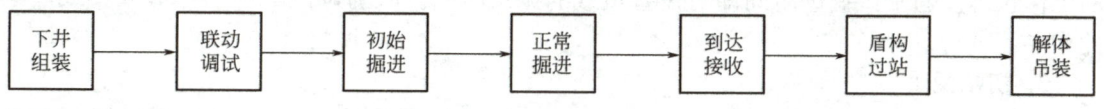

图 4-10 盾构法施工流程

1. 下井组装

盾构开挖施工前，先要在地面上开挖始发竖井（如图 4-1 所示），其作用之一就是把盾构机各个部件从地面上运输到隧道底部。所谓下井组装就是在井内把盾构机的各个组成部分组装起来。其施工技术要点如下。

（1）吊装作业前，吊装方案必须经专家论证批准。盾构吊装由具有资质的专业队伍作业，每班作业前按起重作业的安全操作规程进行安全技术交底，严格按有关规定执行。

（2）根据盾构机的部件重量及场地条件确定吊车的吊装能力，经过验算，选择合适的吊车。吊装作业区应做地基承载力检测，且保证作业区内地下无空洞，并铺设钢板，防止地层不均匀沉陷。

（3）探明吊装作业区的地面架空线与地下管线情况，对影响范围内的管线进行保护和监测。

（4）盾体吊装前应对始发基座进行精确定位和固定牢固。大件吊装时应对始发井进行严密的观测，掌握其变形与受力状态。盾构吊装时，应在大型部件上加缆绳，严格控制被吊部件的旋转、摆动，确保其到达指定位置。

中体下井和螺旋输送机井下安装如图 4-11 所示。

(a)

(b)

图 4-11　中体下井和螺旋输送机井下安装
(a) 中体下井；(b) 螺旋输送机井下安装

2. 联动调试

盾构机组装和连接完毕后，即可进行空载调试。主要调试内容为液压系统、润滑系统、冷却系统、配电系统、注浆系统以及各种仪表的校正。着重观测刀盘转动和端面跳动是否符合要求。

空载调试证明盾构机具有工作能力后即可进行负载调试。负载调试的主要目的是检查各种管线及密封的负载能力，使盾构机的各个工作系统和辅助系统达到满足正常生产要求的工作状态。通常试掘进时间即对设备负载的调试时间。联动调试必须由专业人员或厂家的指导下进行。

3. 初始掘进

在盾构始发前需要进行始发准备，如洞口地层加固、始发导轨安装、洞门密封装置安装等。随着负环管片和正环管片的安装，刀盘开始切削土体，螺旋输送机开始出土，盾构机开始长度为 100m 的初始掘进（掘进长度可根据实际需要调整），该操作拟达到以下目的。

（1）用最短的时间对盾构机进行调试。

（2）了解和认识本工程的地质、水文资料，让施工人员熟练掌握该地质条件下的平衡盾构的施工方法。

（3）收集、整理、分析及归纳总结各地层的掘进参数，确定推力、推进速度和排泥量三者的相互关系，制定正常掘进各地层的操作规程，为实现后续快速、连续、高效的正常掘进做准备。

（4）让施工人员熟悉管片拼装的操作工序，提高拼装质量，加快施工进度。

（5）通过本段的施工，加强对地面变形情况的监测分析，反映盾构机出洞时以及推进时对周围环境的影响，掌握盾构机的推进参数及同步注浆量。

（6）通过对地层推进施工，摸索出盾构断面处于各地层中时，盾构推进轴线的控制规律。

4. 正常掘进

盾构机在完成初始掘进后，施工单位会同厂家、监理单位等相关部门根据试验段数据一起协商，对掘进参数进行必要的调整，后续的正常掘进应按最优数据进行施工。正常掘进期间，除了机器正常挖掘地层的操作外，下面几个工艺也需要注意。

（1）渣土改良。

渣土改良是盾构机顺利掘进的重要环节。常用的渣土改良材料有泡沫、膨润土、高分子材料等。施工时，根据不同的地层，加入不同的渣土改良材料（泡沫、高密度膨润土或其他合规材料）。渣土改良是为了增加土体流动性和黏滞力，提高切削效率，降低刀盘、刀具在作业时的磨损，延长使用寿命，并使土层中的砂子和卵石同时排出土仓。

（2）土压控制。

土压控制是为了保证掘进期间，掘削面前方土体稳定，避免出现坍塌。这就要求土仓内土压不低于掘削面水土合力且在掘进施工之前，施工人员应根据沿线隧道埋深、地质和水文等参数，计算出初始土压设定值以指导施工。盾构施工中的土压及其管理方面的影响因素众多，每个项目甚至同一个项目的不同区间都有很大的变化，需要综合考虑，并结合试验段参数，方能得出一个合理的初始值。另外，掘进过程中的土层变化、螺旋机出土速度都会影响土仓压力，故开挖过程中应时刻密切关注土仓压力。

（3）注意纠偏。

掘进时应控制好掘进方向，有时候虽然偏角在规范允许范围内，但由于隧道中心线呈"蛇"形，建成后乘客坐车的舒适度将大打折扣。在曲线掘进时，应适当设置变向提前量，以尽量减小纠偏幅度。在盾构掘进中常纠偏、小角度纠偏从而达到减少地层扰动和地面沉降的效果。提前量的大小应在实践中不断总结，提前量应与隧道稳定时的反方向偏移量相吻合。隧道曲线掘进和大角度纠偏易引起管片安装的错台和整体隧道的反方向偏移，也应引起高度重视。

（4）注浆控制。

地铁施工过程中，进场时会采用注浆工艺。所谓注浆是通过向地层中注入凝结剂，以充填裂隙、防止涌水，同时还可增加地层的强度，并能有效地控制地面建筑物的下沉。当隧道出现渗水时，可注浆阻止渗水；当隧道开挖造成周边建筑沉降过大，可注浆形成复合地基，以提高承载力并减少沉降；盾构施工时，盾尾常采用注浆填充隧道内壁与管片外皮之间的孔隙（图4-9）。

盾尾注浆时，需要控制好注浆量及注浆压力。考虑到纠偏引起的地层损失、盾构壳体拖泥引起的地层损失、浆液体积收缩和具体的地层特点等因素，注浆时，实际注浆量应为理论孔隙体积的120%～180%，通常采用150%。注浆压力应为保证足够注浆量的最小值，同时应与开挖仓内的土压力相匹配。注浆速度应使浆液充填速度与盾构掘进速度一致。注浆速度过快，注浆压力必然上升，易造成盾尾漏浆；注浆速度过慢，注浆充填效果不易达到要求，易引起地面沉降。

（5）拼装管片。

每一环管片拼装过程中，第一块管片的位置尤为重要，它决定本环其他管片的位置及缝的宽窄。管片高于前一环相邻管片，则最后一块管片的位置不够；若低于相邻块，则纵缝过大，防水性能降低。因此，第一块应平整，防止形成喇叭口。

5. 到达接收

和盾构始发一样，当隧道接近贯通时，应做好接收准备，此时应注意以下要点。

(1) 盾构推进至距接收井 80~100m 时，进入盾构推进的到达施工阶段，应进行全线贯通测量，根据盾构的贯通姿态及掘进纠偏计划进行推进，纠偏要逐步完成，每一环纠偏量不能过大。

(2) 在盾构机距离接收井 50~60m 时，选择合理的掘进参数，逐渐放慢掘进速度，以确保盾构机掘进姿态良好为控制重点。

(3) 盾构刀盘距离贯通的里程小于 10m 时，由专人负责观测接收洞口的变化情况，始终保持与盾构司机的联系，及时调整掘进参数。

(4) 在拼装的管片进入加固区域后，浆液宜改为速凝型浆液。

(5) 当最后一环管片拼装完成后，通过管片的二次注浆孔，注入双液浆进行封堵。注浆的过程中要密切关注洞门的情况，如发现漏浆，可立即停止注浆，等待浆液凝固后方可继续补注。

(6) 盾构机进入接收井后，及时对洞口附近土体进行二次回填注浆，避免洞口地面下沉。

(7) 盾构接收基座高程宜比隧道轴线略低 3~5cm。

6. 盾构过站和解体吊装

简单来说，盾构过站是指盾构机穿过地铁车站。它并不是盾构施工过程中的指定动作，一般在遇到以下情况时需要考虑过站。

(1) 本区间隧道挖掘完成后，盾构机过站，继续开挖下一区间隧道。

(2) 由于场地或设计等原因，盾构接收井没有设置在本区间，而是设置在邻近区间，此时需要过站去接收井。

盾构过站包括盾构主机过站、台车过站及盾构的检修等。盾构过站的移动方法多种多样，根据盾构移动的动力，可分为两种方法，辅助千斤顶顶推是一种较多采用的方法，另一种方法是以盾构机的千斤顶的作用作为顶推动力。根据盾构托架与车站底板之间的滑移方式，它可分为托架下垫滑动托板式、托架带轮行走式和使用滚杠移动式等。目前常见的为过站小车过站。解体吊装是指当盾构机来到接收井后，需要将盾构机解体，通过地面龙门吊把盾构机从收发井内吊出。

盾构过站和解体吊装如图 4-12 所示。

(a)

(b)

图 4-12 盾构过明挖车站和盾构解体吊装
(a) 盾构过明挖车站；(b) 盾构解体吊装

4.2 TBM 法

4.2.1 TBM 的概念及发展历史

TBM（Tunnel Boring Machine），即隧道掘进机，是一种靠旋转并推进刀盘，通过盘形滚刀破碎岩石而使隧洞全断面一次成形的机器。

1846 年，比利时工程师毛瑟（Maus）在英国人 Brunel 的研究基础上，设计出了世界上第一台隧道掘进机。他在 1845 年得到撒丁国王的许可后修建了一条连接法国和意大利的铁路。毛瑟在国际采矿业声名显赫，且极其自信。他对爬越山口的修建方案不以为然，坚持采用走直线的方式，要以隧道穿越山体。他计划制造世界上第一台隧道掘进机。毛瑟的片山机（mountain-slicer）于 1846 年在都灵附近的一个军工厂组装成型。1848 年欧洲的政治动荡在一定程度上削弱了乐观气氛，毛瑟的资助中断了。虽然没有经过实践检验，但毛瑟的片山机是公认的世界上第一台 TBM。

1851 年，美国人查理士·威尔逊开发了一台 TBM，并在花岗岩中试用，但未获得成功。1881 年波蒙特开发了压缩空气式 TBM，并成功应用于英吉利海峡隧道直径为 2.1m 的勘探导洞，共掘进了 3 英里多（大约 5km）。但之后 70 多年内，掘进机的研发一直处于停滞状态。

1953 年，詹姆士·罗宾斯（Robbins）建成了世界上第一台现代意义上的软岩掘进机，其直径为 7.85m。与以前不同的是，该掘进机的表现令人惊奇。大转盘将岩石像花生壳那样搅碎，隧道以每天 160 英尺（约 49m）的速度推进。几乎十倍于同时代的钻爆法施工。虽然没有建造世界上第一台 TBM，但他制造了第一台能在软岩中高效工作的 TBM，打破了此前近百年来软岩掘进领域的技术瓶颈。

1956 年，罗宾斯制造的直径为 3.28m 的中硬岩掘进机，成功地通过了工业性试验。盘形滚刀的应用是全断面硬岩掘进机的重要标志，是硬岩掘进机发展中的一个重要转折点，该发明一直沿用至今。这一时期，罗宾斯还为国外某一大坝的输水隧道制造了 1 台直径为 9m 的全断面掘进机。

到了 1960 年，掘进机的发展进入新的阶段，在结构设计上第一次把支撑和推进机构组合为一个全浮动的系统，采用了球铰式结构，通过支撑靴板压紧并固定在洞壁上，以此获取推进时掘进机的反力。

截至 2001 年，罗宾斯公司已制造了 383 台开敞式掘进机，35 台双护盾掘进机，15 台单护盾掘进机。2006 年 8 月，罗宾斯公司又制造出了目前世界上直径最大的（14.4m）硬岩掘进机，用于加拿大尼加拉隧道工程。

目前，世界范围内的掘进机生产商有 30 余家，已生产掘进机 700 多台。

国内全断面 TBM 的研究开发始于 1964 年。1966 年，我国制造出了 1 台直径为 3.5m 的全断面 TBM，先后在云南下关的西洱河水电站引水隧道进行工业性试验，开挖地质为花岗片麻岩及石灰岩，抗压强度为 100～240MPa。最高月进尺为 48.5m。

1971年试制的 TBM 直径分别为 2.5m、5.5m、3.8m 和 5.9m。制造单位为广州市机电工业局、抚顺矿务局以及上海水工机械厂等，使用单位分别是贵州省铁路二局、京西煤矿、抚顺老虎台矿及北京落坡岭水电部第二工程局。掘进的岩石类型为白云质石灰岩、矽质石灰岩、花岗片麻岩和石灰岩，最高月进尺为 123m。

此后，由上海水工厂制造的直径为 5.8m 的 SJ-58 型 TBM，曾于 1977 年 4 月—1978 年 4 月在云南西洱河水电站的水工隧道中进行工业性试验，共掘进了 247.3m。1981 年，SJ-58 型 TBM 经过优化设计后，于同年 11 月 25 日投入引滦入唐工程古人庄隧道施工，共掘进 2747.2m，穿越的岩层系白云质矽质灰岩，最高日进尺为 19.85m，最高月进尺为 201.5m。该工程于 1983 年 3 月 15 日贯通，这是中国第一条用国产 TBM 施工的中型断面隧道。

我国 TBM 研制起步虽然并不晚，但由于研制开发多集中于 20 世纪 70 年代至 80 年代中期，受当时经济技术条件的制约，发展缓慢。研制的 TBM 存在整机系统功能落后、地质适应性差、关键部件寿命短等一系列问题。到目前为止，国内尚未具备真正的 TBM 自主设计制造能力。目前国产盾构 TBM 多以合资生产的方式出现，采用的合作方式是：国外设计，关键件进口，钢结构件国内加工，整机在国内组装出厂。

4.2.2 TBM 的特点及与盾构的比较

1. TBM 的优点

(1) 快速——进尺为钻爆法的 4～6 倍。
(2) 施工质量好——洞壁光滑，超挖量少。
(3) 高效——节约衬砌，节省人力，缩短工期。
(4) 安全——无爆破作业，更加安全。
(5) 环保——采用非爆破开挖，尘土、气体、噪声污染少。
(6) 自动化、信息化程度高。

2. TBM 的缺点

(1) 地质适应性较差。
(2) 不适宜中短距离隧道的施工。
(3) 断面适应性较差。
(4) 运输困难，对施工场地有特殊要求。
(5) 设备购置及使用成本大。

3. 与盾构机的比较

(1) 两者的掘进系统类似，都是采用刀盘机械破碎岩石或土体。
(2) 走行系统类似，都是在位于基础上的轨道上走行，不同的是盾构轨道安装在管片上，而 TBM 一般安装在预制仰拱块上。
(3) 反力提供机理不同，TBM 依靠撑靴撑在隧道侧面上提供反力，盾构机依靠反力架及管片提供反力。
(4) 衬砌施工方式不同，盾构机采用预制管片加壁后注浆，TBM 采用管棚、超前导管、锚杆、喷射混凝土为初支，常规方法施作二衬。

（5）施工场合不同，盾构机一般用于软土地层的开挖（如地铁隧道），TBM 主要用于硬质地层的开挖（如山岭隧道）。

4.2.3 TBM 的分类

1. 按刀盘形状的不同分类

根据刀盘形状的不同，TBM 分为平面刀盘 TBM、球面刀盘 TBM、锥面刀盘 TBM。平面刀盘 TBM 最常用。

2. 按作业岩石硬度的不同分类

根据全断面岩石掘进机作业岩石硬度的不同，TBM 分为软岩全断面掘进机（岩石单轴抗压强度<100MPa）、中硬岩全断面岩石掘进机（岩石单轴抗压强度<150MPa）和硬岩全断面岩石掘进机（岩石单轴抗压强度可达 350MPa）。

3. 按开挖断面形状的不同分类

根据全断面岩石掘进机开挖断面形状的不同，TBM 分为圆形断面全断面岩石掘进机和非圆形断面全断面岩石掘进机。

4. 按全断面岩石掘进机与洞壁之间的关系分类

根据全断面岩石掘进机与开挖隧洞洞壁之间的关系，TBM 可分为敞开（开敞）式全断面岩石掘进机、护盾式全断面岩石掘进机和其他类型。护盾式全断面岩石掘进机又可以根据护盾的多少分为单护盾、双护盾和三护盾全断面岩石掘进机。敞开式 TBM 如图 4-13 所示。

图 4-13　敞开式 TBM

4.2.4 TBM 的选型

TBM 的选型步骤如下。

（1）根据地质条件确定掘进机的类型。

(2) 根据隧道施工图和设计方要求选择主要技术参数。

(3) 根据生产能力与主机掘进速度相匹配的原则，确定后配套设备的技术参数与功能配置。

(4) 检查所选 TBM 是否满足安全、质量、工期、造价及环保要求。

岩石的单轴抗压强度越低，掘进机的掘进速度越高，掘进越快，反之亦然。但是，岩石的单轴抗压强度太低，掘进机掘进后围岩的自稳时间极短，甚至不能自稳。岩石的单轴抗压强度值在一定范围内时，掘进机的掘进既能保持一定的速度，又能使隧道围岩在一定时间内保持自稳，这就是当前大多数掘进机适用于岩石的单轴抗压强度（R_c）值在 30～150MPa 之间的中等坚硬岩石和坚硬岩石的主要原因。不同类型、型号的掘进机有其各自适用的最佳岩石单轴抗压强度范围值。

一般情况下节理较发育和发育的，掘进机掘进效率较高；节理不发育、岩体完整的，掘进机破岩困难。然而，也并不是节理越发育越好，因为岩体破碎，掘进机在开挖前需要进行大量超前支护，同时岩体给掘进机撑靴提供的反力低，会造成掘进推力不足，因而也不利于掘进机效率的提高。

岩石的耐磨性对刀具的磨损起着决定性作用。岩石坚硬度和耐磨性越高，刀具、刀盘的磨损就越大。掘进机换刀量和换刀时间的增大，势必影响到掘进机应用的经济效益和掘进效率。刀具、刀圈及轴承的磨损对掘进机的使用成本起很大的影响，而仅仅根据岩石的单轴抗压强度来判断不同单轴抗压强度的岩石对掘进机刀具、刀圈及轴承的磨损是不够的。工程师还需要关注地勘报告中开挖岩石的硬度。此外，富含水和涌漏水地段，围岩的强度会有不同程度的降低，特别是软质岩的强度降低要大得多，致使围岩的稳定性降低，影响掘进机法的工作效率。此外，大量的隧道涌漏水，必将恶化掘进机的工作环境，降低掘进机的工作效率。

总的来说，开敞式掘进机常用于硬岩；在开敞式掘进机上，配置了钢拱架安装器和喷锚等辅助设备，以适应地质的变化；当采取有效支护手段后，也可应用于软弱岩隧道。双护盾式掘进机对地质具有广泛的适应性，既能适应软岩，也能适应硬岩或软硬岩交互地层。当遇软岩时，软岩不能承受支撑靴的压应力，由盾尾辅助推进液压缸支撑在已拼装的预制衬砌管片上，以推进刀盘破岩前进（类似于盾构）；遇硬岩时，则靠支撑靴撑紧洞壁，由主推进液压缸推进刀盘破岩前进。单护盾式掘进机常用于软岩及中等长度隧道施工，即使围岩类别稍差时，它可发挥出较快的掘进速度，又比双护盾掘进机投资少。当掘进区段存在长距离的微风化花岗岩、砾岩等坚硬岩质地层（饱和单轴抗压强度大于 70MPa）及复合岩石地层时，宜采用 TBM 或者盾构/TBM 双模式切换的掘进机，同时应配备有利于实施刀盘维修、换刀等措施的设备。

4.2.5 TBM 的构造

TBM 一般由刀盘、刀盘护盾、主轴承等构件组成，典型的敞开式 TBM 结构如图 4-14 所示。

1. 刀盘

刀盘针对工程地质条件设计，为封闭面板式箱型结构。盘型滚刀采用背装式，刀具更

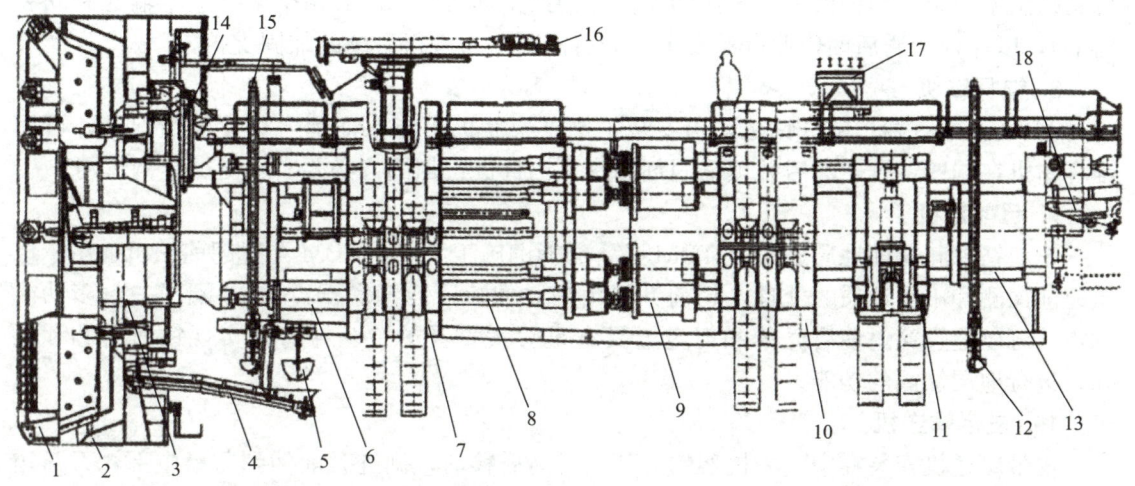

图 4-14 敞开式 TBM 结构示意

1—刀盘；2—刀盘护盾；3—主轴承；4—清渣皮带机；5—清渣斗；6—推进液压缸；
7—前外机架；8—传动轴；9—刀盘驱动电机；10—后外机架；11—后支撑；
12—后部锚杆钻机；13—内机架；14—钢拱架安装器；15—前部锚杆钻机；16—超前钻机；
17—钢拱架运输车；18—皮带输送机

换在刀盘里进行，保证了换刀的安全。刀盘与刀具均采用很好的耐磨设计，以保证刀盘在硬岩掘进时的耐磨性能。刀盘开挖直径应满足 TBM 最小标定掘进直径的要求，刀盘上安装中心刀、正滚刀、超挖刀等各类型刀具。

2. 刀盘护盾

刀盘护盾由顶护盾、侧护盾和底护盾组成。它用于支承和保护刀盘，防止洞顶碎石砸坏刀盘或者落入主轴承。

3. 主轴承

驱动刀盘转动切削岩石。主轴承应采用大直径，满足高承载力、长寿命的需求。

4. 推进液压缸

推进液压缸的一端固定在外机架上，另一端铰接在内机架上。当外机架撑紧在洞壁上时，高压油进入推进缸无杆腔，将活塞杆推出，推动内机架向前移动，使刀盘压紧在开挖面上，配合刀盘的转动将岩石压裂破碎。

5. 内外机架

内外机架为 TBM 的主要支承部件。刀盘通过主轴承安装在内机架的前端。内机架与外机架之间为浮动连接，内机架可在外机架内做轴向运动。外机架通过支撑液压缸和撑靴板撑紧在洞壁上，在 TBM 掘进时支承 TBM 主机的重量，并平衡开挖面对 TBM 的反向推力。

6. 后支撑

后支撑位于内机架的后端，在 TBM 换步时支撑油缸伸出，撑靴撑紧洞壁，刀盘护盾共同承担 TBM 主机的重量，并能对 TBM 的掘进姿态进行调整。

7. 钢拱架安装器

钢拱架安装器位于主机前端，不工作时收回在刀盘护盾下面。当遇到围岩不稳定时，可紧贴洞壁安装一圈钢拱架作为初期支护（钢拱架通过 TBM 上钢拱架运输车输送到安装器上），以保证护盾后面作业区的安全，如有需要可再进行后续的加固支护。

8. 锚杆钻机

TBM 上配有两台锚杆钻机，当安装了钢拱架后仍不能保证围岩稳定的情况下，可用锚杆钻机在洞壁钻孔，然后装填锚固剂并打入锚杆进行加固，必要时还可加挂钢丝网。

9. 超前钻机

超前钻探和超前地质加固是 TBM 必备的辅助施工手段，TBM 配置超前钻机，用于地质超前探测和不良地质的处理。超前钻机由独立的液压装置操作，TBM 配置一台多功能钻机，可以通过穿过前盾壳体和刀盘上具有足够大直径的一个导管来实现钻取岩芯和钻孔，进行地层加固的功能。

10. 皮带输送机

皮带输送机安装在中空内机架的内部，可前后移动，掘进时前伸到刀盘中部，刀盘边缘铲斗铲起的石渣通过刀盘内部的通道送到皮带输送机前端，石渣通过皮带运输机向后传输。

4.2.6 TBM 法施工要点

TBM 法施工流程如图 4-15 所示。

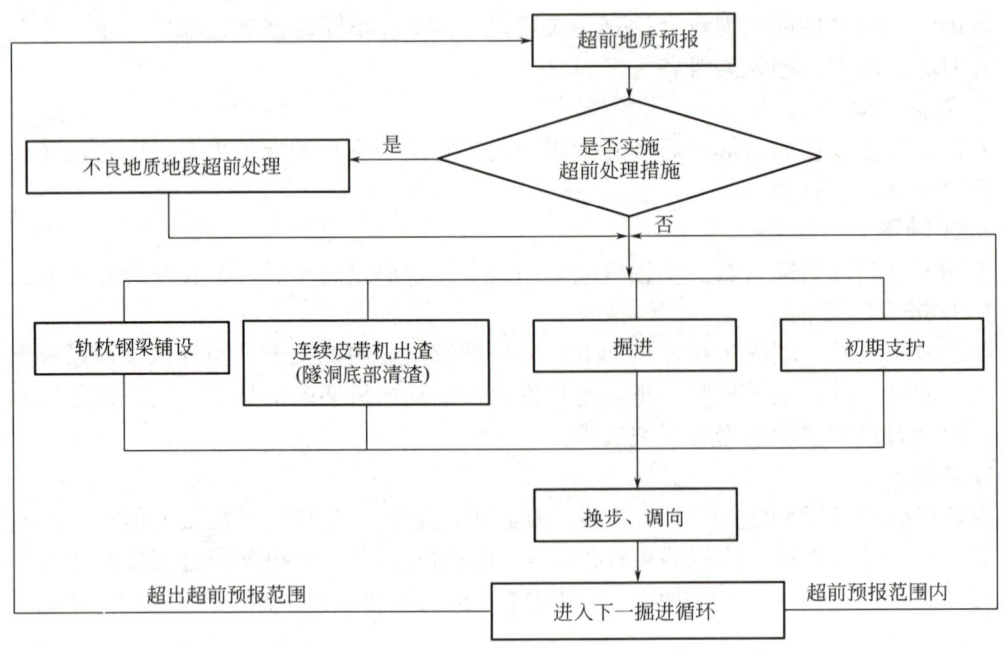

图 4-15 TBM 法施工流程

（1）TBM 在掘进施工过程中，需根据工程地质图纸、石渣情况、上一循环掘进参数、邻近超前隧洞的地质情况等，对掌子面的围岩状态作出准确判断，据此选择相应的掘进模式及掘进参数。如有必要，可采用超前地质探测，进一步确定前方围岩状态。

(2) 选择掘进参数。根据判定的掌子面的围岩状态，选择推力、撑靴压力、刀盘转速等掘进参数。掘进过程中结合实际掘进参数的变化判断围岩的变化，适时适当调整，同时结合施工单位使用 TBM 的经验，使掘进参数与围岩的状况形成最佳匹配。

(3) 按顺序启动洞内连续皮带机、皮带连接桥皮带机、主机皮带机，并确定其运转正常；按顺序启动刀盘变频驱动电机；启动主轴承的油润滑系统和各个相对移动部位的润滑系统。启动掘进机各个部位的声电报警系统，发出提示音后进入工作状态。

(4) 空载启动刀盘，启动除尘风机，水平支撑撑紧，收起后支撑。

(5) 慢速推进刀盘以靠紧掌子面，确定刀盘已经靠紧掌子面后，选择合适的推进速度、刀盘转数进行掘进作业。在刀盘和岩石表面接触之前，启动刀盘喷水系统对岩石喷水。刀盘切割岩石后，掌子面留下的刀痕如图 4-16（a）所示。

(a)　　　　　　　　　　　　　　　　(b)

图 4-16　刀盘切割岩石和 TBM 撑靴
(a) 刀盘切割岩石；(b) TBM 撑靴

(6) 操作人员在控制室时刻监控 TBM 掘进时各种参数的变化、石渣状态等。掘进时，应根据 TBM 的设备掘进参数和预计的前方围岩的情况，选择适当的掘进参数，包括刀盘转速、推进力、变频电机频率、推进速度、皮带机转速等，并根据围岩的状况变化及时进行调整。专职安全员进行各设备的运行检查，保证设备的运行安全。

(7) 换步、调向。掘进行程完成之后，停止推进并将刀盘后退约 3~5cm，停止刀盘旋转，伸出后支撑撑紧洞壁，收回水平撑靴油缸，使支撑靴板离开洞壁，收缩推进油缸，将水平支撑向前移动一个行程。利用撑靴再次撑紧洞壁，利用连接桥和后配套连接油缸拖拉后配套到位，进行换步，重复掘进准备工作，开始下一掘进行程。撑靴顶紧洞壁如图 4-16（b）所示。

(8) TBM 的调向可以在换步完成后，利用水平撑靴支撑洞壁进行，也可以在掘进过程中进行微小的调整。

(9) TBM 的主司机应该在换步过程中，根据测量导向系统所显示的上一循环结束时 TBM 的方位调整 TBM 的姿态，确保掘进方向控制在允许的范围之内。如有必要，可以适时在掘进施工过程中进行调整。

4.3 衬砌结构设计

4.3.1 衬砌结构设计步骤

衬砌结构设计步骤如图 4-17 所示。

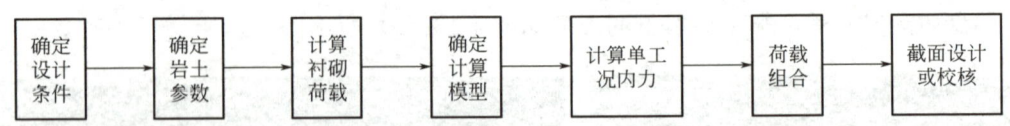

图 4-17　隧道衬砌（管片）结构设计流程

（1）确定设计条件。通俗来说，就是和衬砌结构设计有关的文件、图纸、纪要等等都应尽可能熟悉。具体包含但不限于项目工程概况、周边已建建筑基础；隧道走向，即是否会和文物、管线相碰；建筑及其他专业对衬砌直径、厚度的要求（衬砌过厚有可能影响净高）；现场是否存在个别地方施工空间不足；与衬砌结构设计有关的会议纪要或工作联系单等。

（2）确定岩土参数。阅读项目勘察报告，提取在设计过程中有可能用到的岩土参数，如重度、黏聚力、弹性模量、地下水位标高、地基承载力值、岩石单轴抗压强度、反力系数等。

（3）计算衬砌荷载。常见作用在衬砌上的荷载有覆土压力、地下水压力、地基反力、千斤顶推力等。设计时需要计算荷载大小、明确作用点和方向。必要时还需画出荷载图。

（4）确定计算模型。衬砌结构设计理论有很多种。较常用的有弹性方程法、有限元法。而前者又包括匀质圆环模型、弹性铰模型、梁—弹簧模型。

（5）计算单工况内力。确定计算模型后可将衬砌荷载作用到模型上，计算出单工况下衬砌结构内力。

（6）荷载组合。将单工况下的内力按照规范要求进行组合。

（7）截面设计或校核。根据荷载组合结果，选出最不利截面。采用极限状态设计法或容许应力法，对最不利截面进行设计或校核。

4.3.2 荷载计算

隧道衬砌（管片）承受的荷载如图 4-18 所示。
其计算方法如下。

1. 地面超载和车辆荷载 p_0

地面超载和车辆荷载均属于基本可变荷载。作用于路面的堆土即地面超载，路面上行驶的车辆即车辆荷载。超载和车辆荷载的存在增加了衬砌顶部的压力。理论上我们可以用超载或车辆荷载（单位：kN/m^2）除以土重度 γ（单位：kN/m^3）的方法把超载折算为覆土高度来考虑两者的影响。

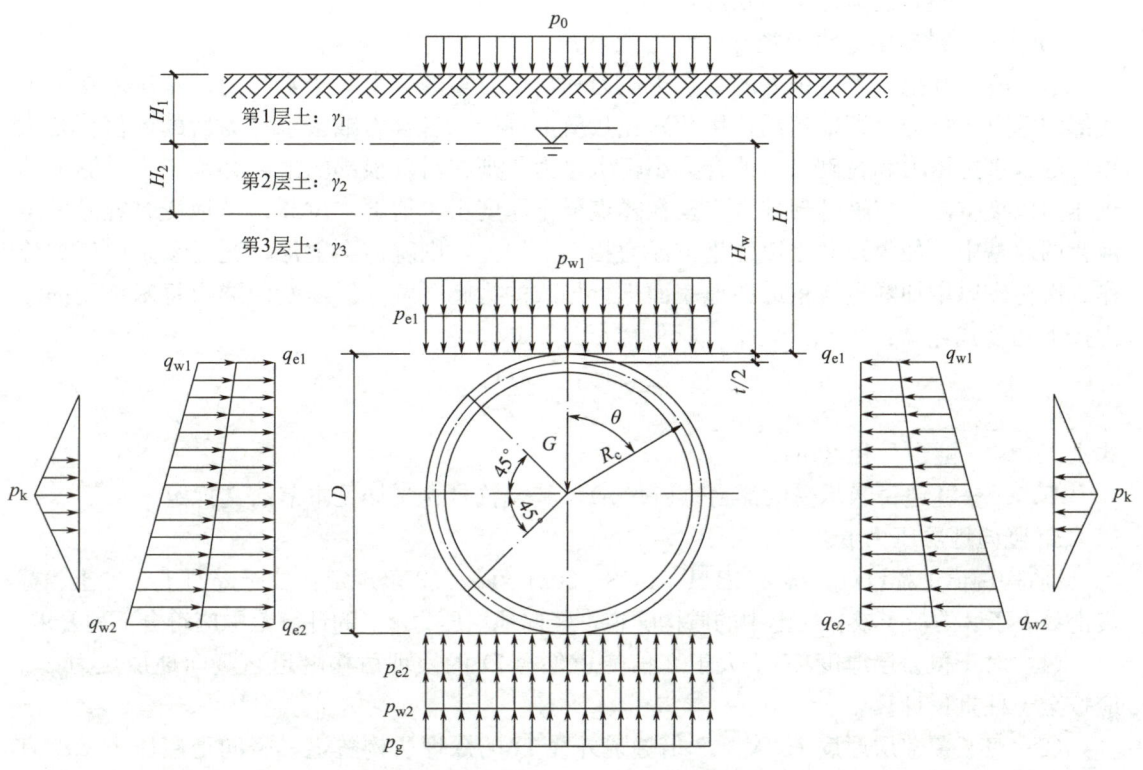

图 4-18 隧道衬砌（管片）计算荷载示意

《盾构隧道工程设计标准》GB/T 51438—2021 第 5.3.1 条规定：盾构隧道使用期间地面超载不应小于 20kPa；施工期间盾构始发井和接收井周边地面超载应根据实际情况分析后取用，且不应小于 30kPa。

《盾构隧道工程设计标准》GB/T 51438—2021 第 5.3.2 条规定：位于道路下方的盾构隧道，当覆盖层厚度小于 1.5m 时应按现行行业标准《公路桥涵设计通用规范》JTG D60—2015 的规定确定地面车辆荷载；当覆盖层厚度不小于 1.5m 时，地面车辆荷载宜按 20kPa 的均布荷载取值。

2. 水压力 p_{w1}、p_{w2}、q_{w1}、q_{w2}

作用在衬砌上的水压力分为两种情况：一是作用于拱顶的水压力 p_{w1} 和作用于拱底的水压力 p_{w2}；二是作用于隧道侧面、从拱顶至隧道底之间的水压力 q_{w1} 和 q_{w2}。水压力属于永久荷载，其荷载方向如图 4-18 所示，荷载大小按下式计算。

$$p_{w1} = \gamma_w \times H_w \tag{4-1}$$

$$p_{w2} = \gamma_w \times [H_w + (t + 2R_c)] \tag{4-2}$$

$$q_{w1} = \gamma_w \times \left[H_w + \frac{t}{2}\right] \tag{4-3}$$

$$q_{w2} = \gamma_w \times \left[H_w + \left(\frac{t}{2} + 2R_c\right)\right] \tag{4-4}$$

式中，γ_w——水的重度（kN/m³）；

H_w——隧道顶水头高度（m）；

t ——隧道衬砌厚度（m）；

R_c ——衬砌中心线半径（m）。

由于隧道开挖，若拱顶处的垂直土压力和衬砌自重的合力大于水浮力，则作用在隧道底部的垂直土压力（即地基反作用力）在数值上等于二者合力减去水浮力后的差值。若拱顶处的垂直土压力和衬砌自重的合力小于水浮力，则在衬砌顶部的地层必须产生足够大的土压力以抵抗浮力。这种现象常出现在隧道覆土厚度小、地下水位高以及地震时容易发生液化的地基中。如果顶部难以产生与浮力相当的抗力，则隧道会上浮。这时须采取诸如施作二次衬砌以增加隧道自重或在地表面进行加载的措施。圆环形横断面隧道每米承受的浮力按下列公式计算：

$$F_w = \gamma_w \times \frac{\pi D^2}{4} \tag{4-5}$$

式中，D ——隧道外径（m）；

F_w ——隧道每米承受的浮力（kN/m），其余符号含义详见本节前文规定。

3. 竖向地层压力 p_{e1}

《盾构隧道工程设计标准》GB/T 51438—2021 第 5.2.3 条规定：位于碎石土、砂土、标贯击数大于 8 的粉土或黏性土中的盾构隧道，竖向地层压力 p_{e1} 的计算范围应符合下列要求。

（1）对于覆盖层厚度 H 不大于 2 倍隧道外径 D 的浅埋盾构隧道，竖向地层压力 p_{w1} 应按全土柱重量计算。

（2）对于覆盖层厚度 H 大于 2 倍隧道外径 D 的深埋盾构隧道，竖向地层压力 p_{w1} 宜考虑土体卸载拱作用的影响。关于卸载拱、拱部松动区高度 h_0 的计算可详见王树理编写的《地下建筑结构设计》（第 4 版）（P88～89）或《铁路隧道设计规范》TB 10003—2016 附录 D 的计算。

《盾构隧道标准》GB/T 51438—2021 第 5.2.4 条规定：位于标贯击数不大于 8 的粉土或黏性土中的盾构隧道，竖向地层压力 p_{e1} 应按隧道顶面以上全部土柱重量计算。

以图 4-18 为例，当确定土体计算范围后，根据图书《土力学》的相关知识，隧道顶竖向地层压力 p_{e1} （永久荷载）可按下面公式计算。

按全土柱重量计算：

$$p_{e1} = p_0 + \gamma_1 \times H_1 + (\gamma_2 - \gamma_w) \times H_2 + (\gamma_3 - \gamma_w) \times (H_w - H_2) \tag{4-6}$$

按 2 倍隧道外径 D 计算且 $H_w \leqslant 2D \leqslant H$：

$$p_{e1} = \gamma_1 \times (2D - H_w) + (\gamma_2 - \gamma_w) \times H_2 + (\gamma_3 - \gamma_w) \times (H_w - H_2) \tag{4-7}$$

按 2 倍隧道外径 D 计算且 $H_w - H_2 \leqslant 2D < H_w$：

$$p_{e1} = (\gamma_2 - \gamma_w) \times [H_2 - (H_w - 2D)] + (\gamma_3 - \gamma_w) \times (H_w - H_2) \tag{4-8}$$

按 2 倍隧道外径 D 计算且 $H_w - H_2 \leqslant 2D < H_w - H_2$：

$$p_{e1} = (\gamma_3 - \gamma_w) \times 2D \tag{4-9}$$

式中，γ_1、γ_2、γ_3 ——第 1 层、第 2 层、第 3 层土的重度（kN/m³）；

γ_w ——水的重度，一般取 10kN/m³；

H_1、H_2 ——分别为第 1 层、第 2 层土的厚度（m）。其余符号含义详见本节前文规定。

8. 竖向地层压力 p_{e1}

4. 水平土压力 q_{e1}、q_{e2}

由《土力学》相关知识可知，在静止土压力状态下，从隧道衬砌拱部至底部，作用于衬砌形心处的水平土压力为一分布荷载。它的大小等于对应计算点的竖向地层压力乘以土的静止侧压力系数 K_0。其中土的侧压力系数 K_0 可按下列规定取值。

（1）设计初期，由于地勘数据尚未提供，侧压力系数取静止土压力系数。具体取值可参考《建筑地基基础设计规范》GB 50007—2011，如地方性标准有规定（如广东省有自己的《建筑地基基础设计规范》DBJ 15-31—2006），则优先按地方性标准取值。

（2）在可以得到地基反作用力的情况下，可取主动土压力系数作为侧压力系数或者以静止土压力系数为基础，考虑适当折减进行计算。如能拿到周边项目的地勘报告，也可以参考取值。

（3）如设计时地质勘查报告已经给出侧压力系数，则应按报告取值。

在获得侧压力系数 K_0 值后，以图 4-18 为例，图中的水平土压力 q_{e1}、q_{e2} 可按下列公式计算（注意：因为衬砌有厚度，所以 q_{e1}、q_{e2} 计算时按衬砌中心线计算，即 q_{e1} 为衬砌中心线拱顶处水平土压力，q_{e2} 也类似）：

$$q_{e1} = K_0 \times \left[p_{e1} + (\gamma_3 - \gamma_w) \times \frac{t}{2} \right] \tag{4-10}$$

$$q_{e2} = K_0 \times \left[p_{e1} + (\gamma_3 - \gamma_w) \times \left(\frac{t}{2} + 2R_c \right) \right] \tag{4-11}$$

式中，p_{e1}——隧道顶竖向地层压力（kN/m²），按式（4-6）~（4-9）计算；

K_0——水的侧压力系数，按式（4-10）上方文字取值。其余符号含义详见本节前文规定。

5. 隧道自重 G

断面是圆环形的盾构隧道每米自重 G 可以按照下面公式计算：

$$G = \gamma_c \times \pi \times 2R_c \times t \tag{4-12}$$

有时候为了方便计算，隧道自重需折算为沿衬砌中线周长的分布荷载 g，则此时只需要把式（4-12）两边均除以（$\pi \times 2R_c$）即可。

$$g = \frac{G}{\pi \times 2R_c} = \gamma_c \times t \tag{4-13}$$

式中，γ_c——混凝土重度，一般取 25kN/m³；

G——隧道每米自重（kN/m）；

g——隧道每平方米自重（kN/m²）。其余符号含义详见本节前文规定。

6. 地基反作用力 p'_{e2}、p_{e2}、p_g、p_k

当隧道顶上方竖向地层压力＋隧道自重＞隧道承受的水浮力时，隧道下方地基将产生地基反作用力，反之，将不会产生地基反作用力。

地基反作用力通常有两种确定方法。

（1）不考虑地基位移而确定的反作用力。此时假定地基为刚体，根据隧道衬砌顶、底受到的荷载相平衡的原理可以计算出地基反作用力，假定此时反作用力均匀分布。当隧道衬砌下方地基为坚硬岩石（未风化、微风化）时，可采用此种方法。

（2）考虑地基位移而确定的反作用力。此时假定地基为具有一定刚度的土弹簧，用地

基反作用力系数 k 乘以地基位移 δ 计算出地基反作用力，此时反作用力一般呈非均匀分布。当隧道衬砌下方的地基为土层、软岩时，可采用此种方法。地基反作用力系数可查阅项目的地质勘查报告。地基反作用力大小取决于衬砌围岩刚度和管片衬砌刚度，而管片衬砌刚度又取决于管片刚度及接缝数目和类型。

在衬砌设计中，我们通常约定衬砌下方的地基反作用力 p'_{e2}、p_{e2}、p_g 按第一种方法计算（即不考虑地基位移）；而衬砌两侧的地基反作用力 p_k 是伴随衬砌径向变形而在围岩上产生的，故在衬砌水平直径上下 45°中心角范围内，采用以水平直径为顶点的三角形分布（图 4-19）。地基反作用力 p'_{e2}、p_{e2}、p_g 可按下列公式计算：

$$p'_{e2}=p_{e1}+\frac{G}{D}-\frac{F_w}{D}=p_{e1}+\frac{\gamma_c\times\pi\times 2R_c\times t}{D}-\frac{\gamma_w\times\frac{\pi D^2}{4}}{D}=p_{e1}+\pi g-\gamma_w\frac{\pi D}{4} \tag{4-14}$$

式中，p'_{e2}——隧道底部地基反作用力（kN/m^2）。其余符号含义详见本节前文规定。

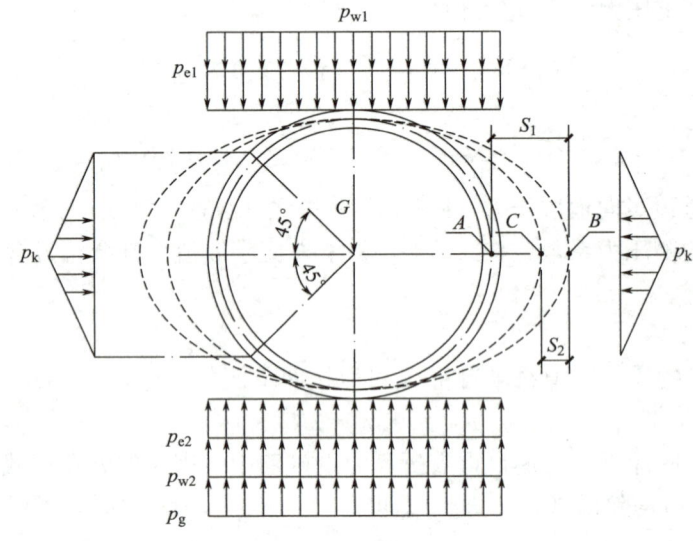

图 4-19　衬砌结构侧面地基反作用力示意

从式（4-14）可以发现，衬砌底部地基反作用力 p'_{e2} 等于隧道顶部竖向地层压力 p_{e1} 加上每米隧道自重在地基上产生的压力 πg 减去每米隧道承受的水浮力 $\gamma_w\frac{\pi D}{4}$。通常我们把每米隧道自重在地基上产生的压力定义为 p_g，其大小等于 $\pi\times g$，把剩下的 $p_{e1}-\gamma_w\frac{\pi D}{4}$ 定义为 p_{e2}，则式（4-14）可简化为

$$p'_{e2}=p_{e1}-\gamma_w\frac{\pi D}{4}+\pi g=p_{e1}-\gamma_w\frac{\pi D}{4}+p_g=p_{e2}+p_g \tag{4-15}$$

式中，p_{e2}——隧道拱顶竖向地层压力与隧道承受的水浮力之差（kN/m^2）；

p_g——每米隧道自重在地基上产生的压力（kN/m^2）。

p_{e2} 按下式计算：

$$p_{e2} = p_{e1} - \gamma_w \frac{\pi D}{4} \qquad (4\text{-}16)$$

p_g 按下式计算：

$$p_g = \pi g \qquad (4\text{-}17)$$

衬砌结构侧面的地基反作用力如图 4-19 所示。隧道衬砌在竖向地层压力、地基反作用力的作用下会发生变形，由原本的圆形变为椭圆形（A 点变到 B 点，此时产生水平位移 S_1）。由于隧道四周都有围岩，围岩受到衬砌挤压后会对衬砌施加反作用力，使得衬砌再次发生变形（由 B 点到 C 点，此时产生水平位移 S_2），最终衬砌受力后产生的残余变形为 $S_1 - S_2$。隧道侧面承受的地基反作用力 p_k 可按下列公式计算：

$$p_k = k \times \delta = k \times (S_1 - S_2) \qquad (4\text{-}18)$$

式中，p_k——隧道侧面承受的地基反作用力（kN/m²）；

k——地基反作用力系数，按项目地质勘查报告取值；

δ——位移值，$\delta = S_1 - S_2$，S_1、S_2 取值见上文。

7. 施工荷载

图 4-20 展示了盾构机在掘进时通过推进缸（千斤顶）给管片施加推力，从而促使土仓内的土体向刀盘施加压力的画面，所以在衬砌结构设计时需要考虑千斤顶的荷载。《盾构隧道工程设计标准》GB/T 51438—2021 第 5.3.4 条规定：施工荷载应包括设备运输及吊装荷载、施工机具及人员活载、施工堆载、千斤顶推力及注浆压力。在管片设计中需考虑上述荷载对管片承载力的影响。

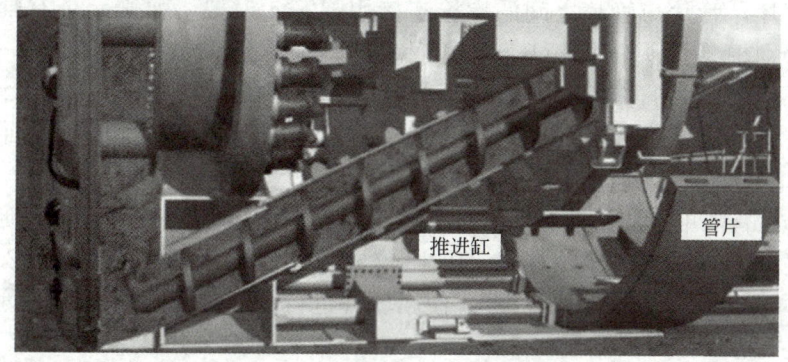

图 4-20 推进缸给管片施加推力

8. 地震作用

地震作用应按现行国家标准《中国地震动参数区划图》GB 18306—2015 规定的本地区抗震设防要求确定；对进行过工程场地地震安全性评价的，应按经国务院地震工作主管部门批准的建设工程的抗震设防要求确定，但不应低于本地区抗震设防要求确定的地震作用。隧道的抗震设计详见《建筑抗震设计标准（2024 年版）》GB/T 50011—2010、《城市轨道交通结构抗震设计规范》GB 50909—2014 和《盾构隧道工程设计标准》GB/T 51438—2021 的规定。

9. 人防荷载

正常情况下，隧道应具有人民防空的功能，能够在战时抵御常规武器和核弹的攻击，最大限度地保证内部人员的生命安全。基于上述要求，隧道人防荷载计算应符合国家现行标准《人民防空工程设计规范》GB 50225—2005 和《城市轨道交通工程人民防空设计》22FJ07 22T302 的规定。

10. 温度荷载

温度变化对隧道衬砌结构的影响，应根据地层和隧道内的年平均温度、最冷（热）月平均温度确定。热力盾构隧道设计应考虑结构内外壁面温差对结构的作用。受冻害影响的隧道，其设计应考虑冻胀力，冻胀力可根据现行行业标准《水工建筑物抗冰冻设计规范》NB/T 35024—2014 确定。

11. 其他荷载

除上述比较常见的荷载外，设计人员还应根据项目特点，考虑是否需要计算下列荷载对衬砌结构的影响：预应力、隧道内部设备重量、地基下沉、隧道内车辆荷载及其动力作用、隧道内水压力、水锤压力、沉船、抛锚或河道疏浚产生的撞击力等其他偶然荷载。

4.3.3 内力计算

1. 有限元法

有限元法以连续体理论为基础，并且与计算机的发展相适应。有限元法将组成隧道衬砌圆环的每块管片划分成长度不等的直梁单元，当单元划分得足够小时，就可以有效地模拟圆环形管片，管片与管片之间的螺栓连接用弹簧元模拟，弹簧元具有轴向、切向和转动刚度，分别模拟接头的抗拉压、抗剪和抗弯作用，荷载作用在直梁—弹簧结构体上，同时考虑地层抗力的作用，进而求得衬砌管片的内力。该法不但可以计算隧道衬砌的构件力，还可以计算周围地面的沉降、应力—应变状态和上面或相邻的隧道对该隧道模型的影响。

在操作上，有限单元法不适合手算或者个人编程计算。目前大部分都是通过商业有限元软件来实现设计。用于衬砌结构设计且比较成熟的有限元软件有：SAP2000（美国）、MIDAS（韩国）、同济曙光（中国）等。使用软件进行管片建模如图 4-21 所示。

2. 弹性方程法

在计算机出现之前，弹性方程法是计算内力的简便方法。使用这种方法时，衬砌侧面呈梯形分布的水压力、土压力可用均布荷载和三角形荷载组合，在水平方向上的地基反作用力 p_k 简化为三角形分布的可变荷载（表 4-1）。由于弹性方程法具有概念清晰、计算简便（可用常规 EXCEL 软件、MATHCAD 软件等简单的数学软件编写程序进行）的特点，故它目前仍是推荐使用的计算方法。

根据对管片接头的力学处理方法的不同，隧道管片的横向内力计算模型可分为匀质圆环模型、弹性铰模型、梁—弹簧模型。

（1）匀质圆环模型。

因管片有接头，故对其整体刚度有影响，可以将接头部分弯曲刚度的降低看作衬砌环整体刚度的降低，但仍然将其作为抗弯刚度均匀的圆环处理（平均等刚度法）。匀质圆环模型如图 4-22 所示。

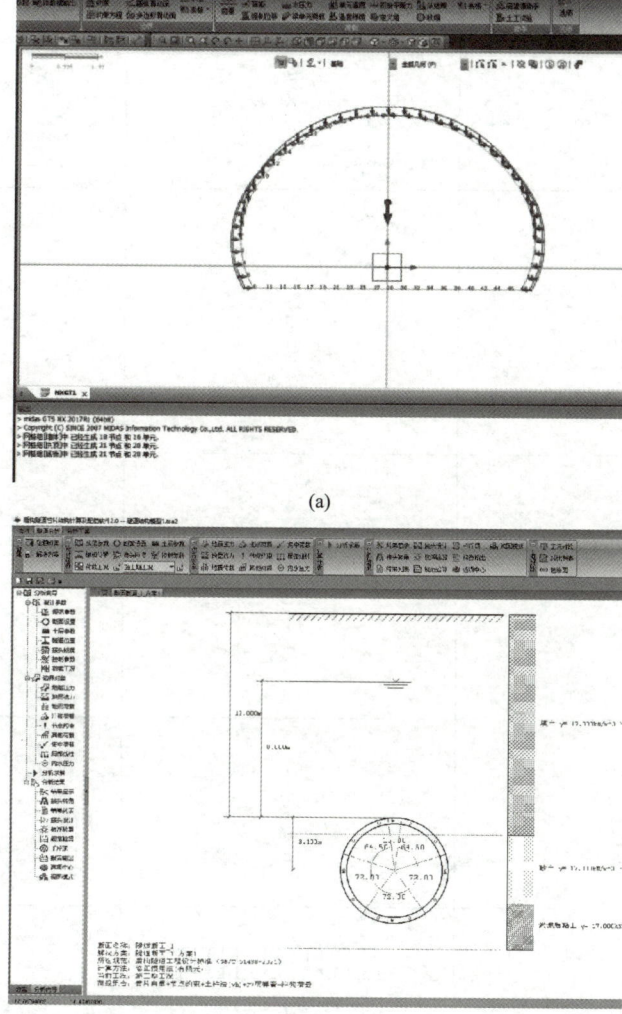

图 4-21 Midas GTS NX 软件和同济曙光软件

(a) Midas GT SN 软件；(b) 同济曙光软件

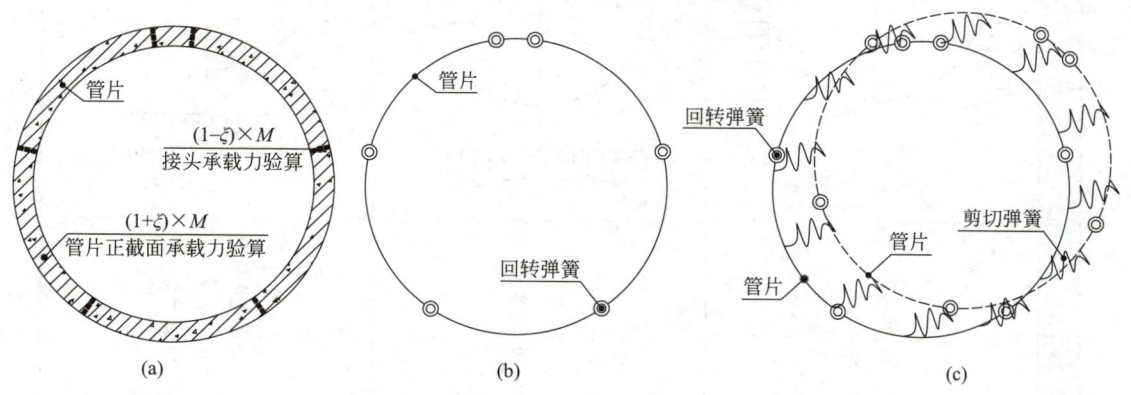

图 4-22 匀质圆环模型、弹性铰模型及梁—弹簧模型

(a) 匀质圆环模型；(b) 弹性铰模型；(c) 梁—弹簧模型

表 4-1 弹性方程计算内力

荷载	计算图	适用范围	弯矩 M	轴力 N	剪力 Q
垂直方向均载 $P = p_{w1} + p_{e1}$		$0 \leq \theta \leq \pi$	$(1 - 2S_2)\dfrac{P}{4}R_c^2$	$S_2 P R_c$	$-SCPR_c$
侧向均载 $q = q_{w1} + q_{e1}$		$0 \leq \theta \leq \pi$	$(1 - 2C_2)\dfrac{q}{4}R_c^2$	$C_2 q R_c$	$SCqR_c$
侧向三角形变化荷载 $(q' - q)$ $q' = q_{w2} + q_{e2}$		$0 \leq \theta \leq \pi$	$(6 - 3C - 12C_2 + 4C_3)\dfrac{q' - q}{48}R_c^2$	$(C + 8C_2 - 4C_3)\dfrac{q' - q}{16}R_c$	$(S + 8SC - 4SC_2)\dfrac{q' - q}{16}R_c$

续表

荷载	计算图	适用范围	弯矩 M	轴力 N	剪力 Q
侧向地基反力作用力 $(k\delta)$		$0 \leq \theta \leq \dfrac{\pi}{4}$	$(0.2346 - 0.3536C)k\delta R_C^2$	$0.3536Ck\delta R_C$	$0.3536Sk\delta R_C$
		$\dfrac{\pi}{4} \leq \theta \leq \dfrac{\pi}{2}$	$(-0.3487 + 0.5S_2 + 0.2357C_3)k\delta R_C^2$	$(-0.7071C + C_2 + 0.7071S_2C)k\delta R_C$	$(SC - 0.7071C_2S)k\delta R_C$
		$\dfrac{\pi}{2} \leq \theta \leq \dfrac{3\pi}{4}$	$(-0.3487 + 0.5S_2 - 0.2357C_3)k\delta R_C^2$	$(0.7071C + C_2 - 0.7071S_2C)k\delta R_C$	$(SC + 0.7071C_2S)k\delta R_C$
		$\dfrac{3\pi}{4} \leq \theta \leq \pi$	$(0.2346 + 0.3536C)k\delta R_C^2$	$-0.3536C k\delta R_C$	$-0.3536S k\delta R_C$
静荷载 (g)		$0 \leq \theta \leq \dfrac{\pi}{2}$	$\left(\dfrac{3\pi}{8} - \theta S - \dfrac{5C}{6}\right)gR_C^2$	$\left(\theta S - \dfrac{C}{6}\right)gR_C$	$\left(-\theta C - \dfrac{S}{6}\right)gR_C$
		$\dfrac{\pi}{2} \leq \theta \leq \pi$	$\left[S - \dfrac{5C}{6} - \dfrac{\pi S_2}{2} + (\pi-\theta)\dfrac{\pi}{8}\right]gR_C^2$	$\left(-\pi S + \theta S + \pi S_2 - \dfrac{C}{6}\right)gR_C$	$\left[(\pi-\theta)C - \pi SC - \dfrac{S}{6}\right]gR_C$
弹簧的侧向位移 (δ)	考虑衬砌自重对地基的反作用力时,$\delta = \dfrac{(2P - q - q' + \pi g)R_C^4}{24(\eta EI + 0.045kR_C^4)}$;不考虑衬砌自重对地基的反作用力时,$\delta = \dfrac{(2P - q - q')R_C^4}{24(\eta EI + 0.045kR_C^4)}$ 注:θ 为拱脚;$S = \sin\theta$;$S_2 = \sin^2\theta$;$S_3 = \sin^3\theta$;$C = \cos\theta$;$C_2 = \cos^2\theta$;$C_3 = \cos^3\theta$				

由于存在接头，可将管片整体的抗弯刚度由 EI 降低为 ηEI（η 为抗弯刚度的有效率，$\eta \leq 1$）来计算圆环截面内力（M，N，Q），并且计算出来的弯矩 M 并不是全部经由管片接头传递，可以认为其中有一部分弯矩 ξM（弯矩的传递系数 $\xi \leq 1$）通过环之间接头的剪切阻力传递给由错缝接头连接的相邻管片。这种弯矩的传递使得：①接头设计时，弯矩按 $(1-\xi)M$ 进行设计；②相邻管片在接缝处由于承受传递过来的弯矩 ξM，故该管片在接缝处正截面配筋时，弯矩要按 $(1+\xi)M$ 计算。

参数 η 和 ξ 值因管片种类、管片接头的结构形式、圆环相互交错连接的方法和结构形式不同而有所不同。η 和 ξ 值是根据试验结果和经验来确定的，η 一般取 $0.25 \sim 0.80$。

(2) 弹性铰模型。

这种计算方法是一种把接头假设为回转弹簧的解析法。当采用弹性铰模型进行管片衬砌计算时应符合下列规定。

1）弹性铰圆环承受的荷载应与弹性匀质圆环所承受的荷载模型相同。

2）管片接头应等效为可承担弯矩的弹性铰，弹性铰刚度宜由数值模拟配合经验确定，有条件时可采用试验确定。

3）弹性铰承受的弯矩应按下列公式计算：

$$当 M_0 > 0 时，M_0 = K_{\theta+} \times \theta_0 \tag{4-19}$$

$$当 M_0 < 0 时，M_0 = K_{\theta-} \times \theta_0 \tag{4-20}$$

式中，M_0——衬砌结构接头处所承受的弯矩（kN·m），以内侧受拉为正，外侧受拉为负；

θ_0——接头转角（rad）；

$K_{\theta+}$、$K_{\theta-}$——接头的正弯矩回转弹簧刚度（kN·m/rad）、负弯矩回转弹簧刚度（kN×m/rad）。弹性铰模型如图 4-22 所示。

(3) 梁—弹簧模型。

这种解析法的特点是将管片环模拟为梁（直梁或曲梁）的构架，衬砌环环向接头应采用回转弹簧模拟，衬砌环纵向接头应采用剪切弹簧模拟，可对上述模型进行分析并计算截面内力。采用这种模型可计算由管片接头引起的管片环的刚度降低和错缝接头的拼接效应。当管片接头的回转弹簧常数为零时，其计算方法与多铰环相同；如果回转弹簧常数为无穷大，则计算方法与等刚度均匀环相同。剪切弹簧和回转弹簧的刚度可按试验或借鉴已建项目确定。梁—弹簧模型如图 4-22 所示。

按上述介绍选择合适的计算模型后，我们就可以计算出衬砌结构在各种单工况作用下任意截面的内力（弯矩、剪力、轴力）。对于均质圆环模型，衬砌结构的任意截面内力可按表 4-1 计算。

4.3.4 荷载组合

盾构隧道的荷载分类应符合表 4-2 的要求。根据该表，可以对 4.3.2 小节中提到的各种荷载划分类型，便于按规范要求进行荷载组合。这里特别说明，本小节荷载组合规定均引用《盾构隧道工程设计标准》GB/T 51438—2021 的相关内容。

盾构隧道荷载分类　　　　　　　　　　　　　　　　　　　　　表 4-2

荷载类型	荷载名称
永久荷载	结构自重
	地层压力
	隧道上方和破坏棱体范围内的设施及建筑物压力
	外水压力
	预加应力
	设备重量
	地基下沉影响
基本可变荷载	地面超载和车辆荷载
	隧道内部管道支架水平推力
	隧道内人群荷载
	隧道内车辆荷载及其动力作用
	内水压力
其他可变荷载	温度作用
	冻胀力和膨胀力
	施工荷载
	水锤压力
偶然荷载	地震作用
	人防荷载
	沉船、抛锚或河道疏浚产生的撞击力等其他偶然荷载

一般来说，截面安全验算有两种方法：允许应力法和极限状态设计法。由于我国盾构技术来自国外，引进之初，就将允许应力法作为一种主要算法，并在国内盾构隧道设计界广泛应用。随着后期更成熟、更先进的极限状态法推出，衬砌设计形成两种设计方法并存的局面。下面我们以极限状态设计法来讲述荷载组合的要求。

当进行盾构隧道结构设计时，应根据使用过程中在结构上可能同时出现的荷载，按承载能力极限状态和正常使用极限状态分别进行组合，并应取各自最不利的组合进行设计。

对于承载能力极限状态，应按荷载的基本组合或偶然组合计算荷载组合的效应设计值，并应按下式进行计算。

$$\gamma_0 \times S_d \leqslant R_d \tag{4-21}$$

式中，γ_0——重要性系数，安全等级为一级和二级的结构构件，重要性系数应分别取 1.1 和 1.0；当进行施工阶段承载力验算时，重要性系数应取 1.0；当进行偶然组合验算时，重要性系数应取 1.03；

S_d——荷载组合的效应设计值，包括组合的弯矩、剪力和轴力设计值等；

R_d——结构构件抗力的设计值。

荷载基本组合的效应设计值应按下式计算确定：

$$S_d = \sum_{j=1}^{m} \gamma_{G_j} S_{G_{jk}} + \sum_{i=1}^{n} \gamma_{Q_i} \gamma_{L_i} S_{Q_{ik}} \tag{4-22}$$

式中，γ_{G_j} —— 第 j 个永久荷载的分项系数，按表 4-3 取值；

γ_{Q_i} —— 第 i 个可变荷载的分项系数，除施工荷载分项系数应取 1.2 外，其他可变荷载分项系数应取 1.50；当可变荷载效应对结构有利时，应取 0；

γ_{L_i} —— 第 i 个可变荷载考虑设计使用年限时的调整系数，结构设计使用年限是 50 年时，取 1.0；结构设计使用年限是 100 年时，取 1.1；

$S_{G_{jk}}$ —— 按第 j 个永久荷载标准值 G_{jk} 计算的荷载效应值；

$S_{Q_{ik}}$ —— 按可变荷载标准值 Q_{ik} 计算的荷载效应值；

m —— 参与组合的永久荷载数；

n —— 参与组合的可变荷载数。

表 4-3 永久荷载的分项系数 γ_G 取值

永久荷载的分项系数 γ_G	结构自重、地下水压力	其他永久荷载
当永久荷载效应对结构不利时	1.25	1.35
当永久荷载效应对结构有利时	1.0	1.0

荷载效应偶然组合的设计值应按下列公式计算确定。

地震组合：

$$S_d = \sum_{j=1}^{m} \gamma_{G_j} S_{G_{jk}} + \sum_{i=1}^{n} \gamma_{Q_i} \psi_{C_i} S_{Q_{ik}} + \gamma_{EH} S_{EHK} + \gamma_{EV} S_{EVK} \qquad (4\text{-}23)$$

人防组合：

$$S_d = \sum_{j=1}^{m} \gamma_{G_j} S_{G_{jk}} + S_C \qquad (4\text{-}24)$$

式中，ψ_{C_i} —— 第 i 个可变荷载的组合值系数，应取 0.6；

γ_{EH}、γ_{EV} —— 水平和竖向地震作用分项系数，按表 4-4 取值；

S_{EHK}、S_{EVK} —— 水平和竖向地震作用效应值；

S_C —— 人防荷载作用效应值。

表 4-4 水平地震作用分项系数 γ_{EH}、竖向地震作用分项系数 γ_{EV} 的取值

地震作用	水平地震作用分项系数 γ_{EH}	竖向地震作用分项系数 γ_{EV}
仅计算水平地震作用	1.3	—
同时计算水平与竖向地震作用（水平地震为主）	1.3	0.5
同时计算水平与竖向地震作用（竖向地震为主）	0.5	1.3

对于正常使用极限状态，应根据不同的设计要求，采用荷载的标准组合和准永久组合，并满足下列要求。

标准组合：

$$S_{G_k} + \sum_{i=1}^{n} S_{Q_{ik}} \leqslant C \qquad (4\text{-}25)$$

准永久组合：

$$S_{G_k} + \sum_{i=1}^{n} \psi_{qi} S_{Q_{ik}} \leqslant C \qquad (4\text{-}26)$$

式中，ψ_{q_i} —— 第 i 个可变荷载的准永久值系数，应取 0.8；

C —— 结构或构件达到正常使用要求的规定限值，例如变形、裂缝等的限值。

4.3.5 截面设计或校核

荷载组合后,我们可以得到衬砌结构任意截面在不同荷载组合下的内力值,从中我们可以选择最不利的一组进行截面设计或校核。验算过程中,根据管片截面的受力状态(偏心收拉、偏心受压等),使用《混凝土结构设计标准(2024年版)》GB/T 50010—2010 中承载力计算状态、正常使用极限状态、混凝土结构构件抗震设计等内容的公式计算。下面以××市轨道交通×号线××区间的盾构管片计算书为例,讲解如何运用极限状态设计法进行衬砌结构设计。

9.

荷载组合

【例 4-1】
1. 工程概况
A 站~B 站区间拟采用盾构法施工,区间长度为 550.325m,区间不设置联络通道。
2. 地质条件
(1)地形地貌。
本工点的原始地貌形态属台地,地形较开阔,地面高程为 6.62~16.42m。
(2)岩土分层。
注:本小节为项目的地质勘查报告对拟建隧道所在土层的描述,由于篇幅有限,只保留土层名称及代号,其余省略。
土层从地表往下的顺序如下。
1)人工填土层(Q_4^{ml})。
①杂填土层,分层代号为〈1-1〉;②素填土,分层代号为 1-2。
2)冲积-洪积土层(Q_4^{al+pl})。
①淤泥质土,分层代号为〈4-2B〉;②粉质黏土,分层代号为〈4N-2〉;③粉质黏土,分层代号为〈4N-3〉。
3)残积土层(Q^{el})。
①粉质黏土,分层代号为〈5N-1〉;②粉质黏土,分层代号为〈5N-2〉。
4)岩石全风化带(D_3^m)。
全风化砂质页岩、钙质页岩、泥质粉砂岩、粉砂岩,分层代号为〈6〉。
5)岩石强风化带(D_2^m)。
①砂质页岩、钙质页岩强风化带,分层代号为〈7-2〉;②泥质粉砂岩、粉砂岩强风化带,分层代号为〈7-3〉;③泥灰岩强风化带,分层代号为〈7C〉。
6)岩石中等风化带(D_2^m)。
①砂质页岩、钙质页岩中等风化带,分层代号为〈8-2〉;②泥质粉砂岩、粉砂岩中等风化带,分层代号为〈8-3〉;③泥灰岩中等风化带,分层代号为〈8C-1〉。
7)岩石微风化带(D_2^m)。
①砂质页岩、钙质页岩微风化带,分层代号为〈9-2〉;②泥质粉砂岩、粉砂岩微风化带,分层代号为〈9-3〉;③泥灰岩微风化带,分层代号为〈9C-1〉。
(3)土层物理力学指标(表 4-5)。

土层物理力学参数表　　表 4-5

岩土分层	天然密度 $\rho/(g/cm^3)$	剪切试验 黏聚力 c/kPa	剪切试验 内摩擦角 $\phi/°$	压缩模量 E_{s1-2}/MPa	泊松比 v	静止侧压力系数 ξ	渗透系数 $K/(m/d)$	基床系数 水平 K_h	基床系数 垂直 K_v
〈1〉	1.98	12	15	—	0.43	0.65	1.00	10	6
〈4-2B〉	1.65	7	5	2.5	0.45	0.70	0.01	5	4
〈4N-2〉	1.92	19	12	6.04	0.40	0.60	0.05	30	25
〈4N-3〉	1.96	29	19	7.25	0.35	0.40	0.05	35	30
〈5N-1〉	1.81	16	12	4.55	0.40	0.60	0.05	30	25
〈5N-2〉	1.89	29	16	6.76	0.35	0.40	0.05	35	30
〈6〉	1.91	28	20	7.00	0.30	0.42	0.05	70	60
〈7-2〉	1.93	40(60)	24(27)	—	0.29	0.40	0.50(1.0)	160	150
〈7-3〉	1.96	45(60)	25(27)	—	0.29	0.40	0.50(1.0)	160	150
〈7C〉	2.10	40(60)	24(27)	—	0.29	0.40	0.50(1.0)	160	150
〈8-2〉	2.40	200	30	—	0.27	0.33	0.80	200	200
〈8-3〉	2.45	250	32	—	0.27	0.33	0.80	200	200
〈8C-1〉	2.45	200	31	—	0.27	0.33	0.80	200	200
〈9-2〉	2.60	400	34	—	0.25	0.28	0.10	900	900
〈9-3〉	2.60	500	35	—	0.25	0.28	0.10	1000	1000
〈9C-1〉	2.55	400	34	—	0.25	0.28	0.10	900	900

（4）场地土类别及建筑场地类别。

根据项目所在地的已建区间及工程经验判断，地震组合不起控制作用，故此处省略抗震设计参数描述。

（5）水文地质条件。

本次详细勘察阶段揭露的地下水水位埋深变化较大，均为基岩裂隙水水位（部分为潜水，部分为承压水），初见水位埋深为 0.00～5.30m，标高为 6.62～13.20m，稳定水位埋深为 0.00～6.30m，标高为 6.62～13.24m。根据水位观测，基岩裂隙承压水的水头高度为 1.50～5.90m。

（6）工程地质评价。

按总体方案给定的隧道结构位置线，本线路隧道顶板与底板经过的围岩分级见表 4-6、表 4-7。

左线隧道围岩等级划分　　表 4-6

起止里程 ZDK	岩土层名称及代号 顶板	岩土层名称及代号 边墙	岩土层名称及代号 底板	综合级别
ZDK10+579.000～ZDK11+129.000	全风化岩〈6〉,强风化岩〈7-2〉、〈7-3〉	全风化岩〈6〉、强风化岩〈7-2〉、〈7-3〉、中风化岩〈8C-1〉、〈8-2〉	强风化岩〈7-2〉、〈7-3〉、中风化岩〈8C-1〉、〈8-2〉	V

右线隧道围岩等级划分　　　　　　　　　　表 4-7

起止里程 YDK	岩土层名称及代号			综合级别
	顶板	边墙	底板	
YDK10+578.797～YDK11+652.813	全风化岩⟨6⟩	全风化岩⟨6⟩、强风化岩⟨7-2⟩、⟨7-3⟩	强风化岩⟨7-2⟩、⟨7-3⟩	Ⅵ
YDK11+652.813～YDK11+129.000	全风化岩⟨6⟩、强风化岩⟨7-2⟩、⟨7-3⟩	全风化岩⟨6⟩、强风化岩⟨7-2⟩、⟨7-3⟩、⟨7C⟩、中风化岩⟨8-3⟩	强风化岩⟨7-2⟩、⟨7-3⟩、中风化岩⟨8-3⟩、⟨8C-1⟩	Ⅴ

3. 设计依据及标准

（1）设计依据。

设计依据包括各类设计、施工的规范（国家标准、地方性标准等）和地铁建设总部、总包总体部下发的与设计有关的相关工作联系单等。为节省篇幅，此处略去。

（2）设计标准。

1）结构安全等级为一级，按设计使用年限 100 年的要求进行耐久性设计，结构重要性系数取 1.1。

2）圆形盾构隧道的建筑界限为 5500mm，考虑施工开挖和管片拼装误差，区间隧道内径定为 5800mm。

3）区间结构按 7 度抗震设防烈度进行抗震验算，按 6 级人防设防，抗震措施提高 1 度设防，以提高结构的整体抗震性能。

4）区间结构的耐火等级为一级；区间结构的防水等级为二级。

5）钢筋混凝土管片的混凝土强度等级为 C50，抗渗等级为 P12。

6）钢筋混凝土管片的裂缝宽度允许值为 0.2mm，且不得有贯穿裂缝。

7）区间隧道衬砌结构变形，直径变形≤0.5‰D（D 为隧道外径），环缝张开量在 2mm 以内。

8）结构设计应按最不利情况进行抗浮稳定性验算。抗浮安全系数在施工阶段不小于 1.05，在使用阶段不小于 1.15。

9）盾构区间隧道管片之间要求绝缘，不应有电气相接。

10）区间隧道管片耐火极限不小于 2h。

4. 结构计算理论及方法

（1）计算理论。

本项目采用弹性方程法中的匀质圆环模型。此处略去原计算书中关于计算理论介绍，计算理论详见本教学单元 4.3.3 小节内容。

（2）计算软件。

本次计算采用同济曙光软件，版本号为 4.1。

5. 计算参数拟定

（1）结构尺寸。

盾构隧道衬砌的外径为 6400mm，内径为 5800mm。衬砌环宽度为 1500mm，厚度为 300mm。衬砌环由 1 块封顶块 K、2 块邻接块 L、3 块标准块 B 组成，封顶块、邻接块及标准块均采用钢筋混凝土制作。每环缝面上共有纵向螺栓 16 个，沿衬砌环环向均匀布置，封顶块上不设置纵向螺栓。管片环采用错缝拼装形式。

（2）工程材料。

1）混凝土：C50P12 防水混凝土。

2）钢筋：HPB300、HRB400E 钢筋。

3）螺栓：M27 级普通螺栓，螺栓等级为 8.8 级，强度为 381kN。

（3）构造尺寸。

最外层钢筋保护层厚度：迎水面为 35mm；背水面为 25mm。

6. 计算模型

（1）荷载分类。

根据结构类型，按表 4-2 进行荷载分类。另外，按《地铁设计规范》GB 50157—2013 规定，对荷载取值总结如下。

结构自重：钢筋混凝土重度为 $25kN/m^3$。

覆土荷载：覆土重度为 $20kN/m^3$。

侧向水、土荷载：水平压力宜按静止土压力计算。设计采用的侧向水、土压力，对于黏性土地层，采用水土合算，对于砂性土地层，采用水土分算。

侧向地层抗力和地基反力：采用弹簧进行模拟。

地面超载：按 20kPa 计算，下穿房屋处按每层荷载不小于 15kPa 计算。

地铁车辆荷载：按 20kPa 计算。

地震荷载：根据不同计算方法确定。

（2）荷载组合（见表 4-8）及工况分析（见表 4-9）。

荷载组合分类　　　　表 4-8

极限状态	序号	荷载效应组合	永久荷载	可变荷载	偶然荷载 地震作用	偶然荷载 人防作用
承载能力极限状态	1	基本组合构件强度计算	1.25/1.35[2]（1.0[1]）	1.2/1.5[3]	—	—
承载能力极限状态	2	抗震偶然组合构件强度验算	1.25/1.35[2]（1.0[1]）	0.9	1.3	—
承载能力极限状态	3	人防偶然组合构件强度验算	1.25/1.35[2]（1.0[1]）	—	—	1.0
正常使用极限状态	4	准永久组合构件裂缝及挠度验算	1.0	0.8	—	—
正常使用极限状态	5	标准组合抗浮稳定性验算	1.0	—	—	—

注：[1] 表示永久荷载对构件受力有利时。
　　[2] 1.25 和 1.35 的取值规定详见表 4-3。
　　[3] 施工荷载取 1.20，其他活荷载取 1.50。

工况分析　　　　表 4-9

工况	自重	地层压力	静水压力	地面超载	地震荷载	人防荷载	地层抗力	备注
最高水位工况	√	√	√	√	—	—	√	含承载能力极限状态及正常使用极限状态
最低水位工况	√	√	√	√	—	—	√	含承载能力极限状态及正常使用极限状态

(3) 计算简图。

荷载主要分为水土压力、地面超载、管片自重、地层抗力、注浆压力以及地震荷载和人防荷载。根据本项目所在城市已建其他区间工程的经验，注浆压力、人防荷载、地震荷载不起控制作用，本次计算仅考虑永久荷载和地面超载，荷载分布情况如图 4-23（a）所示。

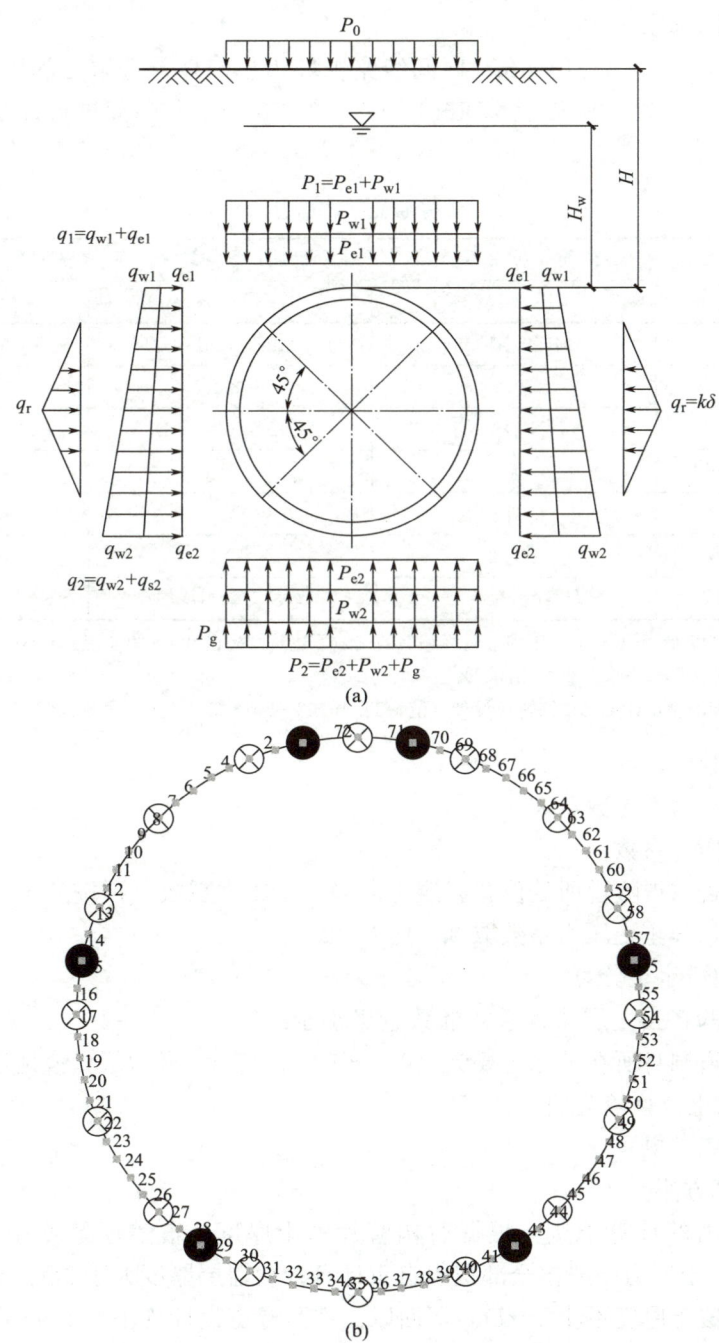

图 4-23　盾构管片计算荷载—结构模型和模型单元划分

（a）盾构管片计算荷载—结构模型；（b）模型单元划分

P_0—地面超载；P_1—垂直水土压力；P_2—隧底径向反力；q_1、q_2—侧向水土压力；q_r—水平弹性抗力

(4) 有限元模型。

按实际情况建立的有限元模型如图4-23（b）所示，单元划分按约5°为一个单元，自封顶块左侧起沿管片逆时针顺序排列。

7. 荷载计算

(1) 计算断面选取。

区间隧道埋深为10.9～18.8m。区间线路纵坡为单向坡。选取区间里程为YDK10+578.675、YDK11+129.000以及ZDK10+963的共3个不利断面进行计算。断面基本信息见表4-10。

计算断面基本信息　　　　　　　　　表4-10

断面里程	断面一（A站端头） （YDK10+578.675）	断面二（B站端头） （YDK11+129.000）	断面三（下穿桥梁） ZDK10+963
钻孔编号	MLZ3-XL-08	MLZ3-LHL-01	MLZ3-XL-33
覆土厚度 H/m	10.9	18.8	12.34
上覆地层统计	〈1-1〉/〈4N-2〉/〈6〉/〈7-2〉	〈1-2〉/〈6〉/〈7-3〉	〈1-2〉/〈4N-2〉/〈6〉/〈7-3〉
上部建构筑物情况	无	无	无
围岩分级	Ⅵ	Ⅴ	Ⅴ
塌落拱高度 h_a[1]	16.42	8.21	8.21
深浅埋判定[2]	$H<h_a$,超浅埋	$H<2.5h_a$,浅埋	$H<2.5h_a$,浅埋

注：(1) 塌落拱高度 h_a 详见参考文献中王树理编写的《地下建筑结构设计》（第4版）（P88～89）或《铁路隧道设计规范》TB 10003—2016 附录D。

(2) 深、浅埋的判定详见《铁路隧道设计规范》TB 10003—2016 第5.1.6条及附录D。

(2) 土层参数。

各层土的物理力学参数见表4-5。

(3) 静止土压力系数。

根据勘察报告取得隧道所处位置各层土的静止土压力系数，再按各土层厚度加权求得平均值。经计算，静止土压力系数取0.40～0.42。

(4) 水土合算/水土分算。

根据工程经验，当土层渗透系数的数量级小于或等于 10^{-5}～10^{-6} cm/s 时宜采用水土合算。本区间隧道洞身所在范围主要为〈6〉、〈7-2〉、〈7-3〉号地层，该地层的渗透系数为0.5m/d，采用水土合算较合理。

(5) 荷载计算结果。

1) 荷载计算方法。

覆盖水土压力的计算原则：根据盾构管片覆土厚度，覆盖层厚度小于2D（即2×6.4m=12.8m），土压力一般按全部覆土自重计算；覆盖层厚度大于2D，土压力按相关公式计算，且计算覆土厚度不小于2D。下面以《铁路隧道设计规范》TB 10003—2016 为依据进行阐述。

① 当隧道超浅埋时，水土荷载的计算不考虑围岩的成拱作用，按全部覆土重量，采用以下公式计算（荷载符号含义见图4-23）。

顶部覆土重：
$$P_e = \sum \gamma_i h_i$$
式中：γ_i——水位以上取天然重度；水位以下取有效重度。

地面超载：P_0。

顶部侧向土压：
$$P_{c1} = K_0 \cdot (P_e + P_0)$$

底部侧向土压：
$$P_{c2} = K_0 \cdot (P_e + P_0 + \sum \gamma_j h_j)$$

式中，γ_j，h_j——隧道顶至隧道底各土层的（有效）重度和土层厚度。

顶部水压力：
$$P_{w1} = \gamma_w h_w$$

底部水压力：
$$P_{w2} = \gamma_w (h_w + d)$$

式中，d——管片外径。

结构自重：
$$g = \gamma_c t；$$

其中，混凝土容重 $\gamma_c = 25 \text{kN/m}^3$。

② 当隧道为深埋时，按深埋塌落拱高度计算土压力；按《铁路隧道设计规范》TB 10003—2016 附录 D 的公式计算隧道荷载。竖向均布压力按以下公式计算。

$$q = \gamma \times h_a$$
$$h_a = 0.45 \times 2^{s-i} \omega$$
$$\omega = 1 + i(B - 5)$$

式中，ω——宽度影响系数；

B——坑道宽度（m）；

i——B 每增减 1m 时的围岩压力增减率，当 $B < 5$m 时，$i = 0.2$；当 $B > 5$m 时，$i = 0.1$。

水平均布压力可按表 4-11 确定。

围岩水平均布压力　　　　　　　　　　　　　　表 4-11

围岩级别	Ⅰ～Ⅱ	Ⅲ	Ⅳ	Ⅴ	Ⅵ
水平均布压力	0	$<0.15q$	$(0.15\sim0.30)q$	$(0.30\sim0.50)q$	$(0.50\sim1.00)q$

③ 当隧道为浅埋时，计算公式如下：

$$q = \gamma h \left(1 - \frac{\lambda h \tan\theta}{B}\right)$$

$$\lambda = \frac{\tan\beta - \tan\varphi_c}{\tan\beta[1 + \tan\beta(\tan\varphi_c - \tan\theta) + \tan\varphi_c \tan\theta]}$$

$$\tan\beta = \tan\varphi_c + \sqrt{\frac{(\tan^2\varphi_c + 1)\tan\varphi_c}{\tan\varphi_c - \tan\theta}}$$

水平侧压力计算公式为

$$e_i = \gamma h_i \lambda$$

式中,γ——围岩重度(kN/m³);

h——洞顶距离地面的高度(m);

θ——顶板土柱两侧的摩擦角(°),为经验数值;

B——坑道宽度(m);

λ——侧压力系数;

φ_c——围岩计算摩擦角(°);

β——产生最大推力时的破裂角(°);

h_i——内外侧任意点到地面的距离(m)。

2)荷载计算结果。

区间纵断面为单向坡,A站端头处隧道埋深最小,B站端头隧道埋深最大。A站端头至B站端头的全区间按深浅埋公式可判定为浅埋,拱顶按全覆土计算,其中下穿桥梁的特殊断面选取隧道拱顶覆土最深的ZDK10+963对应断面计算。计算结果见表4-12。

程序计算荷载结果 表4-12

断面里程	断面一(A站端头) YDK10+579.000	断面二(B站端头) YDK11+129.000	断面三(下穿桥梁) ZDK10+963
宽度影响系数 ω	1.14	1.14	1.14
坑道宽度/m	6.4	6.4	6.4
宽度增减率 i	0.10	0.10	0.10
土的容重 γ/(kN/m³)	19.3	19.3	19.3
内摩擦角 φ/(°)	17	25	23
黏聚力 C/kPa	24	51	46
侧压力系数 λ	0.42	0.40	0.40
水土算法	合算	合算	合算
地面超载 P_0/kPa	20	20	20
结构自重 G/kPa	7.5	7.5	7.5
拱顶土压力 P_{e1}/kPa	210.4	362.84	296.00
侧向土压力(上)q_{e1}/kPa	88.36	145.14	118.4
侧向土压力(下)q_{e2}/kPa	140.23	191.46	167.8
自重反力 $P_g=\pi G$(kPa)	23.56	23.56	23.56
拱顶竖向荷载 P_1/kPa	230.4	382.84	316.00
拱顶水平荷载 q_1/kPa	96.76	153.14	126.40
隧底水平荷载 q_2/kPa	148.63	199.46	175.80
管片圆环计算半径 R_c/m	3.05	3.05	3.05
管片圆环抗弯刚度 EI/(kN·m²)	0.07763	0.07763	0.07763
水平向土体抗力系数 K/(N/m)	60000000.00	160000000.00	160000000.00
A 点的水平位移 δ	0.0000023	0.0000007	0.0000007
水平土体抗力 $q_r=K\delta$(kPa)	140.47	104.22	104.22

8. 内力计算

由于篇幅关系，此处仅列出断面一（A 站端头）的计算结果。

断面基本组合内力计算：

(1) 参数设置。

1) 整体刚度系数 η 和弯矩分配系数 ξ 根据工程经验分别取 0.8 和 0.3。
2) 参考地勘报告，地层抗力系数，$k = 60 \text{MN/m}^3$。
3) 内力图如图 4-24 所示。

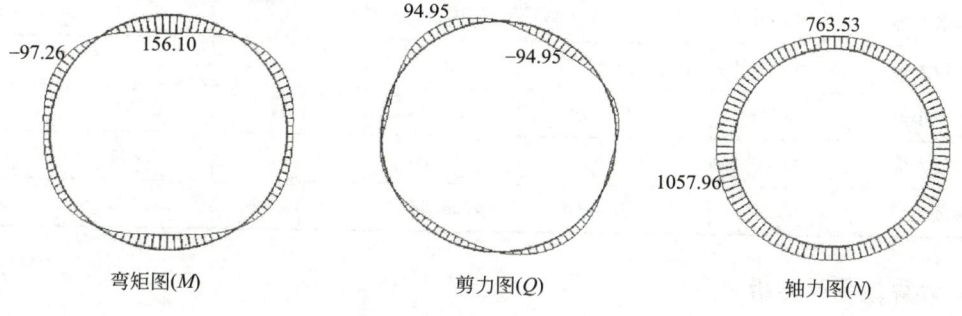

图 4-24　基本组合内力图

(2) 内力位移极值表（见表 4-13）。

内力位移极值表　　　　表 4-13

极值名	角度/°	弯矩/(kN·m/m)	轴力/(kN/m)	剪力/(kN/m)	位移/mm	节点号
轴力最大值	198.75	−66.87	1057.00	19.07	2.862	53
轴力最小值	90.00	156.10	763.53	−0.00	4.944	24
剪力最大值	120.00	34.43	868.24	94.95	2.966	32
剪力最小值	60.00	34.43	868.24	−94.95	2.966	16
弯矩最大值	90.00	156.10	763.53	−0.00	4.944	24
弯矩最小值	30.00	−97.26	1032.53	−6.70	2.665	8
位移最大值	90.00	156.10	763.53	−0.00	4.944	24
位移最小值	30.00	−38.92	997.75	57.42	1.958	84

断面标准组合内力计算：

(1) 内力图如图 4-25 所示。

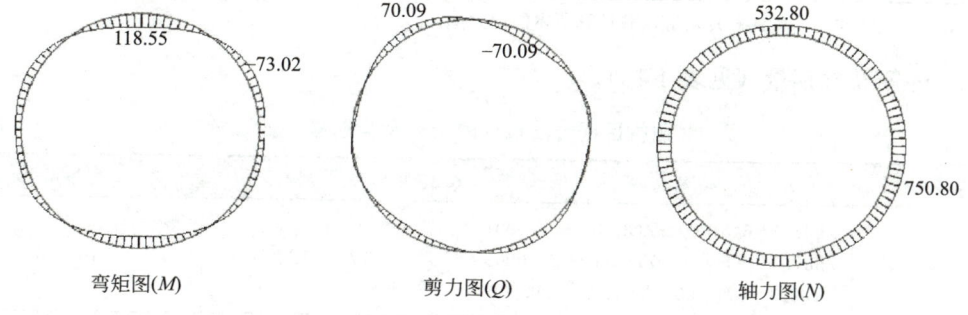

图 4-25　标准组合内力图

(2) 内力位移极值表见表 4-14。

内力位移极值表　　　　　　　　　　　　　表 4-14

极值名	角度/(°)	弯矩/(kN·m)	轴力/(kN/m)	剪力/(kN/m)	位移/mm	节点号
轴力最大值	341.25	−56.47	750.80	−10.59	2.364	91
轴力最小值	90.00	118.55	532.80	0.00	3.844	24
剪力最大值	120.00	29.37	607.97	70.09	2.336	32
剪力最小值	60.00	29.37	607.97	−70.09	2.336	16
弯矩最大值	90.00	118.55	532.80	0.00	3.844	24
弯矩最小值	26.25	−73.02	734.36	1.17	2.269	7
位移最大值	90.00	118.55	532.80	0.00	3.844	24
位移最小值	26.25	−28.13	705.51	−46.32	1.585	60

9. 计算结果及分析

(1) 断面配筋与裂缝验算。

由于篇幅关系，此处仅列出断面一（A 站端头）的计算结果。

按偏心受压构件计算，结构重要性系数为 1.1，保护层厚度：迎水面为 35mm 背水面为 25mm。考虑管片通过纵向螺栓与相邻管片连接，并且错缝拼装，使相邻管片间存在支撑作用，构件的稳定性系数 φ 取 1.0，偏心距增大系数 η 取 1.0，各断面的配筋见表 4-15。

盾构区间结构配筋表　　　　　　　　　　　　　表 4-15

断面	组合	位置	M/(kN·m)	N/kN	As/mm²	管片配筋（强度控制）	裂缝宽度/mm	管片类型
断面一合算	最大弯矩与对应轴力	管片外侧	−73.02	734.36	1028	10Φ18/12Φ16 (2545/2413.2)	0.029	Ⅰ型
		管片内侧	118.55	532.80	1687	10Φ20/12Φ18 (3142/3054)	0.152	
	最小轴力与对应弯矩	管片外侧	—	—	—	—	—	
		管片内侧	118.55	532.80	1687	10Φ20/12Φ18 (3142/3054)	0.152	

注：表中内力为单位宽度的管片对应荷载计算所得的内力值。

(2) 配筋及含钢量（见表 4-16）。

盾构区间分段设计的配筋及含钢量　　　　　　　　　表 4-16

断面类型	起止里程	配筋	含钢量/(kg/m³)
Ⅰ型断面	ZDK10+648.000～ZDK10+937.500； ZDK10+966.000～ZDK11+129.000； YDK10+649.000～YDK11+129.000	10Φ20/12Φ18	165.16

10. 其他计算项目

（1）管片抗剪验算。

最大剪力 $V=121.13$ kN，抗剪验算如下。

$V=121.13$ kN $< 0.7 f_t b h_0 = 413$ kN，符合要求。

（2）吊装孔抗拔验算。

假设吊装孔预埋螺栓套对拉力螺杆的嵌裹力以及混凝土对螺栓套的握裹力足够，验算混凝土管片本身在吊装力作用下的抗拉拔承载力。

起吊过程中，管片吊装孔需要安全地完成管片起吊和定位调整工作，考虑管片安装时的动载及其他因素，同时考虑一定量的安全储备，管片所受的拉拔力取管片自重的 7 倍。典型管片长度是 3.358m。

管片自重为 $G = \gamma_c \cdot V = \gamma_c \cdot l \cdot B \cdot t = 25 \times 3.358 \times 1.5 \times 0.3 \approx 37.78$ (kN)。

预埋螺栓套直径 $D_1 = 50$mm，预埋件锚固段混凝土的有效高度 h_0 按 240mm 计，管片抗拔破裂面与管片径向呈 $45°$ 角，破裂面的外径 $D_2 = 50 + 240 \times 2 = 530$ (mm)，平均直径 $D = (50 + 530)/2 = 290$ (mm)，C50 混凝土的抗剪强度设计值为 1.89 N/mm²，则管片的抗拉拔承载力为 $V = 0.7 f_t u_m h_0 = 0.7 \times 1.89 \times \pi \times 290 \times 240 = 289$ (kN) $> 7G$，满足要求。

（3）管片局部承压验算。

盾构推进时，千斤顶推力反作用在衬砌管片上。它是施工过程中对衬砌环影响最大的荷载。作用在顶靴上的千斤顶的顶推力按 2000kN 计，顶靴尺寸沿管片周向（即长方形的长）长 560mm，沿厚度方向取有效高度（即长方形的宽）200mm。考虑因顶靴倾斜而产生的应力集中，取安全系数为 2.0。对于 C50 混凝土，$f_c = 23.1$ N/mm²，$\beta_c = 1.0$。

混凝土局部受压面积 $A_1 = 560 \times 200 = 112000$ (mm²)。

局部受压净面积 $A_{ln} = A_1 = 112000$ (mm)²。

受压面面积 $A_b = (560 + 200 \times 2) \times 200 = 192000$ (mm²)。

强度提高系数 $\beta_l = \sqrt{A_b/A_1} = 1.3$。

管片局部受压承载力为 $[F] = 1.35 \beta_c \beta_l f_c A_{ln} = 1.35 \times 1.3 \times 23.1 \times 112000 = 4540$ (kN)；$2000 \times 2 = 4000$ (kN) $< [F]$，局部承压满足要求。

（4）管片抗浮验算。

选取区间结构覆土最浅处并按抗浮水位验算，里程 YDK10+610 为隧道埋深最浅处，覆土厚度为 6.88m，各层土的加权平均重度为 19.3kN/m³。

沿隧道纵向取 1m 管片进行以下计算。

上覆土重 $P = (\gamma - \gamma_w) \cdot h \cdot d_{外} = (19.3 - 10) \times 6.88 \times 6.4 = 409.50$ (kN)。

结构自重 $G = \gamma_c \cdot \pi \cdot \dfrac{d_{外} + d_{内}}{2} \cdot t = 25 \times \pi \times \dfrac{6.4 + 5.8}{2} \cdot 0.3 = 143.73$ (kN)。

水的浮力 $F_{浮} = \rho g V = 1 \times 10 \times \pi \times 3.2^2 \times 1 = 321.70$ (kN)。

抗浮安全系数：$\dfrac{P + G}{F_{浮}} = \dfrac{409.50 + 143.73}{321.7} = 1.72 > 1.15$。满足抗浮要求。

4.4 隧道防水

4.4.1 防水等级及防水标准

根据现行《盾构隧道工程设计标准》GB/T 51438—2021 第 10.2.1 条规定，隧道防水等级根据其重要性及渗漏引发的不良后果共分为两级详见表 4-17。以广州地铁为例，区间的防水等级一般为二级，车站的防水等级一般为一级。当防水等级确定后，防水标准（防水要求）也随之确定（表 4-18）。

不同防水等级的适用范围   表 4-17

防水等级	适用范围
一级	城市轨道交通车站及机电设备集中区段；高速公路、一级公路二级公路、城市道路隧道的拱部、边墙、路面、设备箱洞；三级公路、四级公路隧道的设备箱洞；Ⅰ级铁路隧道，Ⅱ级铁路电化隧道、车站、隧道及机电设备洞室；有冻害地段的Ⅱ级铁路非电化隧道、城市地下综合管廊
二级	城市轨道交通的区间隧道；电力隧道；高速公路、一级公路、二级公路、城市道路隧道的车行横通道、人行横通道；三级公路、四级公路隧道；Ⅱ级铁路非电化隧道、隧道内一般洞室；水工隧道电力隧道；燃气隧道；热力隧道

盾构隧道防水标准   表 4-18

防水等级	防水标准
一级	不得渗水，结构表面不应有湿渍
二级	顶部不得滴漏，其他部位不得漏水，结构表面可有少量湿渍，总湿渍面积不应大于总防水面积的 2/1000，任意 100m² 防水面积上的湿渍不应超过 3 处，单个湿渍的最大面积不应大于 0.2m²；隧道工程中漏水的平均渗漏量不应大于 0.05L/(m²·d)，任意 100m² 防水面积渗漏量不应大于 0.15L/(m²·d)

4.4.2 防水措施

防水等级确定后，为实现相应的防水标准，隧道衬砌可采用的防水措施，见表 4-19。

隧道衬砌结构防水标准   表 4-19

措施选择 防水措施 防水等级	高精度管片	接缝防水				混凝土内衬或其他内衬	外防水涂料
		密封垫	嵌缝	注入密封剂	螺孔密封圈		
一级	必选	必选	全隧道或部分区段应选	可选	必选	宜选	宜选
二级	必选	必选	部分区段宜选	可选	可选	局部宜选	对混凝土有中等以上腐蚀的地层宜选

1. 高精度管片

钢筋混凝土预制管片是防水措施的"第二道防水防线",也是最主要、最可靠的一道防线。在防水设计中,要求管片具有结构自防水的性能。在设计上要验算混凝土管片的裂缝宽度,最大宽度不得大于 0.2mm 且不得贯通。在选材时,钢筋混凝管片应采用抗渗等级不小于 P10、氯离子扩散系数不宜大于 $3×10^{-12}$ m²/s 的防水混凝土。在制作时,模具每周转 100 次必须进行系统检验,每套钢模每生产 200 环后应进行一次水平拼装检验。生产出来的钢筋混凝土管片的尺寸偏差应符合验收规范要求。此外,还需进行单块检漏试验。管片外表在设计抗渗压力下,恒压为 2h,最大渗水深度不得超过主筋保护层厚度。

2. 密封垫

防水是地下工程的关键,而盾构隧道的防水尤其重要,管片接缝是盾构隧道的主要渗漏部位。管片接缝防水主要采用弹性橡胶密封垫。它由单一的多孔型三元乙丙橡胶或多孔型三元乙丙橡胶与膨胀橡胶复合而成。弹性密封垫是目前西欧国家用于拼装式隧道管片密封止水的常用材料。

管片接缝至少应设置一道密封垫。当管片厚度不小于 400mm 且隧道处于富含水区域时,应设置两道密封垫;当管片厚度小于 400mm 且处于富含水区域时,宜在管片密封垫表面增设遇水膨胀条等加强防水。密封垫应沿管片侧面成环设置。密封垫沟槽形式、截面尺寸应与密封垫的形式和尺寸相匹配。密封垫宜采用三元乙丙橡胶类或遇水膨胀橡胶与三元乙丙橡胶的复合材料等,密封垫还应符合下列规定。

(1) 密封垫应在计算的接缝最大张开量和估算的错台量情况下,在 2~3 倍埋深水头的压力下不渗漏。

(2) 密封垫的压缩永久变形率不应大于 25%。

(3) 接缝闭合压缩力应小于千斤顶的最大顶力。

(4) 热力隧道的密封垫应满足耐热(老化)要求。

(5) 当封顶块采用纵向插入方式时,密封垫表面应涂抹润滑剂。

(6) 变形缝环缝密封垫表面应增设遇水膨胀橡胶片加强防水。

3. 嵌缝

是否设置嵌缝防水措施应视防水等级而定。嵌缝作业的范围(全隧道或者井圈附近)与部位(衬砌接缝整环或衬砌接缝顶部、底部)应视工程的特点与要求而定。嵌缝防水的方式以填塞密实防水为主,也有靠弹性挤压或膨胀致密防水的方式。嵌缝槽宜符合下列要求:嵌缝槽的槽底宜设斜楔口(图 4-26);嵌缝材料采用定形类的,则两槽边是平行的,嵌缝材料采用未定形类的,可采用槽口小形的(图 4-26)。

嵌缝材料有两大类。一是未定形类,多为密封胶,应有较好的不透水性、黏结性(尤其是在潮湿混凝土基面)、耐久性、延伸性、抗下坠性,宜采用合成纤维水泥、环氧煤焦油(潮湿面黏结)、氯丁密封胶、聚硫密封胶、聚氨酯密封胶类。二是预制成型类,宜采用膨胀橡胶、特殊外形橡胶及其控制膨胀材料、扩张芯材等,应有与嵌缝槽混凝土面紧密接合的合适外形以及膨胀性、耐久性。

4. 密封剂

对于重要盾构隧道,在管片拼装结束后灌注密封剂。此密封剂为一道防水措施。为实现此目的,需要在管片制作时预留浇灌密封剂的沟槽。沟槽宜设在弹性密封垫沟与嵌缝槽

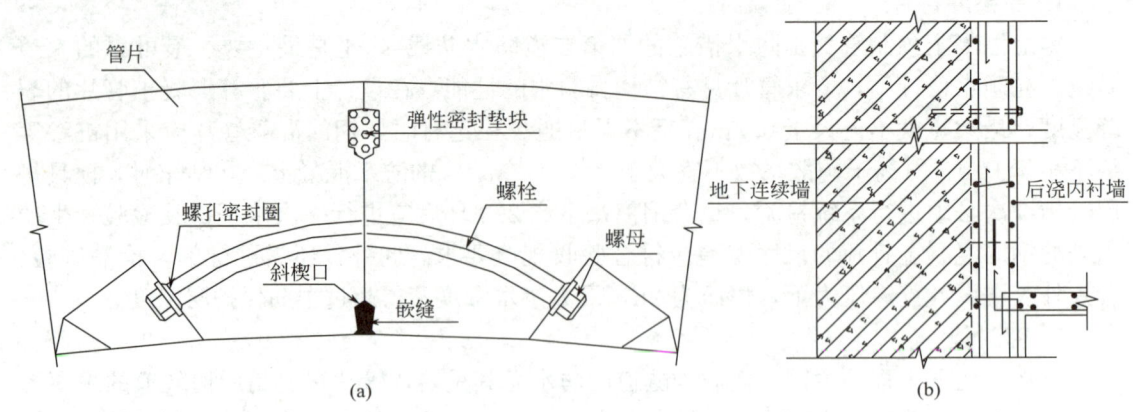

图 4-26 管片接头防水示意和内衬墙示意
(a) 管片接头防水示意；(b) 内衬墙示意

之间，沟槽应设计成 2～3mm 深，20～30mm 宽。预留的灌浆孔也可以用来灌注堵水、止水材料，作为堵漏措施。

5. 螺孔密封圈

管片接头防水示意如图 4-26 所示，设置防渗漏的螺孔密封圈应符合如下规定。

(1) 螺孔密封圈应设置在肋腔螺孔口（通常制成锥形倒角），有特殊需要时，也可设置在环纵面螺孔口。

(2) 螺孔密封圈与衬砌螺孔密封圈沟槽匹配，它在螺帽与垫圈的作用下被挤入螺孔内，起到压密或膨胀止水的作用。有特殊需要时，也可设置在环纵面螺孔口下，螺孔密封圈应减小断面，节约用量。

(3) 螺孔密封圈的外形应利于压入密封圈沟槽，使密封圈与螺栓、螺孔混凝土都压密以止水。螺孔密封圈的材料应是氯丁橡胶、水膨胀橡胶，也可采用橡塑制品或塑料制品。

6. 混凝土内衬或其他内衬

所谓内衬是指在管片内侧再做一层钢筋混凝土的衬砌（厚度一般不小于 250mm），管片和内衬之间通常再设置一层防水层，这样即使外层管片发生渗漏，防水层可以起到防水作用，如果防水层失效，则由内衬结构防水。内衬墙示意如图 4-26 所示。

7. 外防水涂料

对有特殊要求（如地层腐蚀介质量大，腐蚀评价具体见项目地质勘查报告）地段的管片，应涂抹外防水涂料。外防水涂料除应涂抹于衬砌背面外，还应涂抹在环、纵面橡胶密封条外侧的混凝土上，宜采用环氧煤焦油、环氧—聚氨酯、改性沥青、环氧与氯磺化聚乙烯复合涂料等外防水涂料。同时，也可辅以无机水性高渗透密封剂加强抗渗、抗腐蚀性。设计中应结合外防水涂料的下列性能提出技术要求：黏结力、抗渗性、抗冲击、耐腐蚀性、体积电阻率、耐磨性、施工温度、涂料厚度与成（涂）膜时间。

外防水涂层应符合以下规定。

(1) 涂层应能在盾尾密封用钢丝刷与钢板挤压磨损的条件下不损伤、不渗水。

(2) 管片弧面的混凝土裂缝宽度达 0.3mm，仍能抵抗 0.8MPa 的水压，长期不渗漏。

(3) 涂料的耐化学腐蚀性、耐久性和抵抗微生物侵蚀的性能良好，且无毒或低毒。

(4) 涂层具有防杂散电流的功能，其体积电阻率、表面电阻率高。

(5) 施工简单，冬季能操作。

(6) 成本较低，经济合理。

思考与练习

1. 简述盾构法的概念、适用范围及其优、缺点。
2. 简述 TBM 法的概念、适用范围及其优、缺点。
3. 简述盾构法和 TBM 法的异同。
4. 简述盾构法、TBM 法的施工流程。
5. 简述衬砌结构设计的流程。
6. 试用根据表 4-1 计算出下面衬砌结构的内力及位移。

设计条件：

(1) 隧道功能：用于下水管道。

(2) 管片条件。

管片类型：平面型；管片外直径：$D=3350$mm；管片形心半径：$R_c=1612.5$mm；管片宽度：$B=1000$mm；管片厚度：$t=125$mm；管片截面面积：$A=125\times1000$mm^2 = 1250cm^2；管片重度：$\gamma_c=26$kN/m^3；管片的弹性模量：$E=3.30\times10^7$kPa；管片截面的惯性矩：$I=1.6276\times10^{-4}$m^4/m；混凝土轴心抗压强度标准值：$f_{ck}=42$MPa；混凝土抗弯刚度有效系数：$\eta=1.0$；钢筋混凝土弹性模量比：$n=E_s/E_c=15$；混凝土弯矩增大率：$\xi=0.0$。构件的容许应力见表 4-20。

(3) 场地条件。

土层条件：砂质土；土的重度：$\gamma=18$kN/m^3；土的浮重度：$\gamma'=8$kN/m^3；土的内摩擦角：$\varphi=46°$；土的黏聚力：$c=0$kPa；土的侧压力系数：$K_0=0.5$；超载：$p_0=10$kPa；上部土层厚度：$H=15.0$m；潜水位：地面水平线以下−2.0m，$H_w=(15.0-2.0)$m＝13.0m；N 值：$N=30$；地基反作用系数：$k=20$MN/m^3；水的重度：$\gamma_w=10$kN/m^3。

构件应力   **表 4-20**

构件 应力	钢材 SM490A	混凝土	钢筋 SD345	螺栓			
				4.6 级	6.8 级	8.8 级	10.9 级
压应力	190	15	200				
拉应力	190		200	120	180	240	300
剪应力				80	110	150	190

(4) 盾构千斤顶。

盾构千斤顶的轴推力：$F_s=1000$kN×10 片。一个盾构千斤顶的中心推力与衬砌管片中心的偏心距：$e=1$cm；相邻两个千斤顶的距离：$l_s=10$cm；盾构千斤顶管片数量：$N_j=10$ 片。在校核管片衬砌抵抗盾构千斤顶轴推力的安全性时，常允许将应力提高到上面所提到的应力的 165%。

(5) 内力计算。

盾构隧道的设计主要根据设计规范，采用弹性方程法（表 4-1）计算管片内力，不考虑自重对地基反作用力的影响。

教学单元 5　喷锚支护结构

教学目标

1. 知识目标

了解喷锚支护的概念、设计和施工原则;理解喷锚支护的原理及受力分析;掌握喷锚支护的设计方法与围岩的稳定性分析方法。

2. 能力目标

能够有效地应用所学知识,分析、确定喷锚支护结构的设计原理和计算方法;熟悉围岩分级的依据和方法。

3. 素质目标

通过对喷锚支护体系的学习,提升整体思维与系统思维能力。

思维导图

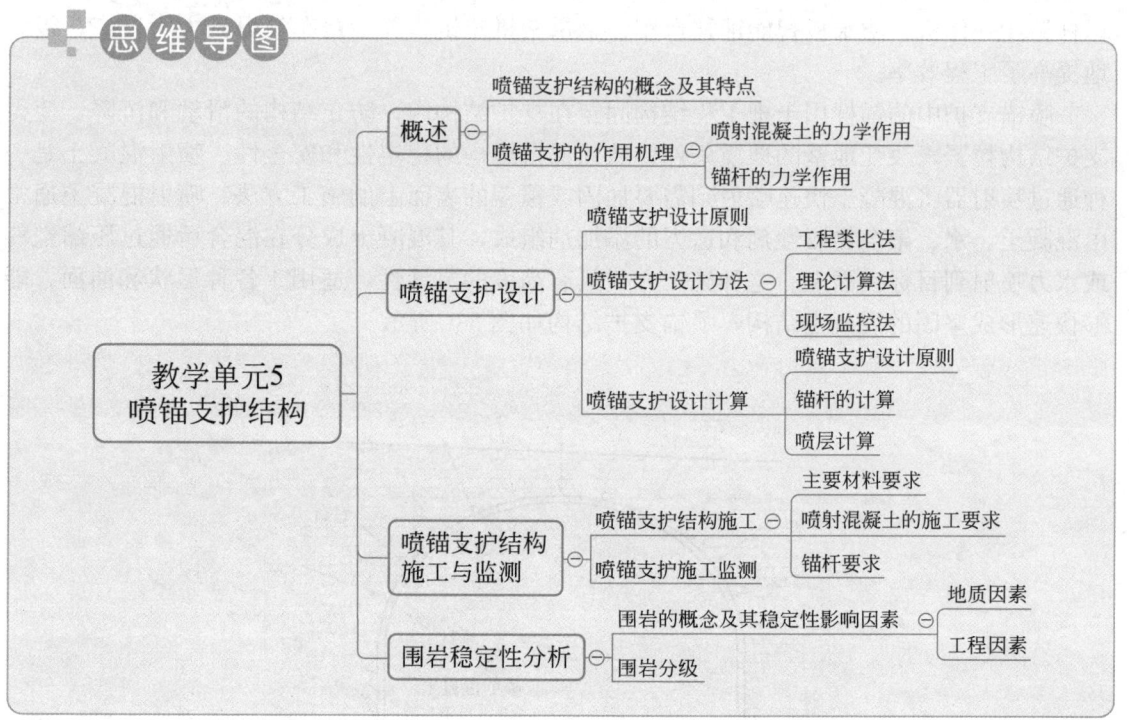

随着生产发展和战备需求增加,地下工程建设的要求也越来越严格。为了确保地下洞室的顺利开挖和正常使用,需要采取适当的工程措施,避免其坍塌。传统支护结构(例如木支架或砌体衬砌)费工费时,难以保证其可靠性,同时也不能满足机械化施工的要求。锚杆和喷射混凝土的组合应用形成了一种新的支护方式,被称为"锚杆-喷射混凝土支护",通常简称为"喷锚支护"。喷锚支护灵活性高、封闭性好,弥补了传统支护方式的缺陷,在地下工程中应用广泛。

5.1 概述

5.1.1 喷锚支护结构的概念及其特点

10.

喷锚支护介绍

喷锚支护包括喷射混凝土、锚杆喷射混凝土以及锚杆钢筋网喷射混凝土等技术。自 20 世纪 50 年代，随着现代支护结构原理，尤其是新奥法的不断发展，喷锚支护已经在矿山、建筑、铁路、水工以及军工等领域广泛使用。最初，这种技术仅在岩体加固的工程项目中得到应用，后逐渐扩展到土体加固工程中。在 20 世纪 80 年代，喷锚支护技术主要应用于高边坡治理工程和隧道支护建设工程。在 20 世纪 90 年代，喷锚支护技术被运用到深基坑项目中，并通过多个案例实践得到广泛的推广，取得了令人满意的效果。21 世纪，喷锚支护结构随着新型机械的发展而获得跨越式发展，三臂凿岩台车、双臂湿喷机械手、锚杆钻注一体机、防水板智能铺挂台车、钢拱架拼装机、养护台车等得到大力推广，极大地提高了工程效率。

喷锚支护中的锚杆用于把工程结构固定在支护结构内，防止结构的滑动和沉降，使得支护结构拉紧，改变地基的地质条件，从而保持结构的稳定性和安全性。喷射混凝土是一种通过喷射器将混凝土快速喷射到需要加固或覆盖的表面上的施工方法。喷射混凝土通常由混凝土、水、聚合物改性剂和适当的添加剂组成，其混凝土成分在混合后通过压缩空气或水力喷射到目标表面上。这种施工方式具有高度的灵活性，适用于各种形状和曲面，能够快速形成坚固的混凝土结构，喷锚支护结构如图 5-1 所示。

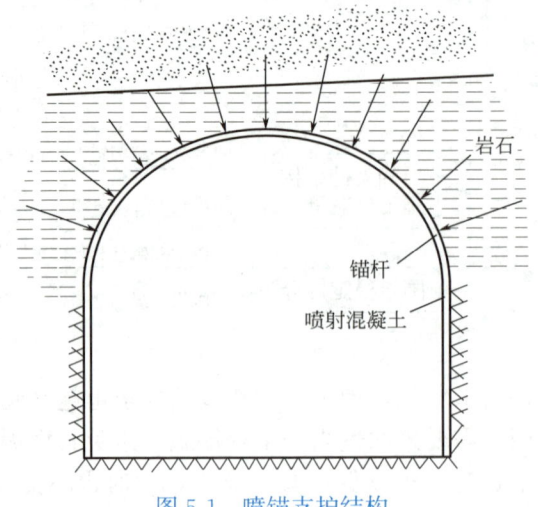

图 5-1 喷锚支护结构

喷锚支护是一种柔性结构，与传统大刚度现浇整体式混凝土衬砌有所不同。它不仅能够及时控制和调整围岩应力重分布，还能通过施加径向约束力改变岩石周壁毛洞不利的双向受力状态，使其转变为有利的三向受压状态，允许围岩塑性区有适度的发展。这种加固效果有效地加强了岩块之间的联系，使围岩能够承担更大的荷载。喷锚支护的出现，实际上解决了将围岩与支护视为统一结构体来处理地下工程支护的问题。

喷锚支护结构的及时性和有效性是由其工艺上的特点决定的。喷射混凝土通过添加少量速凝剂，使用早强混凝土，能在较短的时间内达到较高的强度水平，保证支护及时有效的同时加快施工进度、缩短工期。在高速高压喷射作用下，混凝土能迅速穿透宽度超过2mm的裂缝，且喷射混凝土与围岩之间的黏结强度一般可以保持在 1.0MPa 以上，有效地密封并与被加固的结构紧密结合，实现全面贴合支护，从而防止原结构继续变形、产生位移和开裂。水泥与骨料在高速喷射中反复撞击，使混凝土孔隙减小，不仅提高了围岩强度，还减轻了围岩内的应力集中。早强砂浆锚杆、树脂锚杆、超前锚杆的使用，能够有效阻止围岩松动。因此，从主动加固围岩的角度出发，喷锚支护在防止围岩发生松动方面明显优于现浇支护。

喷锚支护具有灵活性，能在不同地质条件下，根据不同工程需求施工，还能与其他结构形式结合，组成复合式支护。喷锚支护的适用性很广，能填充岩石裂隙、洞穴和空洞等，在黏土、淤泥等软弱地层，一般都可使用。若支护结构受到损坏或需要修补，根据整体破坏整体加固，局部破坏局部加固的原则，可以通过再次进行喷锚支护来修复，不需要拆除整个支护结构重建，对加固损坏的锚喷支护十分方便有效。喷锚支护的灵活性还表现在它既可以一次性完成，也可以分阶段进行，可根据情况对支护的类型与参数随时进行调整。采用这种施工方式能让支护结构实现"先柔后刚"的目标，更充分地发挥围岩的自承能力，并有效利用喷射层的强度，同时减少支护材料的使用量。

综上所述，喷锚支护具有柔性封闭、支护及时有效、施工灵活便捷等特点，可在不同围岩级别、不同跨度、不同用途的地下工程中承受荷载，用作临时支护、永久支护或用于结构补强以及冒落修复等，以便发挥围岩和材料的承载作用。一般规定，对于膨胀性岩体、未胶结的松散岩体、严重湿陷性黄土层、大面积淋水地段、能引起严重腐蚀的地段、严寒地区的冻胀岩体，暂不宜直接使用喷锚支护，需辅助其他稳定措施或采用其他施工方法。

5.1.2 喷锚支护的作用机理

喷锚支护结构具有良好的物理力学性能，是一种符合岩体力学原理的支护方法。喷锚支护的实质是用锚杆加固深部围岩，用喷层封闭隧道表面，防止围岩风化，抵抗围岩压力。喷层厚度较大时，为避免喷层因收缩而断裂，可在喷层中敷设钢筋网，构成喷锚网联合支护。各个组成部分的作用机理在不断发展过程中完善。

1. 喷射混凝土的力学作用

围岩压力通过喷层传递给锚杆、网架等，支护结构受力均匀，避免应力集中造成破坏。喷层充填了裂隙节理，有效隔绝了原岩层与水和空气的接触。由于喷锚支护结构呈柔性，能与围岩共同变形，构成一个共同工作的承载体系，在变形过程中，它能调整围岩应力、抑制围岩变形的发展。因混凝土喷层可为独立岩块的脱落提供足够的剪切阻力，从而避免了拱部孤立岩块的脱落及拱部围岩产生链式破坏。

2. 锚杆的力学作用

（1）悬吊作用。

锚杆能提供较大的支撑和抗拔能力，将不稳定的岩层悬吊在坚固岩层上，以阻止围岩移动滑落。通过在围岩中预埋锚杆，使其延伸到喷锚区域之外，并通过锚固装置固定，形成一种类似悬挂的结构，也可将由节理弱面切割形成的岩块连接在一起，以阻止其沿薄弱面滑动。锚杆穿过裂隙、断层等软弱结构面，将其与稳定性较好的岩体连在一起工作，增强了岩体结构的整体性。

（2）组合梁作用。

在层状岩层中打入锚杆，把若干岩层锚固在一起，类似于将叠置的板梁组成组合梁，借助锚杆本身提供一定的抗剪能力，阻止其层间错动或整体弯曲变形，从而提高顶板的抗弯刚度及强度。

（3）挤压加固作用。

预应力锚杆群锚入围岩后，其两端附近岩体形成圆锥形压缩区，按一定间距排列的锚杆，在预应力的作用下，构成一个均匀的压缩带（或称承载环）。压缩带中的岩体由于预应力作用处于三向应力状态，显著地提高了围岩的强度。无预应力的黏结式锚杆（砂浆锚杆）由于其前后两端围岩位移的不同使锚杆受拉，同时，锚杆的约束力使围岩锚固处径向受压，从而提高了围岩的强度。

5.2　喷锚支护设计

5.2.1　喷锚支护设计原则

合理的支护设计允许围岩产生一定的塑性变形，同时又能够控制围岩的塑性变形，以充分发挥围岩的自承作用。根据喷锚支护的特点，喷锚支护设计与施工应遵循以下几个原则。

（1）采取各种措施，确保围岩不出现有害松动。

（2）控制围岩变形，在不出现有害松动的条件下适度发展，以便最大限度地发挥围岩的自承能力。

（3）保证喷锚支护与围岩形成共同体。

（4）选择合理的支护类型与参数并充分发挥其功效。

（5）采取正确的施工方法。

（6）依据现场监测数据指导设计和施工。

工程类比法、理论计算法、现场监控法这三种主要设计方法。在遵循以上设计原则的基础上逐步发展完善，形成完整的设计体系。目前在国内外蓬勃兴起的反分析计算法，就是现场监控法和理论计算法的相互渗透。它既较好地解决了岩体力学参数和地应力难以取值的问题，又完善了现场监控法的反馈工作，但其初始参数的确定仍需借助工程类比和工程设计经验。

5.2.2 喷锚支护设计方法

1. 工程类比法

工程类比法是在对围岩进行分类的基础上,根据拟建工程的围岩级别、工程尺寸等情况,与已建工程的建设经验进行比照,从而确定喷锚支护的参数与施工方法。工程类比法有直接对比法和间接类比法两种。直接对比法是将工程的地质条件、洞室埋深、部位的形状与尺寸及施工条件等因素,与已建工程与上述条件基本相同进行对比,由此确定支护类型与参数。间接类比法一般是根据现行支护规范,按其围岩级别及喷锚支护的设计参数确定拟建工程的喷锚支护类型与参数。工程类比法需在设计人员对喷锚支护形式及设计参数的选用原则有一定了解的基础上选用,在实际工程应用中应配合现场监控法与理论计算法使用。

(1)《公路隧道设计规范 第一册 土建工程》JTG 3370.1—2018 提供了不同围岩级别与部位的锚杆参数的设计参数,见表 5-1 和表 5-2。

两车道、三车道隧道复合式衬砌设计参数 表 5-1

围岩级别	部位	单线隧道				双线隧道			
		长度/m	数量/根	间距/m	密度/(根/m³)	长度/m	数量/根	间距/m	密度/(根/m³)
Ⅰ	—	—	—	—	—	—	—	—	—
Ⅱ	拱部	2	0~6	1.5	0.6	2	0~10	1.5	0.6
Ⅲ	拱与边墙	2	14	1.2	0.9	2	16	1.2	0.9
Ⅳ	拱与边墙	3	16	1.0	1~3	3	20	1.0	1.3
Ⅴ	拱与边墙	3	18	0.8~1.0	2.0	3	22	0.8~1.0	2.0
Ⅵ	拱与边墙	3	20	0.6~0.8	4.6	3	24	0.6~0.8	4.0

隧道与斜井的锚杆支护类型和设计参数 表 5-2

围岩级别	部位	两车道隧道			三车道隧道		
		仰拱	间距/m	长度/m	仰拱	间距/m	长度/m
Ⅰ	局部	—	—	2.0~3.0	—	—	2.5~3.5
Ⅱ	局部	—	—	2.0~3.0	—	—	2.5~3.5
Ⅲ	拱与边墙	—	1.0~1.5	2.0~3.0	—	1.0~1.5	2.5~3.5
Ⅳ	拱与边墙	—	1.0~1.2	2.5~3.0	—	0.8~1.0	3.0~3.5
Ⅴ	拱与边墙	—	0.8~1.2	3.0~3.5	—	0.5~1.0	3.5~4.0
Ⅵ		通过试验、计算确定					

(2)《岩土锚杆与喷射混凝土支护工程技术规范》GB 50086—2015 也提供了不同围岩级别与跨度的喷锚支护设计参数,见表 5-3 和表 5-4。

隧洞与斜井的喷锚支护类型和设计参数 表 5-3

围岩级别	开挖跨度 B/m						
	$B\leqslant 5$	$5<B\leqslant 10$	$10<B\leqslant 15$	$15<B\leqslant 20$	$20<B\leqslant 25$	$25<B\leqslant 30$	$30<B\leqslant 35$
Ⅰ	不支护	喷射混凝土，$\delta=50$	1.喷射混凝土，$\delta=50$，布置锚杆，L 为 2.0~2.5，@1.0~1.5	1.喷射混凝土，δ 为 50~80；2.喷射混凝土，δ 为 100~120，布置锚杆，L 为 2.5~3.5，@1.25~1.50，必要时，设置钢筋网	喷射混凝土，δ 为 100~120，布置锚杆，L 为 3.0~4.0，@1.5~2.0	钢筋网喷射混凝土，δ 为 120~150，布置锚杆 $L=4.0$ 的锚杆和 $L=5.0$ 的低预应力锚杆	钢筋网喷射混凝土，δ 为 150~200，相间布置 $L=5.0$ 的锚杆和 $L=6.0$ 的低预应力锚杆
Ⅱ	喷射混凝土 $\delta=50$	1.喷射混凝土 δ 为 80~100；2.喷射混凝土，$\delta=50$，布置锚杆，L 为 2.0~2.5，@1.0~1.25	1.钢筋网喷射混凝土，δ 为 100~120，局部布置锚杆；2.喷射混凝土，δ 为 80~100，布置锚杆，L 为 2.5~3.5，@1.0~1.5，必要时，设置钢筋网	钢筋网喷射混凝土，δ 为 120~150，布置锚杆，$L=3.5~4.5$，@1.5~2.0	钢筋网喷射混凝土，δ 为 150~200，相间布置 $L=3.0$ 的锚杆和 $L=4.5$ 的低预应力锚杆，@1.5~2.0	钢筋网或钢纤维喷射混凝土，δ 为 150~200，相间布置锚杆和 $L=7.0$ 的低预应力锚杆，@1.5~2.0，必要时布置 $L\geqslant 10.0$ 的预应力锚杆	钢筋网或钢纤维喷射混凝土，δ 为 180~200，相间布置 $L=6.0$ 的锚杆，8.0 的低预应力锚杆，@1.5~2.0，必要时布置 $L\geqslant 10.0$ 的预应力锚杆
Ⅲ	喷射混凝土 δ 为 80~100；2.喷射混凝土 $\delta=50$，布置锚杆，L 为 1.5~2.0，@0.75~1.0	1.钢筋网喷射混凝土，$\delta=120$，局部布置锚杆；2.钢筋网喷射混凝 δ 为 80~100，布置锚杆，L 为 2.5~3.5，@1.0~1.5	钢筋网喷射混凝土 δ 为 100~150，布置锚杆，$L=3.5~4.5$，@1.5~2.0，局部加强	钢筋网或钢纤维喷射混凝土 δ 为 150~200，布置锚杆，$L=3.5~5.0$，@1.5~2.0，局部加强	钢筋网或钢纤维喷射混凝土 δ 为 150~200，相间布置 $L=40$ 的锚杆，6.0 的低预应力锚杆，@1.5，必要时局部加强或布置 $L\geqslant 10.0$ 的预应力锚杆	钢筋网或钢纤维喷射混凝土 δ 为 180~250，相间布置 $L=6.0$ 的锚杆，8.0 的低预应力锚杆，@1.5，必要时布置 $L\geqslant 50$ 的预应力锚杆	钢筋网或钢纤维喷射混凝土 δ 为 200~250，相间布置 $L=6.0$ 的锚杆，9.0 的低预应力锚杆，@1.2~1.5，必要布置 $L\geqslant 15.0$ 的预应力锚杆
Ⅳ	钢筋网喷射混凝土 δ 为 80~100，布置锚杆 L 为 1.5~2.5 @1.0~1.25	钢筋网喷射混凝土 δ 为 120~150，布置低预应力锚杆 $L=2.0~3.0$，@1.0~1.25，必要时设置仰拱和实施二次支护	钢筋网或钢纤维喷射混凝土 $\delta=200$，布置低预应力锚杆 L 为 4.0~5.0，@1.0~1.25，局部钢拱架或格栅拱架，必要时设置仰拱和实施二次支护	—	—	—	—

续表

围岩级别	开挖跨度 B/m						
	$B \leqslant 5$	$5 < B \leqslant 10$	$10 < B \leqslant 15$	$15 < B \leqslant 20$	$20 < B \leqslant 25$	$25 < B \leqslant 30$	$30 < B \leqslant 35$
V	钢筋网或钢纤维喷射混凝土 $\delta=150$，布置锚杆 L 为 $1.5 \sim 2.5$，@$0.75 \sim 1.25$，设置仰拱和实施二次支护	钢筋网或钢纤维喷射混凝土 $\delta=200$，布置低预应力锚杆 L 为 $2.5 \sim 3.5$，@$0.75 \sim 1.0$，局部钢拱架或格栅拱架，设置仰拱和实施二次支护	—	—	—	—	—

注：(1) 表中的支护类型和参数是指隧洞和倾角小于 30°的斜井的永久支护，包括初期支护和后期支护的类型和参数。
(2) 对于复合衬砌的隧洞和斜井，初期支护采用表中的参数时，应根据工程的具体情况，予以减小。
(3) 表中凡标有 1 和 2 两种支护参数的，可根据围岩特性选择其中一种作为设计参数。
(4) 表中表示范围的支护参数，洞室开挖跨度小时取小值，洞室开挖跨度大时取大值。
(5) 二次支护可以是喷锚支护或现浇钢筋混凝土支护。
(6) 在开挖跨度大于 20m 的隧洞洞室的顶部锚杆宜采用张拉型（低）预应力锚杆。
(7) 本表仅适用于洞室高跨比 $H/B \leqslant 1.2$ 时的喷锚支护设计。
(8) 表中符号。L 为锚杆（锚索）长度（m），其直径应与长度协调；@为锚杆（锚索）或钢拱架，或格栅拱架的间距（m）；δ 为钢筋网喷混凝土或喷混凝土的厚度（mm）。

竖井喷锚支护类型和设计参数　　表 5-4

围岩级别	竖井毛径 D/m		
	$D < 5$	$5 \leqslant D < 10$	$10 \leqslant D < 15$
Ⅰ	喷射混凝土 $\delta=10$；必要时，局部设置 L 为 $1.5 \sim 2.0$ 的锚杆	喷射混凝土 δ 为 $10 \sim 15$；必要时，设置 L 为 $2.0 \sim 3.0$ 的锚杆	钢筋网喷射混凝土 δ 为 $15 \sim 20$；必要时，设置 L 为 $3.0 \sim 5.0$，@$1.5 \sim 2.0$ 的锚杆
Ⅱ	喷射混凝土 δ 为 $10 \sim 15$；设置 L 为 $1.5 \sim 2.0$ 的锚杆	钢筋网喷射混凝土 δ 为 $10 \sim 15$；设置 L 为 $2.0 \sim 4.0$，@1.5 的锚杆；必要时，加钢筋混凝土圈梁	钢筋网喷射混凝土，δ 为 $15 \sim 20$；设置 L 为 $3.0 \sim 5.0$，@$1.2 \sim 1.5$ 的锚杆；必要时，加钢筋混凝土圈梁
Ⅲ	喷射混凝土 δ 为 $15 \sim 20$；设置 L 为 $2.0 \sim 2.5$，@$1.2 \sim 1.5$ 的锚杆；必要时，加钢筋混凝土圈梁	钢筋网喷射混凝土 δ 为 $15 \sim 20$；设置 L 为 $3.0 \sim 4.0$，@$1.2 \sim 1.5$ 的锚杆；必要时，加钢筋混凝土圈梁	钢筋网喷射混凝土 δ 为 $20 \sim 25$；设置 L 为 $4.0 \sim 6.0$，$1.2 \sim 1.5$ 的锚杆；必要时，加钢筋混凝土圈梁
Ⅳ	钢筋网或钢纤维喷射混凝土 δ 为 $15 \sim 20$；设置 L 为 $2.0 \sim 3.0$，@$1.0 \sim 1.2$ 的锚杆；加钢筋混凝土圈梁或混凝土二次支护	钢筋网或钢纤维喷射混凝土 δ 为 $20 \sim 25$；设置 L 为 $3.0 \sim 5.0$，@$1.0 \sim 1.2$ 的锚杆或局部预应力锚杆；加 @$1.0 \sim 1.5$ 的钢筋混凝土圈梁或混凝土二次支护	—

注：(1) L 为锚杆长度（m）；@为锚杆间排距或圈梁间距（m）；δ 为喷混凝土的厚度（cm）。
(2) 井壁采用喷锚做初期支护时，支护设计参数可适当减小。
(3) Ⅲ级围岩中井筒深度超过 500m 时，支护设计参数应予以增大。
(4) 在钢筋格栅拱架或圈梁部位，加固围岩的锚杆应与钢筋格栅拱架或圈梁连成一体。
(5) 超过本表范围的竖井采用喷锚支护时应进行专门研究。

2. 理论计算法

理论计算法是在测得岩体和支护力学参数的前提下，根据围岩的力学特征建立数学模型，通过计算确定支护参数的方法。这种方法是基于岩体力学的发展，考虑围岩与支护共同作用而逐渐形成和发展起来的。在工程实践中，当隧洞跨度及高度小于 10m 时，通常采用弹性和弹塑性平衡理论对围岩的变形及稳定性进行分析。其具体力学模型和计算方法主要根据岩体的力学属性和结构类型而定。当前有近似的解析算法和借助于计算机的有限元、边界元等数值解法，后者能参考弹塑性、各向异性、节理裂隙等多方面因素，因而在工程设计中已开始逐步采用。

由于围岩工程的地质状况复杂多变，其力学模型和岩体力学参数不易选定、推测，因此理论计算法虽然已经迈入成熟阶段，但实际工程中采用这种计算方法的并不多，它一般只作为设计中的一个手段，与其他设计方法相互校核。

3. 现场监控法

由于围岩强度及结构始终处于动态变化的过程中，因此，需要综合考虑各个过程提供的信息，以现场测量的信息为依据调整设计，是不可或缺的。现场监控法，又被称为信息设计法，是一种以现场测量为手段的设计方法。其最大的特点是在施工时进行各种测量，把测量的结果同步反馈给设计方，便于根据现场实际情况，确定最终的支护参数。通过对实时监测数据的反馈分析，实现工程稳定性的动态评价。这种方法以现场实际作为依据，它不仅有助于人们进行科学判断，而且能适应多变的地质条件，因而它比工程类比法和理论计算法更为实用可靠。此外，由于这种方法主要用于施工过程，且测量地段的选择、测量数据的分析与应用仍然依赖于人们的经验，同时受测量技术和测量设备的限制，这一方法的推广有一定的局限性。

5.2.3 喷锚支护设计计算

1. 喷锚支护设计原则

在设计锚杆参数（锚杆直径、间距、长度）时，应遵守以下基本原则。

（1）锚杆最大拉应力应小于其屈服极限。
（2）锚杆与黏结材料之间允许的剪应力应足够大，避免杆体与黏结材料之间脱开。
（3）锚杆的外端部剪应力应较大。
（4）为了不使锚杆与结体滑脱，围岩本身也要有足够大的抗剪强度。

2. 锚杆的计算

为了让锚杆充分发挥作用，应使锚杆应力尽量接近钢材的设计抗拉强度，并有一定安全度。锚杆抗拉安全系数应在 1~1.5 之间，即：

$$K_1 \sigma = \frac{K_1 Q}{A_S} = f_y \tag{5-1}$$

式中，K_1——锚杆抗拉安全系数；
σ——锚杆应力（kPa）；
Q——锚杆拉力（kN）；
A_S——锚杆横截面面积（m²）；

f_y——钢材的设计抗拉强度（kPa）。

锚杆有最佳长度，在这一长度范围内喷层受力最小。为防止锚杆和围岩一起塌落，锚杆长度必须大于松动区厚度，而且有一定安全度，即要求 $r_c > R_a$。R_a 的计算见下式。

$$R_a = r_c \left[\left(\frac{QP + c_1 \cot\varphi_1}{P_i + P_a + c_1 \cot\varphi_1} \right) \left(\frac{1 - \sin\varphi_1}{1 + \sin\varphi_1} \right) \right]^{\frac{1-\sin\varphi_1}{2\sin\varphi_1}} \tag{5-2}$$

式中，r_c——锚杆加固圈外半径（m）；

c_1、φ_1——加锚杆后围岩的 c、φ 值（kPa；°）；

P——原岩应力（kPa）；

P_i——支护抗力（kPa），通过试算求得；

P_a——围岩洞壁上产生支护的附加抗力（kPa）。

锚杆横向间距 e、纵向间距 i 应满足下列要求。

$$\frac{e}{r_c - r_0} \leqslant \frac{1}{2}, \frac{i}{r_c - r_0} \leqslant \frac{1}{2} \tag{5-3}$$

式中，r_c——锚杆加固圈外半径（m）；

r_0——锚杆加固圈内半径（m）。

此条件能保障锚杆有一定的加固区厚度，并防止锚杆间的围岩塌落，锚杆加固区与锚杆有效长度的关系如图 5-2 所示。此外，选择合理的 e、i 值时应使喷层具有适当的厚度，这样才能充分发挥喷层的作用。

3. 喷层计算

喷层除作为结构起承载作用外，还要向围岩提供足够的反力，以维持围岩的稳定。为了验证围岩的稳定性，需要计算最小抗力 $P_{i\min}$ 以及围岩稳定安全系数 K_2。松动区内滑移体的重力 G 可用下式表示。

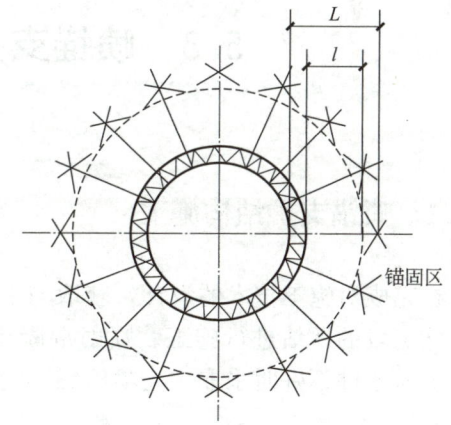

图 5-2　锚杆加固区与锚杆有效长度的关系

$$2G = \gamma b (R_{\max}^a - r_o) = P_{i\min} b \tag{5-4}$$

式中，γ——岩土层的重度（kN/m³）；

b——滑移体的宽度（m）；

$R_{\max}^a$——最大松动区的半径（m）；

r_o——开挖半径（m）；

$P_{i\min}$——最小抗力（kPa）。

求出 $P_{i\min}$，由此得

$$K_2 = \frac{P_i}{P_{i\min}} \tag{5-5}$$

式中，K_2 值应在 2～4.5 之间；

P_i——支护抗力（kPa）。

进行喷层强度校核时，要求喷层内壁切向应力小于喷混凝土的抗压强度。按厚壁圆筒理论有

$$\sigma_\theta = P_i \frac{2a^2}{a^2-1} \leqslant f_c \tag{5-6}$$

式中，a——按 $a = \dfrac{r_o}{r_1}$ 计算；

σ_θ——喷层内壁的切向应力（kPa）；

P_i——支护抗力（kPa）；

f_c——喷混凝土的轴心抗压强度（kPa）；

r_1——喷混凝土内壁半径。

由此可算喷混凝土的厚度 t 为

$$t = K_3 r_1 \left(\frac{1}{\sqrt{1 - \dfrac{2P_i}{f_c}}} - 1 \right) \tag{5-7}$$

式中，K_3——喷层的安全系数。

5.3 喷锚支护结构施工与监测

5.3.1 喷锚支护结构施工

在完成对施工技术的设计，获取与工程项目相关的信息后，综合施工方与地质勘查方对此施工段的评估进行施工。喷射混凝土的顺序可根据地层情况采取"先锚后喷"的方式，土质条件不好时采取"先喷后锚"的方式。喷锚支护施工现场如图5-3所示。

图 5-3　喷锚支护施工现场

1. 主要材料要求

掌握工程标准化施工过程后，为确保工程施工可以达到预期的质量，应在施工前对喷射的混凝土材料进行优化设计。锚杆、喷层材料必须与围岩相匹配。对于变形量较大的软岩，锚杆和喷层材料必须选择柔性较大的材料，以便达到喷层、锚杆和围岩在一定限度内的同步变形；对于强度较高、变形量较小的硬岩，锚杆、喷层材料也必须选择强度较高、变形较小的材料，否则围岩变形已接近破坏程度时，喷锚支护还不能提供足够的约束。注浆材料的强度和变形特性必须与围岩相匹配，否则可能在围岩尚未破坏时，注浆材料便先破碎，致使锚杆失去部分作用或全部作用。其具体要求如下。

（1）喷射混凝土应采用早强混凝土，其强度必须符合设计要求。混凝土配合比应根据试验确定。严禁选用具有碱活性的骨料。可根据工程需要掺用外加剂。速凝剂的掺量应根据水泥品种、水胶比等，通过混凝土试验选择最佳值，使用前应做凝结时间试验，要求初凝时间不大于5min，终凝时间不大于10min。

（2）钢筋网材料宜采用Q235钢，钢筋直径宜为6～12mm，网格尺寸宜为150～300mm，搭接长度应符合规范。钢筋网应与锚杆或其他固定装置牢固连接。

（3）钢拱架宜选用钢筋、型钢、钢轨等制成，采用钢筋加工而成的格栅拱架的主筋直径不宜小于18mm。

（4）锚杆注浆材料应选择早期强度高而硬化时收缩量较小的材料，以使锚杆尽早发挥作用。

2. 喷射混凝土的施工要求

喷射混凝土基层厚度须完全符合要求，如果一次喷射过薄，则可能无法对基层围岩主体起后续的保护支撑作用；如果喷射过厚，则可能侵占二次喷射衬砌的使用空间，影响围岩后续的施工。如果在建筑混凝土基层喷射给水过程中突然出现混凝土基层大范围脱落或产生较大的裂缝，要及时对其进行喷水补喷。喷射混凝土的养护应在终凝2小时后进行，养护时间应不小于7天；当环境潮湿有水时，可根据情况调整养护时间。喷射保温混凝土的保温养护期不少于7天，冬季温度较低，要注意做好喷射混凝土的保温防冻工作。

喷射混凝土时，应确保喷射机供料连续、均匀。作业开始时，应先送风送水，后升机，再给料；结束时，应待料喷完后再关机。混凝土喷射前应检查喷射机喷头的状况，使其保持良好的工作性能。喷射时，应用高压风清理受喷面、施工缝，剔除疏松部分；喷头与受喷面应垂直，距离宜为0.6～1.5m。喷射混凝土应分段、分片、分层并自下而上依次进行。分层喷射时，后一层喷射应在前一层混凝土终凝后进行。

喷射混凝土对整个岩壁表面的清洁要求很高。在正式施工之前，要用水充分清洗整个岩壁的表面，确保整个岩壁的正常清洁度后，再按照岩壁相应的砂浆比例和施工顺序配制喷射混凝土。在安装喷射口的过程中，要将整个喷射岩壁的厚度分成多个5cm左右的小段依次进行喷射，这样做才能大大提高喷射的质量。同时，在每次喷射的过程中，要特别注意喷射的岩壁厚度与喷射角度的问题；喷射口的方向与整个岩面的喷射角度不能超过10°，喷射的岩壁厚度一般保持在3cm左右。紧固钢板焊接使用完的钢筋钢板锚杆后，需要将钢筋锚杆模板网片与护栏紧固钢板锚杆的护栏模板主体焊接牢固，护栏钢筋模板的喷面与紧固锚杆模板的钢筋网之间的紧固焊接处应有缝隙，并且其间距不得大于3cm。

3. 锚杆要求

在设有系统锚杆的地段，系统锚杆宜在下一循环开挖前完成设置。设置锚杆时，在无钢架的地段，锚杆在初喷混凝土、挂钢筋网后设置，或在初喷混凝土、挂钢筋网、复喷混凝土后设置；有钢架的地段，锚杆在初喷混凝土、挂钢筋网、立钢拱架、复喷混凝土后设置。锚杆孔的施工应符合下列规定。

(1) 宜采用锚杆钻孔机或（多臂）钻孔台车钻孔。
(2) 钻孔前应按设计要求标出钻孔位置，钻孔数量不得少于设计数量。
(3) 系统锚杆的钻孔方向应为设计开挖轮廓的法线方向，垂直偏差不宜大于 20°。
(4) 局部锚杆应与岩层层面或主要结构面呈大角度相交。
(5) 锚杆钻孔直径应比锚杆杆体直径大 15mm。
(6) 钻孔深度应满足设计要求，与设计锚杆长度的允许偏差为±50mm。

5.3.2 喷锚支护施工监测

监控量测的主要目的是掌握围岩和支护的工作状态，判断围岩的稳定性、支护结构的合理性和隧道的整体安全性，确定二次衬砌的施工时间，为在施工中调整围岩级别、变更设计方案及参数、优化施工方案及为施工工艺提供依据，并直接为设计和施工管理服务。现场量测手段按仪器仪表的物理效应的不同，可分为机械式（如百分表、测力计等）、电测式（如电阻型、电容型等）、光弹式（光弹应力计，光弹应变计）、物探式（弹性波法，形变电阻率法）几类。

监测期间应按程序和规定做好收敛量测记录与多点位移计监测记录，并对监测资料进行整理分析。对喷射混凝土所用原材料的检查应符合《水工混凝土施工规范》DL/T 5144—2015 的规定，锚杆材料及黏结、灌浆、防腐材料应具有出厂合格证、试验报告单等资料，其性能指标应符合设计要求（《水电水利工程锚喷支护施工规范》DL/T 5181—2017）。此外，岩土锚固与喷射混凝土支护工程的监测与维护应贯穿工程施工阶段和工程使用阶段，应定期对永久性锚固工程或安全等级为Ⅰ级的临时性锚固工程的锚杆预加力值、锚头及被锚固结构物的变形进行监测（《岩土锚杆与喷射混凝土支护工程技术规范》GB 50086—2015 中规定）。

《公路隧道施工技术规范》JTG/T 3660—2020 列出了喷锚衬砌隧道施工时必须进行的量测项目，其作业应符合表 5-5 的规定。选测项目应根据设计要求、隧道横断面形状和断面大小、埋深、围岩条件、周边环境条件、支护类型和参数、施工方法等综合确定。选测项目是对一些有特殊意义和具有代表性的区段以及试验区段进行的补充量测，以求更深入地掌握围岩的状态与喷锚支护的效果，具有指导未开挖区的设计与施工的作用。这类项目的量测较为麻烦，数量较多，花费较大，一般根据需要选择其中部分或全部。在某些工程中，由于特殊需要，还要增加一些不常用而对该工程又很重要和必需的测试项目，如底鼓量测、岩体力学参数量测、原岩应力量测等。

隧道现场监控量测的必测项目　　　　　表 5-5

序号	项目名称	方法及工具	测点布置	精度	量测间隔时间			
					1~15 天	16~30 天	1~3 个月	大于 3 个月
1	洞内、外观察	现场观测；地质罗盘等	开挖及初期支护后进行	—		—		

续表

序号	项目名称	方法及工具	测点布置	精度	量测间隔时间			
					1～15天	16～30天	1～3个月	大于3个月
2	周边位移	各种类型的收敛计、全站仪或其他非接触量测仪器	每5～100m一个断面，每个断面2～3对测点	0.5mm（预留变形量不大于30mm时）；1mm（预留变形量大于30mm时）	每天1～2次	每两天1次	每周1～2次	每月1～3次
3	拱顶下沉	水准仪、铟钢尺、全站仪或其他非接触量测仪器	每5～100m一个断面		每天1～2次	每两天1次	每周1～2次	每月1～3次
4	地表下沉	水准仪、铟钢尺、全站仪	洞口段、浅埋段（h≤2.5b），布置不少于2个断面，每个断面不少于3个测点	0.5mm	开挖面距量测断面前后2.5b时，每天1～2次；开挖面距量测断面前后小于5b时，2～3天测1次；开挖面距量测断面前后不小于5b时，3～7天测1次			
5	拱脚下沉	水准仪、铟钢尺、全站仪	富水软弱破碎围岩、流沙、软岩大变形、含水黄土、膨胀岩土等不良地质和特殊性岩土段	0.5mm	仰拱施工前，每天1～2次			

注：b——隧道开挖宽度；h——隧道埋深。

5.4　围岩稳定性分析

5.4.1　围岩的概念及其稳定性影响因素

11.
围岩稳定性分析

在地下进行开挖工作时，将岩土体划分为三个部分。第一部分为需挖除的岩土体。第二部分为地层开挖时应力重分布范围内的岩体，被称为围岩。围岩以外的原状岩土体是第三部分，只有当其与工程有显著的地质关联时，才考虑纳入研究范围。围岩的范围不受尺寸大小的限制，由研究对象决定，从力学分析出发，围岩的边界应划在应力变化可以忽略不计的地方；从地质学的角度分析，影响范围会远大于力学。而围岩是否稳定，比坑道范围内的岩体是否易于挖除更重要。围岩具有一定的承载能力，故施工中应尽量减少围岩的扰动。对于围岩，主要研究其稳定性及其影响因素，以及保障围岩稳定的支护、加固措施等。

影响围岩稳定性的因素可分为地质因素和工程因素两类。地质因素决定了围岩的质量，直接决定工程的可行性。而工程因素受人类活动控制，其带来的影响在地下工程建设中也不可忽视。地质因素包括岩体的结构特征、岩石强度、地下水状况、结构面性质和空间组合、初始应力场几个方面，工程因素包括开挖断面形状与尺寸、开挖方法、支护措施等，具体影响因素见表 5-6。

影响围岩稳定性的因素　　　　　　　　　　　　　表 5-6

地质因素	岩石强度	岩石的单轴饱和抗压强度
	岩体结构特征	岩体的破碎程度或完整性
	结构面性质和空间组合	结构面的成因及其发展史；结构面的平整、光滑程度；结构面的物质组成及其填物；结构面的规模与方向性；结构面的密度与组数
	初始应力场	主应力方向、大小
	地下水状况	地下水的类型、位置
工程因素	现场施工	开挖断面尺寸与形状
		开挖方法及支护措施

1. 地质因素

岩石的硬度会影响围岩的破坏形态。硬岩（如石英岩、花岗岩、流纹斑岩、玄武岩等）一般节理裂隙少，变形时多表现为脆性破坏，容易发生岩爆现象，而软岩（如砂页岩互层、黏土质岩石等）强度低，以塑性变形为主。当结构面与隧道轴线的相互关系不利时，或者出现两组及两组以上的结构面时，就会构成容易坠落的分离岩块。地应力主要有自重应力和构造运动产生的或残留的应力两种。主应力的大小与方向、最大主应力与最小主应力的差值、各主应力的构造特征以及主应力与工程相对方位都对围岩的稳定性产生影响。

2. 工程因素

不同的施工方式对围岩的影响程度不同，如挖掘机掘进对围岩的破坏程度要远小于钻爆法所产生的炮震裂隙对围岩的破坏。爆破的效果、断面成型情况可能会影响应力分布情况，从而影响围岩的稳定性。一般来说，跨度越大的工程，其发生不稳定现象的可能性越大。

5.4.2　围岩分级

对隧道围岩的稳定性分析主要有隧道的整体稳定性分析和局部块体的稳定性分析两种。分析方法大致可归纳为工程地质类比法、数值分析法、岩体稳定性力学分析法和物理模拟法等。工程地质类比法主要从工程因素及地质因素两方面进行分析。

针对不同国家和行业的特点，依据不同围岩稳定性的影响因素，可对岩体进行分类。通过总结和借鉴国外围岩分级的成果，我国公路隧道围岩分级主要采用《工程岩体分级标准》GB/T 50218—2014 中的 BQ 分级方法，它主要以岩石的坚硬程度和岩体的完整程度为依据，是一种定量与定性相结合的方法。岩体的基本质量指标 BQ 根据下式计算。

$$BQ = 100 + 3R_c + 250K_v \tag{5-8}$$

式中，R_c——岩石单轴饱和抗压强度；

　　　K_v——岩体完整性系数。

使用式（5-8）应遵守下列限制条件。

（1）当 $R_c > 90K_v + 30$ 时，应以 $R_c = 90K_v + 30$ 和 K_v 代入式（5-8）计算 BQ 值。

（2）当 $K_v > 0.04R_c + 0.4$ 时，应以 $K_v = 0.04R_c + 0.4$ 和 R_c 代入式（5-8）计算 BQ 值。

BQ 值主要考虑岩体的结构特征和岩石的强度这两个方面，同时依据另外 3 种地质因素，即软弱结构面产状、地下水状况和岩体所处的初始应力状态，来修正 BQ 值。其修正系数 K_1、K_2、K_3 可分别按表 5-7、表 5-8 和表 5-9 确定。

$$[BQ] = BQ - 100(K_1 + K_2 + K_3) \tag{5-9}$$

式中，$[BQ]$——地下工程岩体质量修正指标；

　　　K_1——地下工程地下水影响修正系数；

　　　K_2——地下工程主要软弱结构面产状影响修正系数；

　　　K_3——初始应力状态影响修正系数。

地下工程地下水影响修正系数 K_1 的取值　　　　　　　　　　　　　表 5-7

地下水出水状态	BQ				
	>550	550~451	450~351	350~251	≤250
潮湿或点滴状出水，$p \leq 0.1$ 或 $Q \leq 25$	0	0	0~0.1	0.2~0.3	0.4~0.6
淋雨状或线流状出水，$0.1 < p \leq 0.5$ 或 $25 < Q \leq 125$	0~0.1	0.1~0.2	0.2~0.3	0.4~0.6	0.7~0.9
涌流状出水，$p > 0.5$ 或 $Q > 125$	0.1~0.2	0.2~0.3	0.4~0.6	0.7~0.9	1.0

注：(1) p 为地下工程围岩裂隙水压（MPa）。
　　(2) Q 为每 10m 洞长的出水量 [10L/(min·m)]。

地下工程主要结构面产状影响修正系数 K_2 的取值　　　　　　　　　表 5-8

结构面产状及其与洞轴线的组合关系	结构面走向与洞轴线的夹角 <30°，结构面倾角为 30°~75°	结构面走向与洞轴线的夹角 ≥60°，结构面倾角≥75°	其他组合
K_2	0.4~0.6	0~0.2	0.2~0.4

初始应力状态影响修正系数 K_3 的取值　　　　　　　　　　　　　　表 5-9

围岩强度应力比 $\left(\dfrac{R_c}{\sigma_{\max}}\right)$	BQ				
	>550	550~451	450~351	350~251	≤250
<4	1.0	1.0	1.0~1.5	1.0~1.5	1.0
4~7	0.5	0.5	0.5	0.5~1.0	0.5~1.0

目前，对于我国国内应用的围岩分级方法，各种行业规范不尽相同。为了实现对围岩

级别更加全面的综合评判,《公路隧道设计规范 第一册 土建工程》JTG 3370.1—2018 中修订了公路隧道围岩的分级方法,使得铁路隧道和公路隧道的分级方法趋于一致,但没有采用弹性纵波速度这一指标。铁路隧道围岩分级见表5-10。

铁路隧道围岩分级 表 5-10

围岩级别	围岩主要工程地质特征	结构特征和完整状态	围岩开挖后的稳定状态(小跨度)	围岩基本质量指标 BQ	围岩弹性纵波速度 $v_p/(\text{km/s})$
Ⅰ	极硬岩($R_c>60$MPa);受地质构造的影响轻微,节理不发育,无软弱面(或夹层);层状岩层为巨厚层或厚层,层间结合良好,岩体完整	呈巨块状结构	围岩稳定,无坍塌,可能产生岩爆	>550	A:>5.3
Ⅱ	硬质岩($R_c>30$MPa);受地质构造的影响较重,节理较发育,有少量软弱面(或夹层)和贯通微张节理,但其产状和组合关系不致产生滑动;层状岩层为中厚层或厚层,层间结合一般,很少有分离现象或为硬质岩,偶夹软质岩	呈巨块或大块状结构	暴露时间长,可能会出现局部小坍塌;侧壁稳定,层间结合差的平缓岩层顶板易塌落	550~451	A:4.5~5.3 B:>5.3 C:>5.0
Ⅲ	硬质岩($R_c>30$MPa);受地质构造影响严重,节理发育,有层状软弱面(或夹层),但其产状和组合关系尚不致产生滑动;层状岩层为薄层或中层,层间结合差,多有分离现象;硬、软质岩互层	呈块(石)碎(石)状镶嵌结构	拱部无支护时可能出现小坍塌,侧壁基本稳定,爆破振动过大易坍塌	450~351	A:4.0~4.5 B:4.3~5.3 C:3.5~5.0 D:>4.0
Ⅲ	较软岩(R_c为15~30MPa);受地质构造的影响轻微,节理不发育;层状岩层为巨厚层或厚层,层间结合良好或一般	呈大块状结构			
Ⅳ	硬质岩($R_c>30$MPa);受地质构造的影响极严重,节理很发育;层状软弱面(或夹层)已基本被破坏	呈碎石状压碎结构	拱部无支护时可能产生较大坍塌,侧壁有时失去稳定	350~251	A:3.0~4.0 B:3.3~4.3 C:3.0~3.5 D:3.0~4.0 E:2.0~3.0
Ⅳ	软质岩(R_c为5~30MPa);受地质构造的影响较重或严重,节理较发育或发育	呈块(石)碎(石)状镶嵌结构			
Ⅳ	土体: (1)具有压密或成岩作用的黏性土、粉土及砂类土; (2)黄土(Q_1,Q_2); (3)一般钙质、铁质胶结的碎石土、卵石土、大块石土	(1)和(2)呈大块状压密结构,(3)呈巨块状整体结构			

续表

围岩级别	围岩主要工程地质特征	结构特征和完整状态	围岩开挖后的稳定状态(小跨度)	围岩基本质量指标 BQ	围岩弹性纵波速度 v_p/(km/s)
V	岩体:较软岩,岩体破碎;软岩,岩体较破碎至破碎;全部极软岩及全部极破碎岩(包括受构造影响严重的破碎带)	呈角砾碎石状松散结构	围岩易坍塌,处理不当会出现大坍塌,侧壁经常小坍塌;浅埋时易出现地表下沉(陷)或坍塌至地表	≤250	A:2.0~3.0 B:2.0~3.3 C:2.0~3.0 D:1.5~3.0 E:1.0~2.0
V	土体:一般第四系坚硬、硬塑的黏性土,稍密及以上,稍湿或潮湿的碎石土、卵石土、圆砾土、角砾土、粉土及黄土(Q_3、Q_4)	非黏性土呈松散结构,黏性土及黄土呈松软结构			
Ⅵ	岩体:受构造影响严重的碎石、角砾及粉末、泥土状的富水断层带,富水破碎的绿泥石或炭质千枚岩	呈松散结构	围岩极易变形坍塌,有水时土砂常与水一齐涌出;浅埋时易坍塌至地表	—	<1.0(饱和状态的土<1.5)
Ⅵ	土体:软塑状黏性土、饱和的粉土、砂类土等,风积沙,严重湿陷性黄土	黏性土呈易蠕动的松软结构,砂性土呈潮湿松散结构			

注:R_c为岩石单轴饱和极限抗压强度。

思考与练习

1. 喷锚支护的类型有哪些?各有什么特点?
2. 喷锚支护应用的力学原理有哪些?
3. 喷锚支护设计与施工的原则是什么?
4. 影响围岩稳定性的影响因素有哪些?

教学单元 6　沉井结构和沉箱结构

教学目标

1. 知识目标
(1) 了解沉井和沉箱的概念及特点。
(2) 掌握沉井及沉箱的设计流程、设计方法及其遵循的原则。
(3) 熟悉沉井和沉箱的施工过程以及施工方法。
2. 能力目标
(1) 能区分沉箱结构和沉井结构的异同。
(2) 能对较简单的沉井和沉箱结构进行初步设计。
(3) 能根据工程实际情况选择对应的沉井结构或沉箱结构。
3. 素质目标
通过对本章内容的学习，培养具体问题具体分析的意识，锻炼分析问题的思维和能力。

思维导图

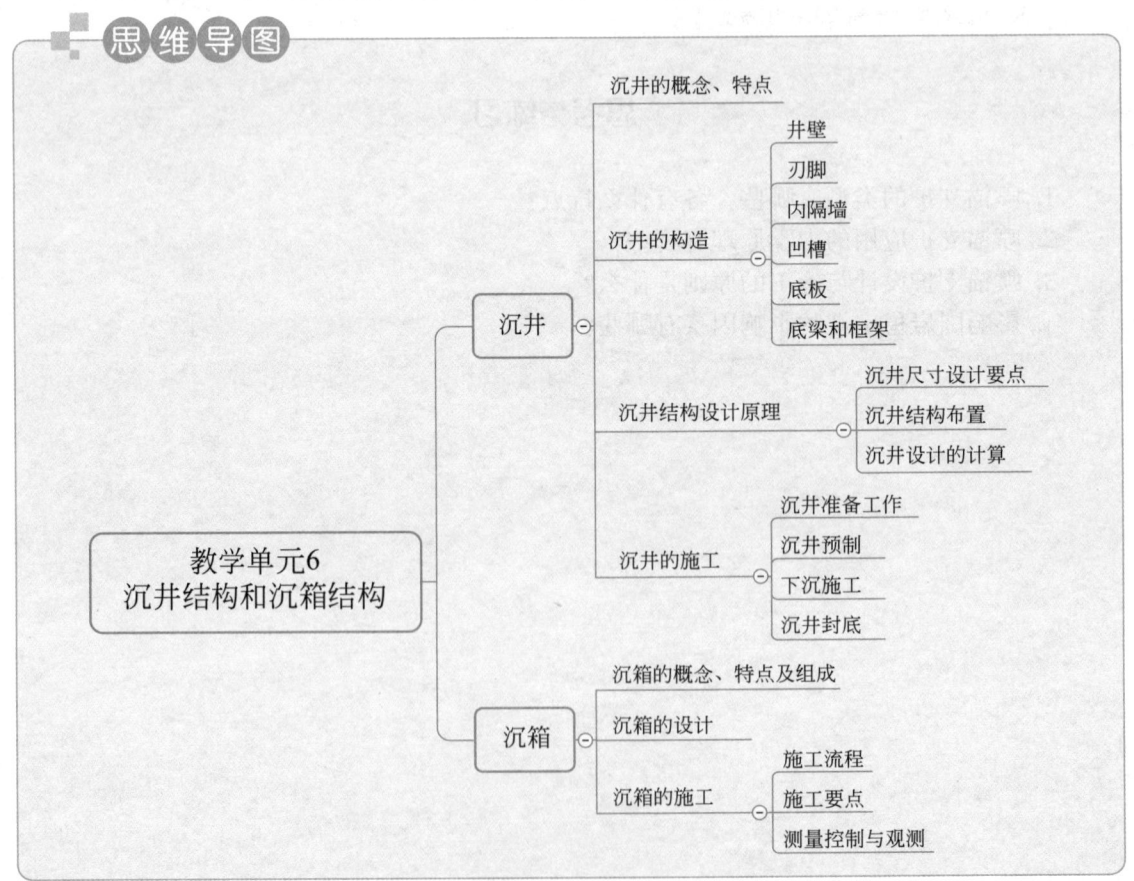

随着地下空间的大力开发，对地下工程的施工提出了更高的要求，传统的施工方式无法胜任工程任务。为保证工程质量，必须做好建筑施工前的技术准备工作，而沉井（沉箱）技术就是针对复杂地形结构和较深地基建设的技术，它能有效满足地下工程施工技术的要求。

沉井（沉箱）技术利用自身重力作业，以其占地面积小且内部空间可利用、施工方便安全、对附近建筑物的影响小等特点，自 1950 年以来，在我国得到广泛的应用和发展。在软土地基或流沙层开挖中，沉井技术更是发挥了其独特的优势，现已发展为地下埋深较大构筑物的重要施工手段。

6.1 沉井

6.1.1 沉井的概念、特点

沉井是一种井筒状的地下构筑物，施工时先在地面上建好一段（或全部）井身，挖去井内的土，使其逐渐下沉，之后逐段接长井身，直至沉到预定深度为止。沉井可用作地下的水泵房和水池，或用混凝土填实以作为大型桥梁、重型建筑物的基础。沉井是修筑地下结构和深基础的一种结构形式。

密集的建筑群施工时，为确保邻近地下管线和建筑物的安全，近年来在沉井（沉箱）施工中创造了钻吸工艺和中心岛式等施工工艺。这些新工艺仅使地表产生微小的沉降和地层位移。由于沉井（沉箱）施工技术的不断发展和日臻完善，只要施工措施选择恰当，沉井（沉箱）施工法几乎可适用于任何环境和地质条件。

目前，国内外沉井深度可达到 30m，平面尺寸达 3000m^2。为降低井壁侧面的摩擦阻力，提高开挖深度，20 世纪 40 年代日本采用壁外喷射高压空气（空气幕法）降低井壁上的摩擦阻力，沉井下沉深度达到 156m。20 世纪 70 年代初，采用此法的沉井下沉深度超过了 200m。由于此法的空气幕构造较复杂，高压空气耗量亦大，控制纠偏技术要求较高，20 世纪 50 年代以后，欧洲推广了在井壁与土之间压入触变泥浆以降低摩擦阻力的方法。触变泥浆兼有减摩和支承井壁外侧土体，防止沉井周围地面沉降的作用，同时可减少沉井壁厚，改善结构受力状况，压注触变泥浆法在我国应用较广泛。

沉井具有占地面积小、开挖无需围护、挖土量少、节约投资及施工稳妥可靠等特点。沉井埋置深度大，整体性强，稳定性好，承载面积大，承载力高（垂直与水平），施工时对邻近建筑物的影响较小，内部空间可进一步利用，既可作为基础，又可作为施工时的挡土和挡水围堰结构物。与地下连续墙结构相比，沉井结构的单体造价较低，主体在地面浇筑，质量容易保证，不存在接头强度不足和漏水等问题。因此，在一定的场合下，沉井仍然是一种不可替代的结构物。

6.1.2 沉井的构造

沉井的基本构造包括井壁、凹槽、刃脚、内隔墙、封底和顶板等部分，具体如图 6-1 所示。

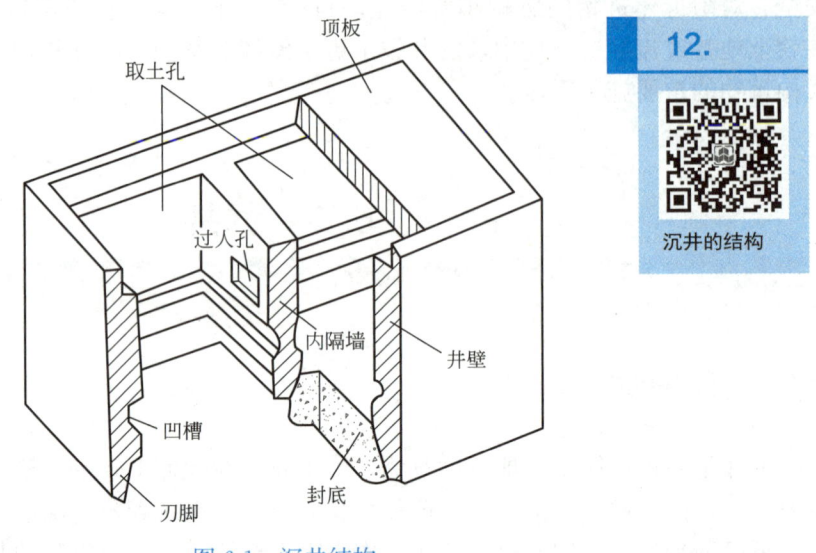

图 6-1　沉井结构

1. 井壁

井壁一般分为两种类型：直壁式（厚度均匀）和阶梯式。直壁式井壁具有以下优点：可以较好地依靠周围土层来固定井壁，便于垂直下沉，且在井壁高度接近时可以反复使用模板。阶梯式井壁的优势在于其操作性强，可以根据水压和土压力随高度变化的情况设置不同的井壁厚度，从而实现节省建筑材料的目的。

2. 刃脚

刃脚是井壁最下端的尖角，其主要功能是降低下沉时的端部阻力。井筒下沉过程中，刃脚是受力最集中的位置。因此它必须具备足够的强度，以免在下沉时损坏。

3. 内隔墙

内隔墙的主要作用是减少井壁的跨度，改善井壁的受力状况，从而提高沉井下沉时的刚度。同时，内隔墙将沉井分成多个部分，方便后续挖土和下沉，维持作业过程中沉井的平衡，且便于调整。

4. 凹槽

凹槽位于刃脚内侧上方，其功能是在沉井封底过程中增强井壁与底板混凝土之间的连接，从而更有效地将封底底面的反力传递给井壁。

5. 底板

通常情况下，底板是由两层混凝土组成的。下层是素混凝土，上层是钢筋混凝土。底板的厚度由基底反力（如水压和土压力），以及底板所采用的材料性能和施工方法等决定。当沉井沉到设计高度，经过检查和井底清理后，浇筑素混凝土。封底可分为干封和湿封，根据需要在井底设置集水井，待封底素混凝土达到设计强度后，再在其上浇筑钢筋混凝土。

6. 底梁和框架

在无法设置内隔墙的情况下，为了增加大型沉井的整体刚度，可以在沉井底部增加底梁，从而形成框架结构。沉井高度过大时，通常在不同高度设置几个由纵横梁组成的水平框架，以减小井壁（顶、底板之间）的跨度，使其结构受力合理。

6.1.3 沉井结构设计原理

1. 沉井尺寸设计要点

（1）沉井高度。

在设计沉井顶面的高程时，除要满足使用和工艺要求，还需保证在沉井深入地下后能够进行封底、内部填充、安装和上部建筑作业。另外，要求设计的沉井顶部在水中或岸边时，其高程应比施工期间的水位加上浪高高出 0.5m 以上。为了防止地面水流入井内，沉井用于人工筑岛时，其高程应高于岛面或地面 0.3m 以上。沉井底面高程的确定要考虑沉井的用途、荷载大小以及地基土层分布、性质和地基承载力等因素的综合影响。

（2）沉井刃脚踏面高程。

在确定沉井刃脚踏面设计高程（即埋置深度）时，应注意以下几点。

1）用于地下或水中的空腹式构筑物，应按使用净空要求确定沉井刃脚踏面设计高程。

2）根据防刮擦计算，沉井的刃脚应埋在刮擦线以下，满足防倾覆、防滑等要求。

3）应根据地基承载力及变形（沉降）的计算结果，选择合适的持力层。

（3）平面形状和尺寸。

1）沉井的平面形状。

沉井的平面形状应依据上层建筑物的平面形态及用途而定。如沉井作为地下泵房，则宜为矩形；沉井作为桥墩基础时一般为椭圆形。根据建筑物的平面面积和形状，可以选择使用单孔、单排或多排沉井，也可以选择使用多个沉井的组合方式。

2）平面尺寸。

沉井平面上的内部净空尺寸除应满足使用要求外，还需考虑施工容许的竖向偏移与水平位移。根据规范的规定，沉井斜角（圆形沉井相互垂直的两个直径和圆周的交点）中任何两个角的刃脚高差都不能超过该两角之间水平距离的 1%，并不能超过 300mm。如两角间的水平距离小于 10m，其刃脚高差允许为 100mm。沉井的水平位移不得超过下沉总深度的 1%，但下沉总深度小于 10m 时，其水平位移允许为 100mm。施工过程中，若需要扩大沉井的平面尺寸，应增加其空腹式建筑物内部的可用空间尺寸。若沉井用于填充实体式基础，可扩大外沿预留裙边的尺寸。

（4）井壁厚度。

根据强度要求和沉井自重下沉要求，需通过计算来确定沉井的井壁厚度。在设计时，可先初步拟定一个厚度，一般中型沉井井壁厚度为 0.5～1.0m；小型沉井井壁厚度一般为 0.3～0.5m；大型沉井内隔墙的厚度比外壁小，应通过计算确定，一般为 0.2～0.4m。

2. 沉井结构布置

沉井平面应对称布置，以利于沉井稳定下沉。如果沉井在平面上不对称，造成沉井的偏心，令沉井作业困难，易导致倾斜。同样，沉井的纵向布置也应将重心放在轴心，形状怪异的结构不适合采用沉井施工。

(1) 矩形沉井的长宽比。

矩形沉井的长宽比不宜大于 2，当长宽比过大时，需要采取措施，加强结构刚度，以抵抗施工因素造成的整体变形。

(2) 平面分格。

不同沉井根据使用要求，平面上的分格不同。由于沉井下沉操作要求，分格尺寸有所限制，通常尺寸不得小于 3m。如果沉井作为顶管的工作井，其分格的尺寸尚应满足顶管工作井的要求。对于大型沉井，为了减小井壁跨径以改善井壁的受力条件，可在沉井的分格内设置内隔墙，增加沉井的刚度。内隔墙宜均衡设置，以便沉井均衡下沉，且便于纠偏。内隔墙的底面一般比井壁刃脚踏面高 0.5~1.0m，以免土体顶住内隔墙而阻碍下沉；内隔墙厚度一般为 0.5m 左右。

(3) 底梁和框架。

在较大的沉井中，若由于使用空间要求而不能设置内隔墙时，则可在沉井底部增设纵、横底梁，以增加沉井的整体刚度。底梁的底面一般比井壁刃脚踏面高 0.5~1.0m，底梁的截面尺寸按普通梁拟定。

当沉井高度过大时，可根据内部空间的使用要求，在井壁的不同高度设置若干道水平框架，以减少井壁的跨度，改善整体刚度，使沉井结构的受力更加合理。

(4) 刃脚布置和构造。

刃脚通常沿沉井外壁布置。当下沉系数太大时，内隔墙或底梁下面也应适当布置刃脚以增加下沉阻力。当沉井尺寸较大时，考虑内隔墙及底梁底受力要求，中隔墙下也应布置刃脚。当刃脚沿沉井周边布置，中隔墙下无刃脚时，应用砂包垫平。

刃脚的踏面宽度通常不小于 150mm，当土质坚硬时，刃脚踏面可用钢板或角钢加以保护；刃脚内侧倾斜面的水平倾角通常为 40°~60°。

3. 沉井设计的计算

(1) 沉井尺寸确定。

沉井尺寸应依据建筑设计平面、剖面、总图给定的尺寸设计。根据拟建场地的地段条件、工程地质与水文、施工条件，参考类似的沉井工程施工经验，布置沉井井筒尺寸，根据建筑方案设置内隔墙或梁、孔洞等，布置沉井的分格，确定沉井平面、剖面以及井壁厚度等各构件的截面尺寸。

(2) 确定下沉系数 K_1、下沉稳定系数 K_1' 和抗浮安全系数 K_2。

在确定沉井主体尺寸后，即可算出沉井自重，验算在沉井下沉时的下沉系数 K_1，以保证沉井在自重作用下能克服井壁摩阻力 R_f 而顺利下沉。下沉系数 K_1 的计算公式为

$$K_1 = \frac{G-B}{R_f} \tag{6-1}$$

式中，G——沉井在各种施工阶段时的总自重（kN）；

B——下沉过程中地下水的总浮力（kN）；

R_f——井壁总摩阻力（kN）；

K_1——下沉系数，一般为 1.05～1.25，对位于淤泥质土层中的沉井，宜取较小值，位于其他土层的沉井，可取较大值。

设置内隔墙及底梁的沉井，当计算下沉阻力时，若同时考虑刃脚踏面、内隔墙及底梁下的地基反力，可采用略大于该处地基土极限承载力的反力值，对于淤泥质黏土可取 200kPa。

沉井在软弱土层中下沉，有突沉可能，应根据施工情况进行下沉稳定验算。

$$K_1' = \frac{G-B}{R_f + R_1 + R_2} \quad (6-2)$$

式中，K_1'——下沉稳定系数，一般取 0.8～0.9；

R_1——刃脚踏面及斜面下土的支承力（kN）；

R_2——隔墙和底梁下土的支承力（kN）。

井壁摩阻力的分布形式可有多种假定，通常假定在 5m 深度范围内按三角形分布，5m 以下为常数，如图 6-2 所示。

沉井下沉至设计标高后浇筑混凝土并制作底板，形成无盖的箱形结构。因其受到水的浮力作用，所以应进行抗浮稳定验算。抗浮安全系数 K_2 为

$$K_2 = \frac{G - R_f}{B} \quad (6-3)$$

式中，K_2——抗浮安全系数，一般取 1.05～1.1。在不计井壁摩阻力时，可取 1.05。

（3）刃脚计算。

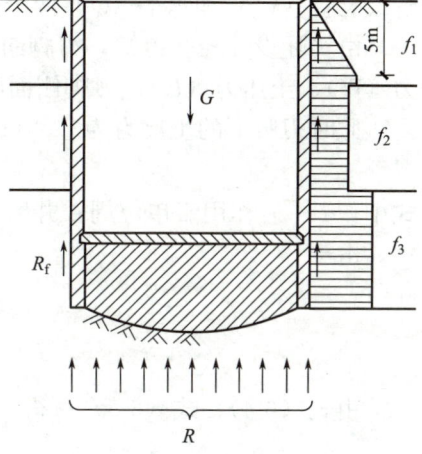

图 6-2 作用在沉井上的力系

沉井的刃脚一般有下列两种受力情况。如图 6-3 所示，取单位长度进行悬臂梁计算，并据此进行刃脚内侧和外侧的竖向钢筋和水平钢筋的配筋计算。

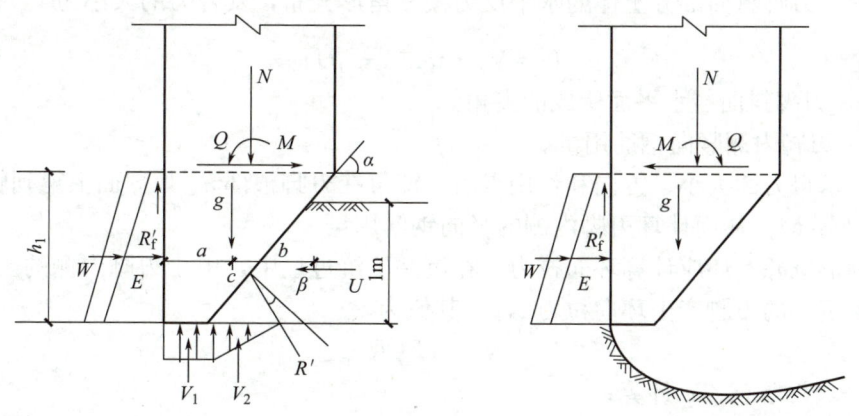

图 6-3 沉井刃脚计算

1）刃脚向外挠曲的计算（配置内侧竖向钢筋）。

当沉井已下沉至全部深度的一半，并且已接高其余各节井壁，或在采用分节浇筑一次

下沉的起始下沉时，可假定刃脚入土 1m。此时刃脚斜面上土体向外的横推力 U 产生的向外弯矩最大，可以用来计算内侧竖向钢筋用量。此时可沿井壁周边取 1m 宽的截条作为计算单元，计算步骤如下。

① 计算井壁自重 G'，即沿井壁周长单位宽度上的沉井自重（按全井高度计算），不排水下沉时应扣除浮力。

② 计算刃脚自重 g_1。

③ 计算刃脚上外侧的水压力（W）、土压力（E）（按朗肯主动土压力理论计算）。

④ 计算刃脚上外侧的土体对井壁的摩阻力 R'_f。

⑤ 计算刃脚下土体的反力，即踏面上的土体反力 V_1 和斜面上的土体反力 R'。假定 R' 作用方向与斜面法线成 β 角（即刃脚斜面与土之间的摩擦角，$\beta=10°\sim30°$），并将 R' 分解成竖直（V_2）和水平（U）两个分力（均假定为三角形分布）。

由实际设计经验得知，刃脚向外挠曲的程度取决于 V_1、V_2 和 U 的大小。但是，水压力（W）、土压力（E），刃脚侧面摩擦力 R'_f 和刃脚自重 g_1 对其影响甚小，可忽略不计。

此时刃脚下的土反力为

$$V_1+V_2 \approx G'-T \tag{6-4}$$

式中，T——作用于单位周长井壁上的摩擦力（kN）。

由于

$$\frac{V_1}{V_2}=\frac{a\sigma}{\frac{1}{2}b\sigma}=\frac{2a}{b} \tag{6-5}$$

由式（6-4）、式（6-5）可得

$$V_2=\frac{G'-T}{1+\frac{2a}{b}} \tag{6-6}$$

从 V_2 在刃脚斜面上的作用点 c，可知 R' 和 U 的作用点也在 c 点，即 U 的作用点距刃脚底面 $\frac{1}{3}$ 处，刃脚斜面部分土体的水平反力按三角形分布，其合力的大小为

$$U=V_2 \cdot \tan(\alpha-\beta) \tag{6-7}$$

式中，α——刃脚斜面与水平面所成的夹角。

⑥ 确定刃脚内侧竖向钢筋用量。

按以上求得力的大小、方向和作用点后，即可在刃脚根部 h_k 处截面上得到轴向力 N、剪力 Q 和弯矩 M，从而计算刃脚内侧的竖向钢筋用量。

对于圆形沉井，还应计算环向拉力。在沉井下沉过程中，由于刃脚内侧的土体反力的作用，圆形沉井的刃脚产生环向拉力 N_h，其值为

$$N_h=U \cdot R \tag{6-8}$$

式中，U——按式（6-7）计算；

R——圆形沉井环梁轴线的半径。

沉井刃脚一方面可看作固着在刃脚根部的悬臂梁，梁长等于井壁刃脚斜面部分的高度；另一方面，刃脚又可看作一个封闭的水平框架。因此，作用在刃脚侧面上的水平外力将由悬臂梁和框架来共同承担，即部分水平外力是垂直传至刃脚根部，余下部分由框架承

担。其分配系数为

悬臂作用：

$$\alpha = \frac{0.1l_1^4}{h_k^4 + 0.05l_1^4} \text{(但 } \alpha \text{ 不大于 1)} \tag{6-9}$$

框架作用：

$$\beta = \frac{h_k^4}{h_k^4 + 0.05l_2^4} \tag{6-10}$$

式中，l_1——沉井外壁支承于内隔墙间的最大计算跨度；

l_2——沉井外壁支承于内隔墙间的最小计算跨度；

h_k——刃脚斜面部分的高度。

上述公式只适用于内隔墙刃脚踏面高出外壁不超过 0.5m，或刃脚处有内隔墙或底梁加强，且内隔墙或底梁不高于刃脚踏面 0.5m 的情况，否则全部水平力都由悬臂梁承担，即 $\alpha = 1$。

2）刃脚向内挠曲的计算（配置外侧竖向钢筋）。

假定沉井下沉到设计标高，为方便下沉，刃脚下的土常被掏空，井壁的自重全部由井侧摩阻力承担，而此时井壁外侧作用最大的水、土压力使刃脚产生最大的向内挠曲。

刃脚自重 g_1 和刃脚外侧摩阻力 R_f' 对于刃脚根部的弯矩值的影响所占比重都很小，可忽略不计。此时，刃脚向内挠曲取决于刃脚外侧的水压力（W）、土压力（E），由此求得刃脚根部 N、Q 和 M 值，依此计算刃脚外侧的竖向钢筋用量。

如井壁刃脚附近设有槽口，而刃脚根部至槽口底的距离小于 2.5cm 时，则将验算断面定在槽口底。

（4）沉井井壁竖向应力计算（沉井抽承垫木时计算）。

一般沉井在制作第一节时，多用垫木支承。当第一节沉井制成后开始抽承垫木下沉时，刃脚踏面下逐渐脱空，此时井壁在自重作用下会产生较大的应力，因此需要根据不同的支承情况进行验算。

1）矩形沉井。

① 当不排水下沉时，分别按两种情况计算：支承于两短边上，将井壁长边作为简支梁，计算其弯矩与剪力，如图 6-4（a）所示；支承于长边的中点上，将井壁作为悬臂梁，计算其弯矩与剪力，如图 6-4（b）所示。

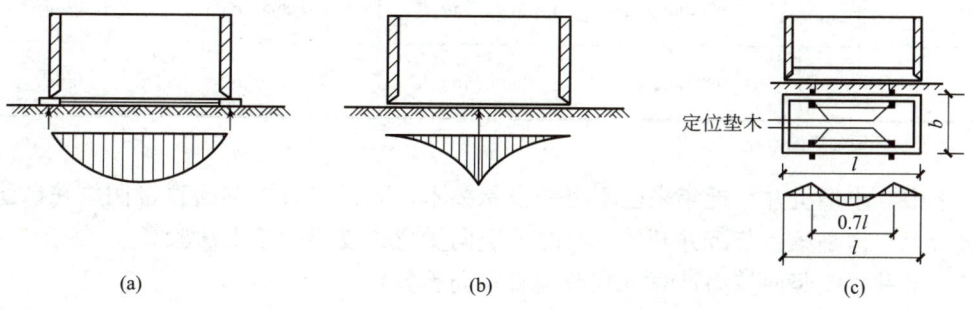

图 6-4　矩形沉井第一节井壁竖向强度验算

② 当排水下沉时，按施工可能产生的支承情况验算，一般支点设于长边上。当沉井的长宽比 $l/b \geqslant 1.5$ 时，设在长边上的两支点间距可按 $0.7l$ 计算，如图 6-4（c）所示。

当沉井内有横隔墙或横梁时，除井壁自身的重力外，横隔墙或横梁的重力均作为集中力作用在井壁相应的位置上。

2）圆形沉井。

如图 6-5 所示，一般按支承于相互垂直方向上的四个或更多的支点计算沉井的竖向弯曲和扭转。

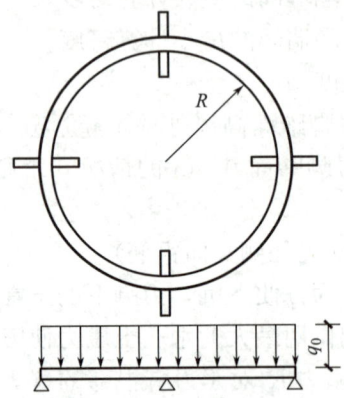

图 6-5　圆形沉井第一节井壁竖向强度演算

在计算沉井内力时，将圆形沉井井壁看作连续水平的圆环梁，在均布荷载 q_0（沉井自重）的作用下，按表 6-1 计算剪力、弯矩和扭矩。

圆环梁的内力系数　　　　表 6-1

圆环梁支柱数	最大剪力	弯矩		最大扭矩	支柱轴线与最大扭矩截面间的中心角
		在第二支柱间的跨中	支柱上		
4	$\dfrac{R\pi q_0}{4}$	$0.0352\pi q_0 R^2$	$-0.0643\pi q_0 R^2$	$0.01060\pi q_0 R^2$	19°21′
6	$\dfrac{R\pi q_0}{6}$	$0.0150\pi q_0 R^2$	$-0.0296\pi q_0 R^2$	$0.00302\pi q_0 R^2$	12°44′
8	$\dfrac{R\pi q_0}{8}$	$0.0083\pi q_0 R^2$	$-0.0165\pi q_0 R^2$	$0.00126\pi q_0 R^2$	9°33′
12	$\dfrac{R\pi q_0}{12}$	$0.0038\pi q_0 R^2$	$-0.0073\pi q_0 R^2$	$0.00036\pi q_0 R^2$	6°21′

注：R 为圆环梁轴线的半径。

对于中、小型沉井，近年来已不再铺设承垫木，而是将刃脚踏面直接搁放在砂垫层混凝土垫板上，但是第一节沉井开始下沉时的竖向受弯强度仍应按上法验算。

（5）沉井井壁竖向拉力计算（井壁竖直钢筋验算）。

沉井偏斜后，井壁受到竖向拉力。此时，影响因素复杂，进行明确的分析较困难。因此，在设计时一般假定沉井下沉接近设计标高，上部有可能被四周土体嵌固，而刃脚下的

土已被挖除，井壁阻力呈倒三角形分布，此时最危险的截面位于沉井入土深度的一半处，其竖向拉力 S_{max} 为

$$S_{max}=\frac{1}{4}G_1 \qquad (6-11)$$

式中，G_1——沉井的总重（kN）。

（6）沉井井壁水平应力计算（井壁水平钢筋计算）。

作用在井壁上的水、土压力沿沉井的深度变化。因此，井壁水平应力的计算也应沿沉井的高度分段计算。对于不同框架的内力，可按一般的结构力学方法计算。

另外，刃脚根部以上，高度等于该处井壁厚度的一段井壁框架可看作刃脚悬臂梁的固定端，这一段井壁框架除承受框架本身高度范围内的水、土压力外，还需承受由刃脚部分水、土压力传来的剪力 Q。此时，作用在此段井壁上的均布荷载 $q=W+E+Q$，根据 q 值可求得水平框架中的最大 M、N 和 Q 值，并进行截面配筋。

对横隔墙进行受力分析时，视横隔墙与井壁的相对抗弯刚度（即 d/l 的相对比值，d 为壁厚，l 为跨度）大小，其结点可作为铰接点（将横隔墙作为两端铰支于侧向井壁上的撑杆）考虑，如图 6-6 所示。当横隔墙的刚度与井壁相近时，可按横隔墙与井壁固结的空腹框架来分析。对作用于圆形沉井井壁任意标高上的水平侧压力，理论上在与井壁厚度相等的一段，在受力计算时认为这是各处相等的，此时圆环应当只承受轴向压力，而井壁内弯矩等于零，但实际土质是不均匀的，沉井下沉过程中也可能倾斜，因而井壁外侧土压力也是不均匀分布的。为简化计算，假定井圈上互成 90° 的两点处，土的内摩擦角中的差值为 5°~10°，如图 6-7 所示。即计算 P_A 时内摩擦角值为 $\varphi-(2.5°\sim5°)$，计算 P_B 时内摩擦角值为 $\varphi+(2.5°\sim5°)$，并假定其他各点的土压力 P_a 按下式变化。

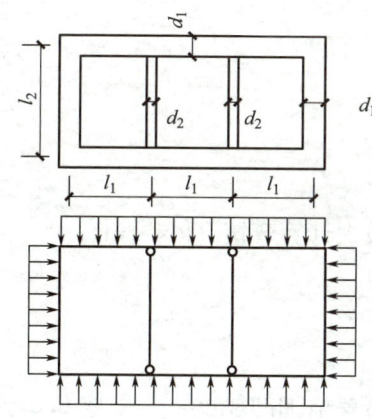
图 6-6　横隔墙与井壁的结点按铰接计算

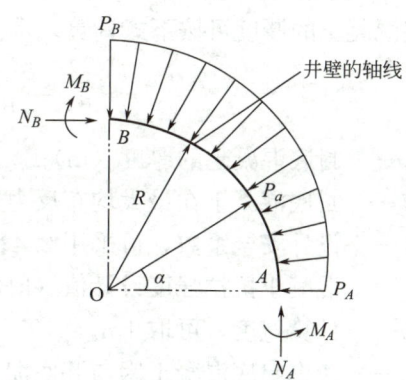
图 6-7　圆形沉井井壁土压力的分布

$$P_a=P_A[1+(\omega-1)\sin\alpha] \qquad (6-12)$$

$$\omega=\frac{P_B}{P_A}$$

作用于 A、B 截面上的轴向力和弯矩为

$$N_A = P_A R(1 + 0.785\omega')$$
$$M_A = -0.149 P_A R^2 \omega'$$
$$N_B = P_A R(1 + 0.5\omega') \tag{6-13}$$
$$M_B = 0.137 P_A R^2 \omega'$$

式中，N_A、M_A——A 截面上的轴向力、弯矩；

　　　　N_B、M_B——B 截面上的轴向力、弯矩；

　　　　R——井壁中心线的半径。

上述公式中，ω' 按下式计算。

$$\omega' = \omega - 1 \tag{6-14}$$

（7）封底混凝土的厚度计算。

对于排水下沉的沉井，如果其基底处于不透水的黏土层中，或虽有涌水和翻砂但量不大时，应力争采用干封底，以保证封底混凝土的质量，并减小封底混凝土的厚度。根据以往经验厚度一般可取 0.6~1.2m。

当水文地质条件极为不利时，应采用水下混凝土封底（又称湿封底）。

沉井底板可按均布荷载作用下的板设计。在计算该均布荷载时，不计沉井井壁摩阻力。沉井底板及封底混凝土与井壁间的连接宜按铰支承考虑。当底板与井壁间有可靠的整体连接措施（由井壁内的预留钢筋连接等）时，底板与井壁间的连接可按弹性固定考虑。

不论是干封底还是湿封底，作用在沉井底板上的荷载 q 均为

$$q = p - g_2 \tag{6-15}$$

式中，p——底板下最大的静水压力（kPa）；

　　　　g_2——封底自重（kPa）。

封底混凝土的厚度可按下式计算。

$$h_1 = \sqrt{\frac{3.5KM}{b \cdot R_t}} + h_\mu \tag{6-16}$$

式中，h_1——封底混凝土的厚度（m）；

　　　　M——封底混凝土在最大均布反力作用下的最大计算弯矩（kN·m）；

　　　　K——设计安全系数，可采用 2.4；

　　　　R_t——混凝土抗拉强度设计值（kPa）；

　　　　b——计算宽度，可取 1m；

　　　　h_μ——考虑封底混凝土因与井底泥土混合而需要增加的厚度，一般取 0.3~0.5m。

采用水下混凝土封底时，因水下封底混凝土的质量不易保证，它仅作为一种临时性的施工措施。设计钢筋混凝土底板时不考虑与水下封底混凝土的共同作用，仍按底板标高以下的最大静水压力考虑，再按单向板或双向板计算底板的配筋。

在以沉井为深基础的工程中，应按整个构筑物的自重及其所承担的上部结构的重量计算作用于沉井底部的基底压力，并必须满足以下地基强度条件。

$$N + G \leq R_s + R_f \tag{6-17}$$

式中，N——沉井顶面处作用的外荷载（kN）；

G——包括井内填料或设备的沉井自重（kN）；
R_s——沉井底部地基土的总容许承载力（kN）；
R_f——沉井侧壁的最大总容许摩阻力（kN）。

在计算上式时，可不计井壁侧面摩阻力的作用。由于这类井孔一般多用素混凝土填充，故亦不再考虑静水压力对沉井底部的作用。

6.1.4 沉井的施工

1. 沉井准备工作

（1）基坑准备。

1）按施工方案要求进行施工平面布置，设定沉井中心桩、轴线控制桩、基坑开挖深度及边坡。

2）对附近建（构）筑物、管线或河岸设施，应采取控制措施，并应进行沉降和位移监测。

（2）地基与垫层施工。

1）地基应具有足够的承载力，承载力不能满足沉井制作阶段的荷载时，应按设计进行加固。

2）刃脚的垫层采用砂垫层上满铺垫木或砂垫层上浇筑素混凝土的方式来制作，如图 6-8（a）所示，且应满足下列要求。

① 垫层的厚度和宽度应通过计算确定；素混凝土垫层的厚度还应便于沉井下沉前凿除。

② 砂垫层分布在刃脚中心线的两侧，方便抽除垫木；砂垫层宜用中粗砂，分层铺设、夯实。

③ 垫木铺设应使刃脚底面在同一水平面上，平面布置要均匀对称，垫木的长度中心应与刃脚底面中心线重合。

2. 沉井预制

（1）混凝土浇筑。

应对称、均匀、水平连续、竖向分层浇筑混凝土，并应防止沉井偏斜。

（2）分节制作沉井。

1）第一节的制作高度必须高于刃脚部分。井内设有底梁或支撑梁时，与刃脚部分整体浇捣。沉井预制阶段的钢筋捆扎如图 6-8（b）、6-8（c）所示。

2）混凝土强度达到设计强度等级的 75% 后，方可拆除模板或浇筑后节混凝土。

3）施工缝采用凹凸缝或设置钢板止水带；对拉螺栓的中间应设置防渗止水片；钢筋密集部位和预留孔底部混凝土的浇筑应辅以人工振捣，保证结构密实。

4）沉井每次接高时各部位的轴线位置应一致，及时做好沉降和位移监测。

5）应验算接高后的稳定系数，避免在接高过程中沉井倾斜或突然下沉。

6）后续各节的模板不应支撑于地面上，模板底部距地面应不小于 1m。

3. 下沉施工

排水下沉法适用于渗水量不大且稳定的黏性土，不排水下沉法在深沉井或严重流沙地

图 6-8 沉井施工现场

(a) 地基与垫层施工；(b)、(c) 沉井预制施工；(d) 下沉施工

区的应用较多。

(1) 排水下沉。

1) 下沉过程中连续排水以保证沉井范围内地层疏干。

2) 分层、均匀、对称挖土，严禁超挖；有底梁或支撑梁的沉井，其相邻格仓高差不宜超过 0.5m。

3) 确保不危及周围建（构）筑物、道路或地下管线，并保证下沉过程和终沉时的坑底稳定。

(2) 不排水下沉。

1) 沉井内的水位应符合设计控制水位；下沉有困难时，应调整井内外的水位差。

2) 废弃土方、泥浆应专门处置，不得随意排放。

(3) 沉井下沉控制。

1) 下沉应平稳、均衡、缓慢，发生偏斜时应调整开挖顺序，应"随挖随纠、动中纠偏"，如图 6-8（d）所示。

2) 应按施工方案规定的顺序和方式开挖。

3) 沉井下沉影响范围内的地面四周不得堆放任何东西，车辆来往时要减少振动。

4) 沉井下沉的监控测量。

① 下沉时标高、轴线位移每班至少测量一次,每次下沉稳定后应进行高差和中心位移量的计算。

② 终沉时,每小时测一次,严格控制超沉,沉井封底前的自沉速率应小于 10mm/8h。

③ 如发生异常情况应加密量测。

④ 大型沉井应进行结构变形和裂缝观测。

4. 沉井封底

沉井封底时,混凝土的最终灌注高度应大于设计标高,混凝土成型后再凿除表面松软层。

(1) 干封底。

1) 保持地下水位距坑底不小于 0.5m;在封底前应用大石块将刃脚下垫实。

2) 封底前应整理好坑底和清除浮泥,对超挖部分应回填砂石至规定标高。

3) 全断面封底时,混凝土应一次性连续浇筑;有底梁或支撑梁分格封底时,应对称逐格浇筑。

4) 钢筋混凝土底板施工前,井内应无渗漏水,且新、旧混凝土接触部位应进行凿毛处理,并清理干净。

5) 封底前设置泄水井,底板混凝土达到设计强度且满足抗浮要求时,方可封填泄水井并停止降水。

(2) 水下封底。

1) 基底应清除干净,软土地基应铺设碎石或卵石垫层。

2) 混凝土凿毛部位应洗刷干净。

3) 浇筑前,每根导管应有足够的混凝土量,浇筑时能一次将导管底埋住。

4) 从低处向周围浇筑;井内有内隔墙、底梁时应对称浇筑。

5) 连续浇筑,导管埋深不小于 1.0m,最终浇筑成的混凝土面应略高于设计高程。

6) 当封底混凝土的强度满足设计要求且沉井满足抗浮要求时,抽除井内水,凿除松散混凝土,浇筑底板。

6.2 沉箱

6.2.1 沉箱的概念、特点及组成

沉箱指压气沉箱结构,是深基础的一种,多用于码头、防波堤。它是一种有顶无底的箱型结构,内部设置隔板,可在水中漂浮,可通过调节箱内压载水控制沉箱下沉,将预制的构筑物下沉至地下预设深度的地下结构。施工时在箱内填充砂或块石,顶部加盖板封顶,形成主体的承重和立墙结构。顶盖上装有气闸,便于人员、材料、土进出工作室,同时保持工作室的固定气压,便于人员在工作室内施工。

众所周知,将杯状容器的杯口向下压入水中,随着容器的下沉,容器内的空气被压

缩，下沉深度越大，容器内的气压越高。16 世纪初期，在意大利有人根据上述原理，将铁制钟形容器下沉到湖底以从事某项作业，该钟形容器就是压气沉箱工法的雏形。

沉箱主要有以下特点：沉箱整体刚度大，抗震性好；与地下施工相比更优越，地质适用范围更广；沉箱结构本身兼作围护结构，且在施工阶段不需要对地基进行特殊处理，既安全又经济；施工时对周围环境的影响小，更适用于对土体变形敏感的地区。

压气沉箱结构一般由侧壁、隔墙、顶板、刃脚、吊桁、工作室顶板、内部填筑的混凝土、胸墙和止水壁等组成，如图 6-9 所示。表 6-2 为沉箱主体结构各个构件的特征。

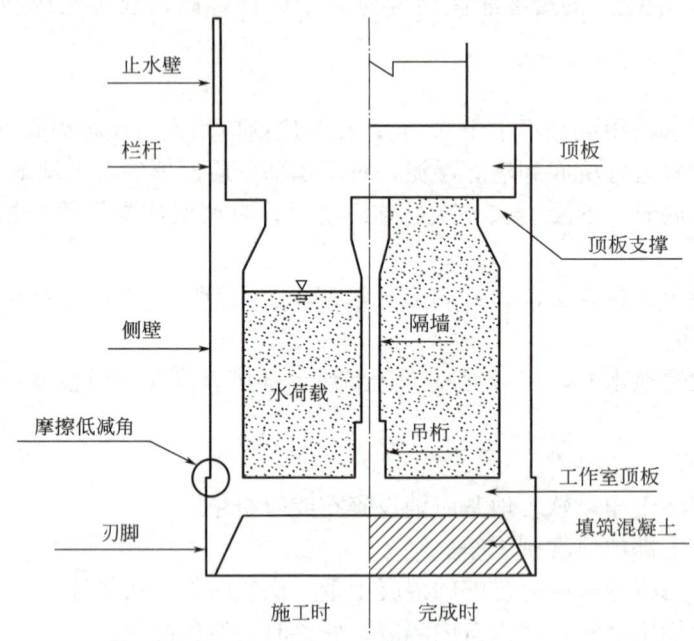

图 6-9 沉箱主体结构的组成

沉箱主体结构各个构件的特征　　　　　　　　　　　　　　　　表 6-2

构件名称	特征
侧壁	构成沉箱四周的墙壁
隔墙	将侧壁围成的内部空间进行划分，小型沉箱不需要设置隔墙，大型沉箱可能需要设置很多隔墙
顶板	承受上部传来的荷载，并向侧壁、隔墙传递荷载的板状构筑物
刃脚	形成工作室的外周围护，下端尖的倒台锥形结构物，为了便于沉箱贯入土中而制成楔形
吊桁	位于隔墙的最下端，不仅可起到分割沉箱内部空间的作用，还可形成井格状结构，对工作室顶板进行加固，并和侧壁形成一个整体，从而增强沉箱结构的刚度
工作室顶板	与刃脚形成一个整体，确保工作室气密性的板状构筑物
工作室内填筑的混凝土	确保将基础的荷载向地基传递，最后在工作室内充填素混凝土
胸墙	沉箱下沉结束后，为了构筑顶板而设置的挡土墙
止水壁	在沉箱下沉过程中，为了防止土、砂及地下水流入沉箱内部临时设置的挡土墙，在顶板构筑完成后拆除

6.2.2 沉箱的设计

气压沉箱的下沉工作设计原理如图 6-10 所示。为了保证箱体正常下沉到指定的深度，在设计的各个阶段必须满足下沉力大于下沉阻力的条件，即：

$$W > W_r$$
$$W = W_c + W_w + W_o$$
$$W_r = U_f + U_A + U_c$$

式中，W——下沉力；

W_c——沉箱重量；

W_w——作用在沉箱上的水荷载、土砂荷载等；

W_o——沉箱上的调节室、竖井荷载、模板、模板支护、脚手架等安装设备的重量；

W_r——下沉阻力；

U_A——作用在沉箱上的场压力，U_A = 工作室内工作气压×沉箱底面积；

U_f——作用于沉箱的周面摩擦力；

U_c——刃口及挖掘残留部分的土体反力。

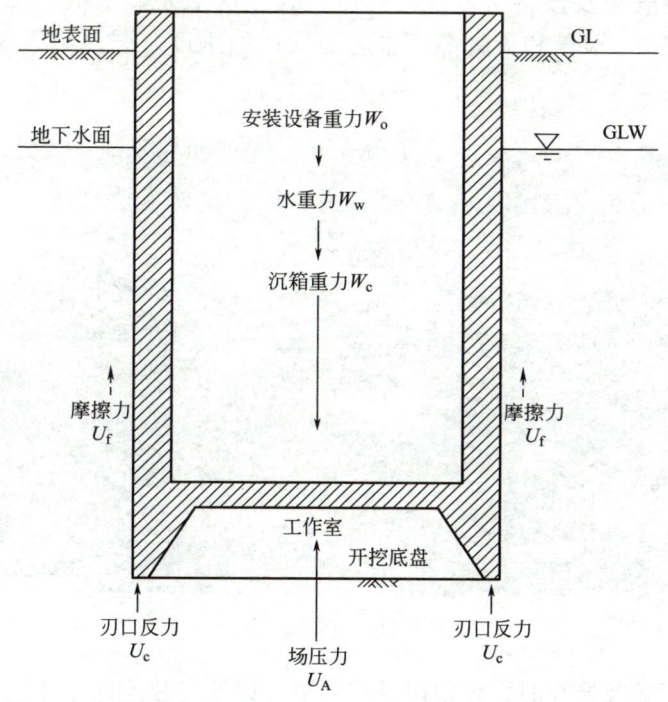

图 6-10　气压沉箱的下沉工作设计原理

沉箱基础结构设计主要包括以下 3 个方面的内容。

（1）针对作用在沉箱主体结构上的各种荷载，确定沉箱结构的平面尺寸形式，以保证结构在土体中安全稳定。

（2）沉箱结构建成以后通常是一种永久性的构筑物，为了保证施工和使用期间的安全，应对组成沉箱结构的各个构件的断面尺寸进行计算。

（3）沉箱结构具有主体结构在地上构筑，下沉到地下的特点，所以应考虑下沉至预计深度的方法，并进行下沉关系的计算。另外，还应针对下沉过程中的各种应力变化，进行构件的强度安全验算。

6.2.3 沉箱的施工

1. 施工流程

施工流程为：场地平整（在水中施工时先进行人工筑岛）→定位放线→夯实基底→铺砂垫层、垫木或挖刃脚土模→安设刃脚铁件→支刃脚、工作室模板→绑钢筋→支箱外模板→浇筑混凝土，养护和拆模→抽出垫木或拆砖垫座→安装升降井筒和气闸→挖土下沉→拆除气闸，接高沉箱→接高井筒，重装气闸→继续挖土下沉→循环接高沉箱和下沉直至下沉到设计标高→清基，在工作室内填满混凝土→拆除气闸、井筒，在井孔内填充混凝土。

2. 施工要点

（1）沉箱的施工与沉井的施工基本相同，其作业的工作室是由顶盖和刃脚围成的无底工作空间，四周和顶面间应密封。其平面尺寸的拟定与沉井相同，视基础尺寸而定，工作室内的高度应满足安全及设备所要求的高度。人工挖土一般不低于 2.2m，水力机械挖土时则不低于 2.5m。顶盖和刃脚都必须达到设计的刚度、强度以及密闭性，施工现场如图 6-11 所示。

图 6-11 沉箱施工现场

（2）沉箱接顶盖及接高时，须留出垂直孔道，以便安装连通工作室与气闸的井管，使人、器材及室内弃土能由此通过。升降井孔的断面形状多为椭圆形或矩形，其长轴应与沉箱短边平行，尽量减少顶盖在短边方向由于被切断而造成的强度损失。若为人工挖土的沉箱，应按工作室的面积确定升降井孔的数量，以每 100m² 设一个孔为宜，孔的位置应位于相应面积的重心上。

（3）气闸位于井筒顶端，种类较多，但构造及原理相同。由一个人用变气闸、两个运料变气闸及一个中央气室组成,还应有电动机、调速器、卷扬机吊斗和运料小斗车等附件。人用变气闸和运料变气闸都有两个闸门,一个与大气相通,另一个与中央气室相通,而中央气室通过井筒与工作室相连通。气闸是沉箱施工作业的关键设备之一,其作用是让人、器材和挖出的土进出工作室,且不引起工作室内气压变化。

(4) 当箱内挖土不需要排水时,应将安装气闸和高压气排水施工步骤推迟,以便加快施工速度和减少施工费用。人工挖土下沉方法与沉井挖土类似,采取分段、分层开挖,按锅底形挖土,采用自重破土的方式,从中间向四周,在刃脚部位则沿刃脚方向全面、均匀、对称地进行,使其均衡、平稳下沉,刃脚下部土方边挖边清理。

沉箱挖出的土体放在吊桶内吊出,下沉时,宜每次将气压适当降低,促使沉箱下沉,但不得将气压减低到气压的一半以上。初次下沉每次不得超过 30cm,以后每次不超过 50cm。若挖的是砂,则可用"吹出法",利用工作室和外界的压力差来除去泥砂,只需在沉箱内装一根柔性管到外面即可。如遇基岩,保持空气压力始终等于或略大于沟槽底面处的静水压力,同时在四角及中部沿沉箱保留地段的全宽度设枕木支柱,使沉箱支在枕木支柱上。待刃脚下面等于沟槽深度的岩石全部挖掉后,将支柱移除,并且稍稍降低工作室内的空气压力,沉箱分 3 次至 4 次下沉,使其落到设计标高。

(5) 沉箱底面以上应保留 0.3~0.5m 厚土层,采用其他机械或人工方法挖除,以保持土体的天然结构和承载力;每次下沉以后的高度应能保持工作室内的自由高度不小于 1.6m。

(6) 在沉箱下沉过程中,接装井筒与拆装气闸的步骤与沉箱中气闸的个数有关。若为独闸沉箱,在接长井筒与拆装气闸时,工作室内的人员必须全部撤离,并关闭井筒。每次接长井筒与拆装气闸,需停工 2~3d。因此,在大型沉箱中均设有 2 个以上的气闸,故能交替作业,不停止沉箱的下沉工作。

(7) 清基和在工作室内填满混凝土是沉箱作业与沉井作业的区别之一。混凝土先自刃脚四周开始分层向中心浇筑。当接近顶盖时,混凝土的坍落度逐渐降低,到顶盖时则用干硬性混凝土填筑捣实。最后将水泥砂浆从升降井孔内以不高于 400kPa 的压力压入工作室,同时把室内排气管打开,直至注浆管的水泥浆不再下降为止。当灌浆完毕后,井筒内的气压仍需维持在 35~70kPa,直至水泥初凝为止。

(8) 拆除气闸、井筒,填充井孔内的混凝土。

3. 测量控制与观测

(1) 在沉箱外部地面及井壁顶部四面设置纵横十字中心控制线和固定的观测点及水准点与沉降观测点,以控制位置和标高。

(2) 在井筒内壁按 4 或 8 等分标出垂直轴线,各吊线逐个对准下部标板来控制垂直度,并定时用两台经纬仪进行垂直偏差观测。挖土时,随时观测垂直度,当线锤离墨线 50mm 或四面标高不一致时,应纠正。

(3) 在井筒外壁周围弹水平线,或在井外壁四侧用红铅油画出标尺,每 10mm 一格,用水准仪观测沉降。沉箱下沉中应加强位置、垂直度和标高(沉降值)的观测,接近设计标高时,应加强观测,预防超沉,由专人负责并做好下沉施工记录,发现有倾斜、位移扭转时应及时纠正,使偏差控制在允许范围以内。

思考与练习

1. 简述沉井结构与沉箱结构的特点及其应用范围。
2. 简述沉井结构设计计算步骤。
3. 简述压气沉箱结构的施工步骤。它与沉井结构的施工主要有哪些不同点？
4. 简述压气沉箱主体结构的构成情况以及在设计上的注意事项。

教学单元 7　沉管结构

教学目标

1. 知识目标

了解沉管的不同类型及特点,熟悉接缝管段处理与防水措施。

2. 能力目标

通过所学知识,根据实际情况分析各类沉管结构的适用性,辨别工程中的沉管结构及其防水措施,能够自主设计沉管结构。

3. 素质目标

通过学习沉管结构设计及管段处理措施,培养学生观察问题、发现问题、思考并解决问题的能力,并提升其实践能力。

思维导图

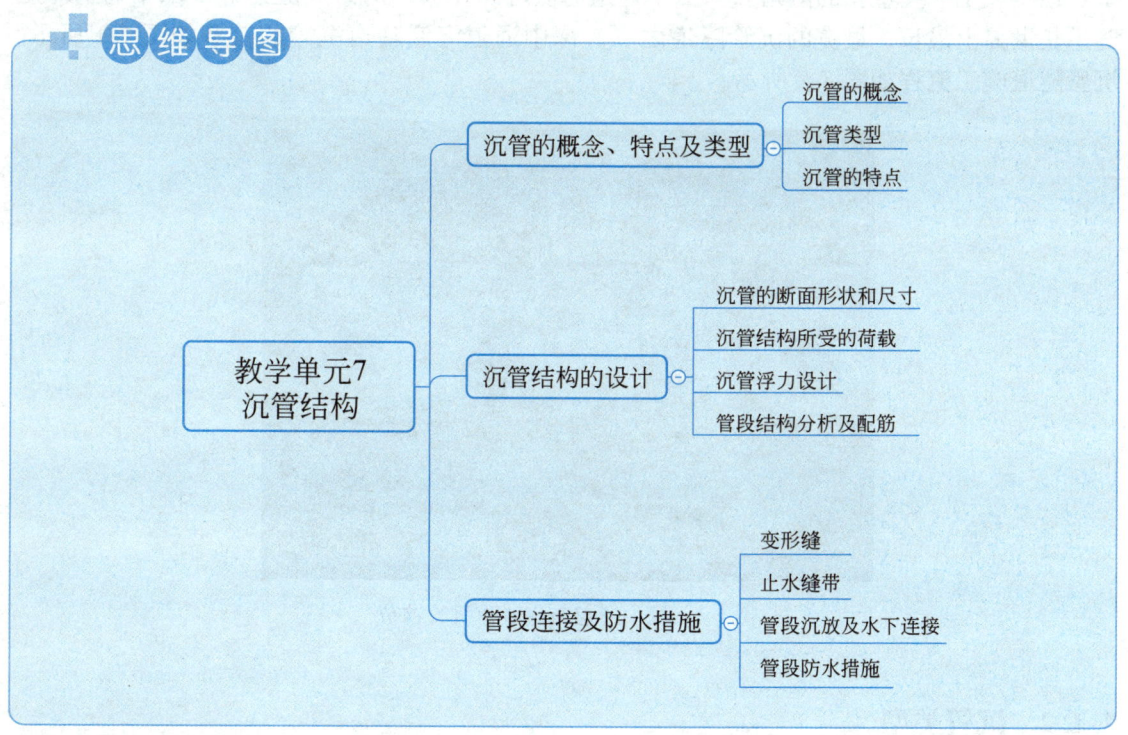

建设水底隧道时,常见的施工方法有围堤明挖法、矿山法、气压沉箱法、盾构法和沉管法。自20世纪50年代以来,由于水下连接等关键技术的突破,沉管法在各国得到了广泛的应用。沉管结构在能保证施工质量的同时,建筑单价和工程总价也相对较低,因此是一种经济合理的施工方法。

7.1 沉管的概念、特点及类型

7.1.1 沉管的概念

沉埋管节法（简称沉管法），也称预制管节沉放法。该方法的基本步骤是首先在干船坞内或大型驳船上进行钢筋混凝土管节或全钢管节的制作，然后将管节运到指定的水域，随后将其下水沉到设计位置并固定，最后建成需要的过江隧道或大型水下空间。

随着社会的高速发展，我国已形成较成熟的沉管技术，沉管隧道的数量也不断增加。早期的一些沉管隧道包括上海越江隧道、上海金山供水隧道、宁波甬江水底隧道、广州珠江水底隧道、香港西区沉管隧道、香港东区沉管隧道以及台湾高雄跨海隧道。上海越江隧道全长 2880m，双向 8 车道，沉管段长 736m，在当时是亚洲最大的水底公路隧道。近年来，还建成了一些重要的隧道，如深中通道海底隧道、大连湾海底隧道等。深中通道海底隧道是世界上最长、最宽的沉管隧道之一。深中通道海底隧道沉管的首节如图 7-1 所示。沉管隧道施工流程如图 7-2 所示。

图 7-1　深中通道海底隧道沉管首节

7.1.2 沉管类型

沉管按形状可分为圆形和矩形两类，按材料可分为钢壳沉管（船台型）和钢筋混凝土沉管（干坞型）两类。

钢壳沉管是一种复杂的结构，其外部或内外均由钢壳构成，中间填充钢筋混凝土或混凝土。这种结构使得钢壳和混凝土能够共同受力。其特点是钢壳可以预制，能同时充当浇筑混凝土的外模板和隧道的防水层，从而省去了钢筋混凝土管段预制的干坞工程。然而钢

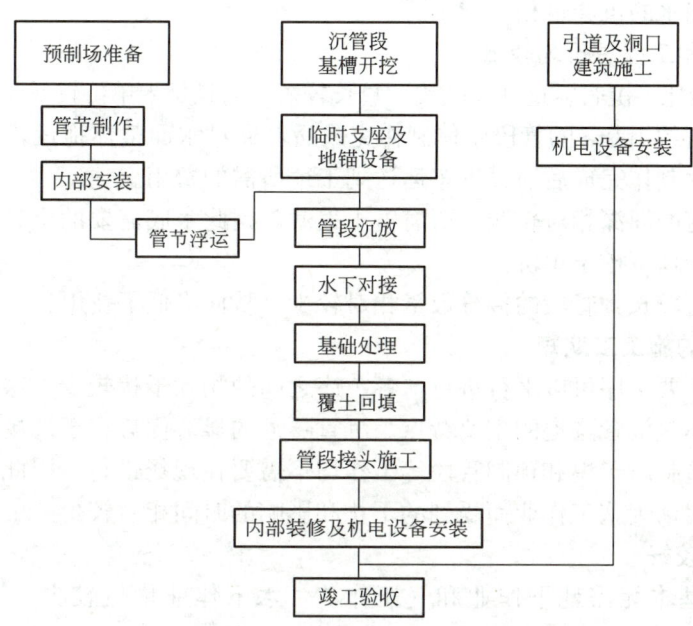

图 7-2 沉管隧道施工流程

壳耗钢量大，焊接工作繁重，防水质量难以保证，且钢壳易腐蚀，施工工序复杂，受制造工艺和结构受力限制。钢壳沉管断面一般为圆形（图 7-3），每个管孔只能容纳两车道，断面利用率低、经济效益差。

钢筋混凝土沉管主要由钢筋混凝土构成，并在外部涂覆防水材料。沉管的预制通常在干船坞内进行，因此临时干船坞工程量较大。在管段预制过程中，必须采取严格的施工措施以防止混凝土出现裂缝。其断面形状一般为矩形（图 7-4），其优点包含不占用船厂设备、断面利用率较高、可以建造多车道隧道、土方工程量小以及可以节约钢材，降低造价等。

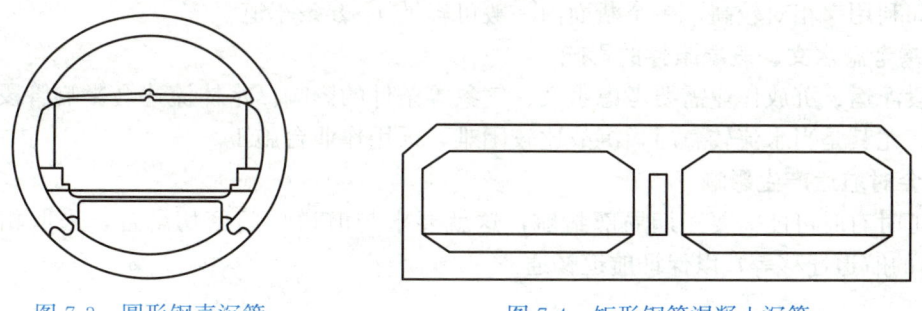

图 7-3　圆形钢壳沉管　　　　图 7-4　矩形钢筋混凝土沉管

7.1.3 沉管的特点

1. 隧道的施工质量容易控制

一方面，预制管段都是在临时干坞里浇筑的，施工场地集中，管理方便，这使得沉管结构和防水层的施工质量均比其他施工方法更易控制。另一方面，在现场施工的隧道管段接缝相对较少，漏水的机会也相应减小。

2. 建筑单价和工程总价均较低

与盾构隧道相比，沉管隧道埋深较浅，总长较短，而且延米单价较低。主要原因如下：

（1）每节长度约100m的管段整体制作完成后，通过水面整体拖运，其制作和运输费用远低于大量管片制作完成后通过汽车运送到工地所需的费用。

（2）沉管隧道的埋深相对较浅，所需覆土很薄，因此水底需要的土方工程量较小，且水中挖土单价低于地下挖土单价。

（3）单节沉管较长，管段的接缝数量相对较少，从而降低了费用。

3. 隧位现场的施工工期短

沉管隧道的主要工序可以平行进行，各工序之间的相互干扰较少，这有助于缩短总工期。然而，这并不是沉管隧道的主要特点。沉管隧道的显著优势在于现场施工工期相对较短，这是因为筑造临时干坞和预制管段等工作均不需要在现场进行。因此，在市区建设水底隧道时，城市生活因施工作业而受到的干扰和影响的时间相对较少。

4. 施工条件较好

沉管法施工基本无需地下作业和气压作业，水下作业量也较少，施工环境安全性较高。

5. 对地质条件的适应性强

沉管隧道可以适应软弱地层，基本不受地质条件的限制，对地基承载力的要求也较低，而且可以在流沙层中施工，不需特殊施工设备或措施，施工方法较简单。

6. 适用的水深范围广

在实际工程中，沉管隧道水深达60m。如果以潜水作业的最大深度作为限度，那么沉管隧道的最大水深能够达到水下70m，满足大部分工程的需求。

7. 断面形状选择的自由度较大

沉管隧道的断面不仅可以做成圆形，还可做成矩形以及其他形状，十分灵活。矩形断面的空间利用率相对较高，一个断面内一般可容纳4~8条车道。

8. 需考虑水文、气象条件的影响

管段浮运、沉放作业需要考虑水文、气象等条件的影响。水体流速会影响管段沉放的准确度，尤其是当水流较急时，沉故比较困难，须用作业台施工。

9. 会对航运产生影响

施工时有时可能需要短期局部封航，这就要求与航道部门密切配合，采取相应措施（如暂时的航道迁移等）以保证航道畅通。

7.2 沉管结构的设计

沉管隧道的设计内容比较多，涉及范围也较广，主要有几何设计、结构设计、通风设计、照明设计、内装设计、给排水设计、供电设计、运行管理设施设计等方面。本节主要介绍沉管的结构设计。沉管隧道总体设计应遵循以下原则。

（1）应满足工程影响区域的交通规划、航道规划、岸线规划、水利规划、城市总体规划及交通功能等方面的要求。

（2）应与地面建筑、地下构筑、地下管线、堤坝、城市轨道交通及其他公用设施协调。

（3）应对隧道施工工法、线位、平纵线形、横断面布置、两端接线方案及防灾救援方案等进行综合比选。

沉管结构设计

7.2.1 沉管的断面形状和尺寸

在进行水底隧道设计时，几何尺寸往往成为设计成功与否的关键。隧道截面尺寸不仅取决于使用要求，还需要考虑车流量与道路的匹配以及其他的使用要求和辅助设施。除此之外，它还取决于施工条件和施工要求，即管段的浮运和沉放要求。设计时，一般先根据使用要求确定管段内的净空尺寸，沉管结构的外轮廓尺寸则应满足浮运要求和截面要求。综合考虑以上条件，才能初步确定管段横断面的几何形状和尺寸。管段长度的确定则需要考虑经济条件、航道条件、管段纵横断面的形状、施工及技术条件等方面的因素。

根据交通隧道的有关规定，对于双向行车隔道，每个方向的行车道应有各自的管道。通常行车道宽度为 3.5m，行车道边缘与侧墙的间距为 0.8～1.0m。行车道与侧墙间的空间一般做成人行道，空间高度可以低于行车道高度。人行道可供管理人员使用，也可让抛锚的汽车暂时停留。按规定，在隧道顶部应该有 0.35m 高的空间用来安装照明和信号设备。如果使用纵向通风系统，则将附加净空增加到 0.85m。

公路水下隧道的建筑限界应符合《公路工程技术标准》JTG B01—2014（精装版）的规定，建筑限界内不得有任何部件（包括通风照明、安全监控和内部装饰等附属设施），并应符合下列规定。

（1）隧道内限制大型车通行时，建筑限界高度可取 4.5m。

（2）检修道高度小于或等于 25cm 时，其宽度宜包括余宽；检修道高度大于 25cm 时，其宽度不应包括余宽，且余宽应与路面高度相同。

（3）隧道处于设超高的平曲线上或特长隧道的纵坡大于 3‰时，左侧侧向宽度宜加大。

（4）服务隧道、紧急逃生通道、车行横通道、人行横通道等附属通道的建筑限界应根据使用要求确定。

7.2.2 沉管结构所受的荷载

作用在沉管结构上的荷载比较多，一般包括结构自重、水压力、土压力、浮力、施工荷载、波浪和水流压力、沉降摩擦力、车辆活荷载、沉船荷载、地基反力、温度应力，以及不均匀沉降、地震作用等产生的附加应力。

众多荷载中，只有结构自重及其相应的地基反力是恒荷载。钢筋混凝土的重度根据经验可采用 24.6kN/m²（浮运阶段）或 24.2kN/m²（使用阶段）。对于路面下压载混凝土，由于密实度稍差，其值一般取 22.5kN/m²。

水压力是作用在沉管结构上的主要荷载之一。覆土深度较小的区段，水压力一般是作用在管段上的最大荷载。设计时不仅要按各种荷载组合情况分别计算正常高低水位时的水压力，还需要考虑台风和特大洪水时的最高水位压力。

土压力也是作用在沉管结构上的主要荷载，通常不是恒荷载。管段顶面上的垂直土压力就是河床底面到管段顶面之间的土体重量。在河床不稳定时，会产生河床变迁，所以设计时还要考虑河床变迁所产生的附加土压力。此外，作用在管段侧边的水平土压力一般也不是恒荷载。在隧道建成初期，侧向土压力较小，之后逐渐增大，最终达到静止土压力。设计时应按最不利组合分别取用垂直土压力最大值和水平土压力最小值。

作用在管段上的浮力通常也不是恒荷载。一般来说，浮力等于排水量，但当浮力作用于沉放在黏性土层中的管段时，受到"滞后"现象的影响，浮力会大于排水量。

施工荷载主要源于端封墙、测量塔、压载水箱等施工设施的重量，在进行浮力设计时，需要考虑施工荷载。计算浮运阶段的纵向弯矩时，施工荷载是主要荷载。如果施工荷载引起的纵向负弯矩过大，则可以调整压载水罐（或水柜）的位置来抵消部分弯矩。

在结构设计时，通常不考虑水流压力、波浪压力对它的直接影响。然而，由于它们可能会对建筑或设备产生影响，因此必须进行水工模试验来确定其实际大小，以便于设计沉设工艺及施工设备，确保建筑和设备的有效性和安全性。

在覆土回填之后，由于管道中空，沟槽底下的荷载以及沉降均较小，但两侧的荷载相对较大，沉降也大，所以沉管与外侧土体产生了相对位移，在沉管的外侧形成了一种向下的摩擦力，即沉降摩擦力（图7-5）。为了降低沉降摩擦力的影响，常在其外侧壁喷涂软沥青。

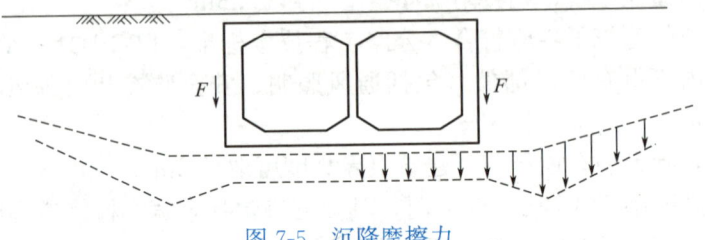

图7-5 沉降摩擦力

车辆活荷载相对较小，在进行结构分析时通常略去不计。对于沉船荷载，在以往设计中一般假定为$50\sim130kN/m^2$，但由于产生的概率非常小，所以对此项荷载是否计算以及计算时采用荷载值的大小仍在探讨之中。

对于地基反力的计算，通常要先假定其分布规律，一般有下列不同的假定。

（1）地基反力呈直线分布。

（2）地基反力与各点的地基沉降量成正比，即文克勒（Winkler）假设，地基系数可以分为单一地基系数和多种地基系数两种。

（3）假定地基为半无限弹性体，按弹性理论计算地基反力。

沉管内外壁之间存在温差，其中，外壁温度与周围土体基本保持一致，可以视为恒温。然而，内壁温度会随外界环境变化。这导致沉管温度在冬季外高内低，夏季外低内高，进而产生温度应力。由于内外壁之间的温度变化是持续的，所以一般需要考虑持续5～7天的最高温度和最低温度的温差。除此之外，计算温度应力还需考虑徐变影响。

混凝土收缩是由施工缝两侧不同龄期的混凝土收缩量的不同引起的。因此，应按初步施工计划规定混凝土龄期差，以减小收缩差。

表 7-1 为水下隧道设计涉及的作用（荷载）种类及其分项系数。

水下隧道设计涉及的作用及其分项系数 表 7-1

序号	作用分类		作用名称	分项系数 γ_f		
				ULS	ALS	SLS
1	永久作用		竖向及水平土压力	1.35	1.0	1.0
2			水压力	1.1	1.0	1.0
3			结构自重	1.35	1.0	1.0
4			装修或设备自重	1.35	1.0	1.0
5			地面建筑物的影响	1.2	1.0	1.0
6			地面超载	1.2	1.0	1.0
7			混凝土收缩及徐变作用	1.35	1.0	1.0
8			结构基础变位作用	1.2	0.5	1.0
9	可变作用	基本可变作用	地面车辆影响力	1.4	—	0.5
10			隧道内车辆及人群影响力	1.4	1.0	0.5
11			水位变化及波浪影响力	1.4	1.0	—
12			风机等设备引起的动荷载	1.4	1.0	—
13		其他可变作用	温度作用	1.4	1.0	1.0
14			地面施工影响力	1.4	—	—
15			施工影响力	1.4	—	—
16	偶然作用		地震作用	—	1.0	—
17			爆炸力	—	1.0	—
18			火灾影响力	—	1.0	—
19			撞击力	—	1.0	—
20			沉船及抛锚影响力	—	1.0	—

注：(1) ULS 为承载能力极限状态基本组合（Limit States Design），ALS 为承载能力极限状态偶然组合（Accidental Combination for ultimate limit state），SLS 为正常使用极限状态标准组合（Standard Combination for Serviceability limit state）。
(2) 永久作用对结构的承载能力有利时，其分项系数可降低 0.2。
(3) 水压力对结构的承载能力有利时，其分项系数可取 1.0。
(4) 竖向土压力与水平土压力应按相互独立的荷载进行组合。
(5) 偶然作用相互之间不应组合。
(6) 有条件时，可根据作用的概率分布确定其分项系数。

7.2.3 沉管浮力设计

沉管结构设计中必须考虑浮力，其设计内容包括干舷的确定和抗浮安全系数的验算。浮力设计完成后，才能确定沉管结构的高度与轮廓尺寸。

1. 干舷

在浮运管段时，为了保持稳定，必须使管顶露出水面，管段露出的高度为干舷。干舷的作用原理如图 7-6 所示，即干舷遇风浪后发生倾覆，产生反向力矩，以保持管段平衡。

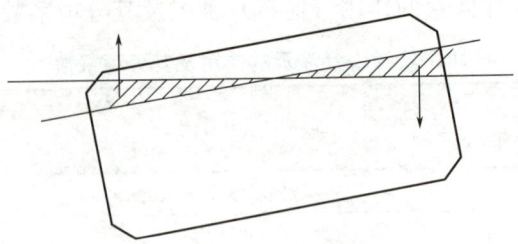

图 7-6　干舷的作用原理示意

干舷高度取值应根据管段尺寸、混凝土重度、结构配筋率、水体重度、施工荷载、管节制作误差等因素确定，完成舾装后的干舷高度宜控制在 10～25cm。干舷高度可按下式计算。

$$H_b = H - \frac{W_s + W_f}{BL\gamma_w} \tag{7-1}$$

式中，H_b——干舷高度（m）；

H——管段高度（m）；

W_s——隧道结构自重标准值（kN）；

W_f——舾装件重量（kN）；

B——管段宽度（m）；

L——管段长度（m）；

γ_w——水体重度（kN/m³）。

计算图如图 7-7 所示。

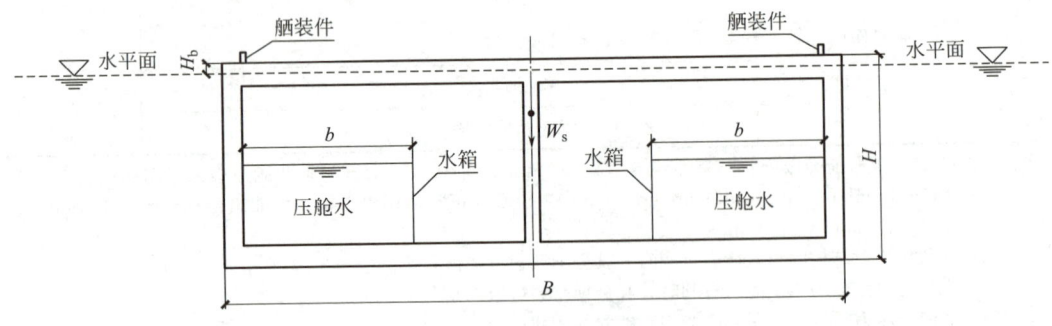

图 7-7　干舷高度计算图

通常矩形断面管段的干舷取 10～15cm，圆形和八角形断面的管段取 40～50cm。干舷的高度应适中，过小会导致其稳定性较差，过大则使沉设困难。

在沉管的结构厚度较大，无法自浮时，可以设置浮筒、钢或木围堰助浮。另外，制作管段时，混凝土容重和模壳尺寸通常不是定值，而河水比重也有一定的变化幅度，所以在进行浮力设计时，应按照最不利情况，即混凝土最大容重、混凝土最大体积和河水的最小比重来计算干舷。

2. 抗浮安全系数

抗浮验算可按下式进行。

$$\frac{W_s + W_a + F_z}{F_f} \geqslant K_f \tag{7-2}$$

$$F_f = \gamma_b \gamma_w V \tag{7-3}$$

式中，F_f——浮力设计值（kN）；

γ_b——浮力的分项系数，取 1.0；

γ_w——水或液化土体的重度（kN/m³）；

V——计算单元中计算水位以下隧道结构封闭外轮廓的体积（m³）；

W_s——隧道结构自重标准值（kN）；

W_a——隧道上覆土层的有效压重标准值（kN）；

F_z——抗浮力设计值（kN）；

K_f——抗浮安全系数。

沉管隧道使用过程中抗浮安全系数不应小于 1.15，在施工过程中的抗浮安全系数不应小于 1.05。

设计时同样考虑最不利情况，即按照混凝土最小密度、混凝土最小体积和河水的最大比重来计算抗浮安全系数。

3. 沉管结构的外廓尺寸

在沉管隧道中，总体设计只能确定沉管的内净宽度和净空高度。至于沉管结构的外廓尺寸，需通过浮力设计确定。在浮力设计中，既要保持一定的干舷，又要保证一定的抗浮安全系数。所以沉管结构的外廓高度通常大于车道净空高度与顶底板厚度之和。

7.2.4 管段结构分析及配筋

管段结构分析包括横向受力分析和纵向受力分析。

1. 横向受力分析

沉管结构的断面结构一般为多孔箱型结构。与其他高次超静定结构类似，多孔箱型结构在进行内力分析时，通常需要进行"假定截面尺寸—内力分析—修正尺寸—复算内力"的循环，工作量相对较大。为了避免采用剪力钢筋、改善结构性能、减少裂缝产生，沉管结构通常采用变截面或折拱形结构。由于隧道纵坡和河底标高的变化，各断面处所受的荷载也随之变化，特别是在接近岸边时荷载急剧变化，因此不能仅以单一断面的结构分析结果来代表所有管段，通常需要针对多个断面进行分析。因此，其计算工作量非常大，目前一般采用电算分析。隧道横断面结构的计算应根据设计区段中的最不利条件进行，当出现以下情况时宜对下列关键断面进行分析计算。

（1）覆盖层最薄及最厚的断面。

（2）水位或地下水位最低及最高的断面。

（3）下穿建筑物、道路附加荷载大的断面。

（4）偏压荷载较大的断面。

（5）横向地形或地质变化较大的断面。

（6）临近既有或规划的建造物断面。

2. 纵向受力分析

当遇下列条件时，结构宜进行纵向强度与变形计算。

（1）隧道埋置深度沿纵向变化较大。

（2）基础地质条件沿纵向变化较大。

（3）上部附加荷载沿隧道纵向的分布变化较大。

（4）结构单元纵向分段长度与跨度之比大于2。

在施工阶段，沉管结构纵向受力分析主要包含计算浮运、沉设时的施工荷载（定位塔、端封墙等）和波浪压力引起的内力；在使用阶段，沉管纵向受力分析一般按照弹性地基梁理论进行。除此之外，设计阶段应对影响结构承载能力及运营安全的大型预留孔洞、重大设备预埋件等重要部位进行局部计算。

3. 配筋

沉管结构的混凝土强度等级按表 7-2 确定。

主体结构混凝土的强度等级　　　　　　　　　　　　表 7-2

主体结构类型		混凝土强度等级
钢筋混凝土结构	现浇结构	不低于 C35
	预制结构	不低于 C40
双层钢板—混凝土组合结构		不低于 C45

普通钢筋宜选用 HPB300、HRB400、HRB500 钢筋，其中 HPB300 钢筋应符合《钢筋混凝土用钢 第 1 部分：热轧光圆钢筋》GB 1499.1—2024 的规定，HRB400、HRB500 钢筋应符合《钢筋混凝土用钢 第 2 部分：热轧带肋钢筋》GB 1499.2—2024 的规定。

按构造要求配置的钢筋网可采用冷轧带肋钢筋，并应符合《冷轧带肋钢筋》GB 13788—2024 的规定。

预应力钢绞线的抗拉强度标准值不应小于 1860MPa，并应符合现行《预应力混凝土用钢绞线》GB/T 5224—2023 的规定。

沉管结构的纵向配筋率一般不小于 0.25%。

4. 预应力的应用

沉管隧道通常采用普通钢筋混凝土结构。这是因为沉管的结构厚度不是由强度决定的，而是取决于抗浮安全系数。若采用预应力混凝土结构，其强度高的优点并不能完全发挥，但是，预应力混凝土结构可以提高抗渗性能。由于沉管结构厚度较大，所需施加的预应力有限，若仅为防水而采用预应力混凝土结构是不经济的。

当隧道跨度及水、土压力较大（如达到 300～400kN/m）时，沉管结构的顶、底板受到的剪力值也将增大。这时如不施加预应力，就必须采取其他措施，放大支托。但放大后的支托又不可以侵占行车道净空，所以只能相应地增加沉管结构的总高度（常需为此增加1～1.5m），这将增加隧道土方开挖量、总工程量和总造价。因此在这种情况下，采用预应力混凝土结构相对经济。也有部分沉管隧道仅在河中水深最大处的管段中采用预应力混凝土结构，其余管段仍采用普通钢筋混凝土结构，这样既经济，又能发挥预应力混凝土结构的优点。

7.3 管段连接及防水措施

7.3.1 变形缝

钢筋混凝土沉管结构容易因隧道的纵向变形过大而产生开裂。管段在干坞中预制时,通常都是先浇筑底板,等待底板达到一定强度后再浇筑外壁、内壁及顶板。分段浇筑的混凝土的龄期、弹性模量、剩余收缩率都不相同。由于后浇的混凝土不能自由收缩,且受到偏心拉应力的作用,易发生如图 7-8 所示的收缩裂缝。此外,不均匀沉降等也会导致管段开裂。这类由纵向变形引起的裂缝是通透性的,降低了管段的抗渗性能。因此,在设计中必须采取适当措施以防止该类裂缝发展。

防止该类裂缝产生的最有效措施是设置一系列垂直于隧道轴线方向的变形缝,将每节管段分割成若干节段。根据实践经验,节段的长度不宜太大,通常为 15~20m,如图 7-9 所示。

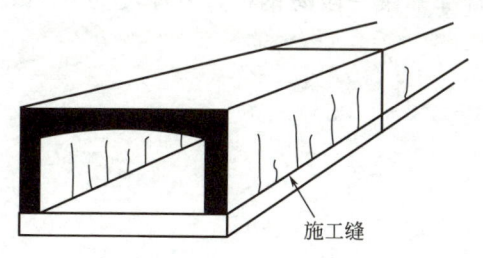

图 7-8 管段侧壁的收缩裂缝

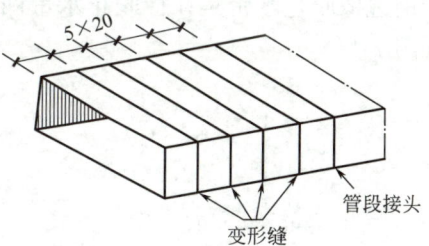

图 7-9 管段节段与变形缝

节段间的变形缝构造需满足以下四点要求。

(1) 能适应一定幅度的线变形与角变形。变形缝前后相邻节段的端面之间须留一小段间隙,以便于变形缝的张、合活动。间隙中应填充防水材料,间隙宽度应以变温幅度与角度适应量来决定。

(2) 在浮运、沉放时可以传递纵向弯矩。可在变形缝处对管段侧壁及顶板、底板中的纵向钢筋采取适当的处理措施,即将外排纵向钢筋全部切断,内排纵向钢筋不切断,任其穿越变形缝,连接管段全长,以承受浮运、沉放时的纵向弯矩。待沉放完毕后再切断内排纵向钢筋,因此需要在浮运之前安装临时的纵向预应力索(或筋),待沉放完毕后再撤去。

(3) 在任何情况下都能传递剪力。

(4) 变形前后均能防水,一般在变形缝处设置 1~2 道止水缝带。

7.3.2 止水缝带

在变形缝的各组成部分中,最重要的是既能适应变形又能有效防止渗漏的止水缝带,简称止水带。

止水带的种类与形式多种多样，有金属止水带、塑料止水带等。铜片等金属止水带由于易被腐蚀，使用率较低。塑料（聚氯乙烯）止水带由于弹性较差，只能适应较小幅度的变形，在预制管段中用得也较少。现今在预制管段中应用较普遍的有橡胶止水带和钢边橡胶止水带。

1. 橡胶止水带

橡胶止水带可以用天然橡胶（含胶率大于 70%）制成，也可用合成橡胶（如氯丁胶等）制成。

橡胶止水带自 20 世纪 50 年代开始应用于水底隧道，其使用寿命较长。由于水底隧道环境潮湿、无日照、温度较低，所以橡胶止水带比用在其他工程中的要耐久得多。经老化加速试验可以判定其安全使用年限超过了 100 年。橡胶止水带的构造形式多样，各有特点，但所有的橡胶止水带均由本体部与锚着部两部分构成，如图 7-10 所示。橡胶止水带的本体部位于中段，有平板式、管孔式和曲槽式三种类型。其中，带管孔的橡胶止水带相对较好，其优点在于变形缝变形时止水带具有随之伸缩的充分柔度；在结构受剪，变形缝发生横向错动时，管孔可随之变形以减小作用在带体上的剪力。

2. 钢边橡胶止水带

钢边橡胶止水带是在橡胶止水带两侧的锚着部中镶一段薄钢板，其厚度为 0.7mm 左右（图 7-11）。

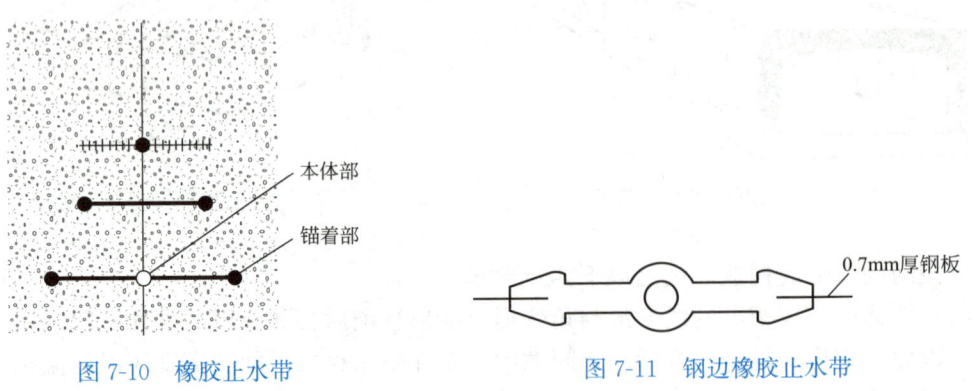

图 7-10　橡胶止水带　　　　　图 7-11　钢边橡胶止水带

钢边橡胶止水带可以充分利用钢板与混凝土之间的黏结力，不仅提高了止水带刚度，还提高了止水效果。

7.3.3　管段沉放及水下连接

管段的沉放是沉管隧道施工的重要步骤。沉放方法有多种，在施工中需根据自然条件、航道条件、管段规模及设备条件等因素选用最经济的沉放方法。

1. 沉放方法

管段的沉放方法可分为吊沉法和拉沉法。根据施工方法和主要起吊设备的不同，吊沉法又可分为分吊法、扛吊法、骑吊法等。沉放作业的主要环节有拖运管段到沉放现场、用缆绳定位管段、施加下沉力。

(1) 分吊法。

分吊法是在进行沉放作业时用 2~4 艘起重船或浮筒、浮箱提起各个吊点，将管段沉放到规定位置上，一般在管段上预埋 3 或 4 个吊点。如图 7-12～图 7-14 所示为不同的分吊法。

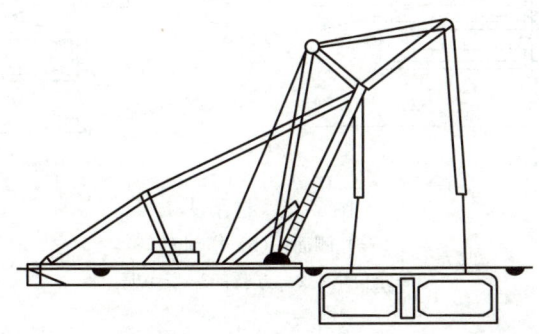

图 7-12　起重船分吊法

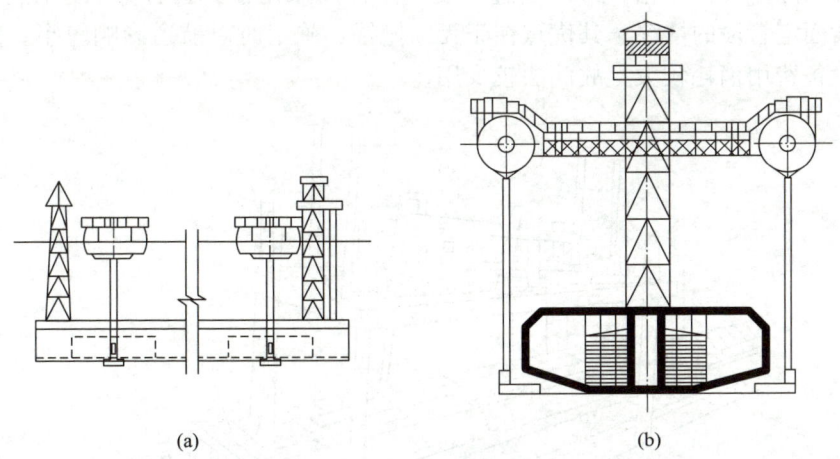

图 7-13　浮筒分吊法
(a) 侧面；(b) 横剖面

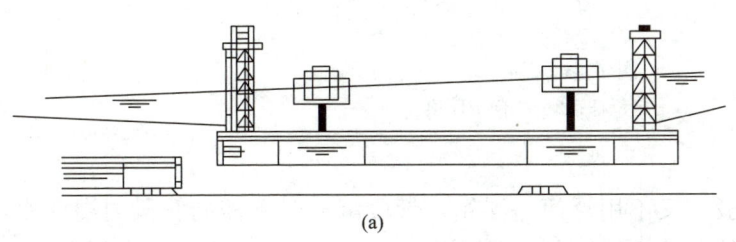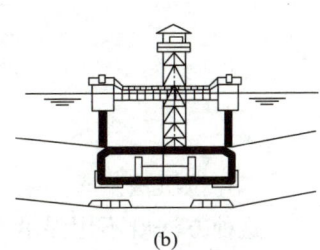

图 7-14　浮箱分吊法
(a) 侧面；(b) 横剖面

(2) 扛吊法。

扛吊法又称驳扛吊法，具体有双驳扛吊法和圆驳扛吊法两种。扛吊法将方驳分布在管段左右，左、右方驳之间加设两根扛棒，扛棒下吊沉管，然后沉放管段，如图 7-15 所示。

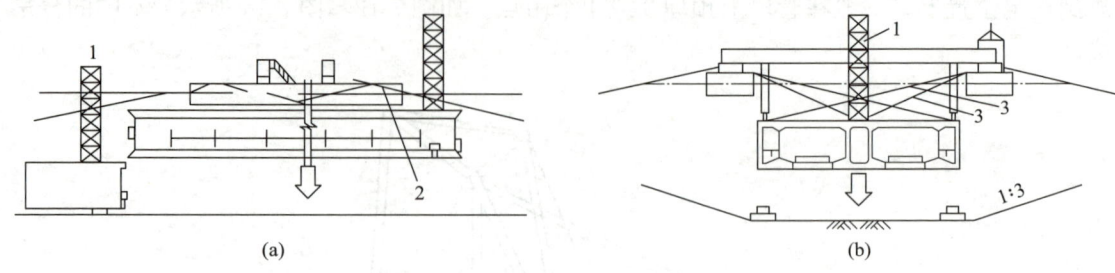

图 7-15　扛吊法
(a) 侧面；(b) 横剖面
1—定位塔；2—方驳；3—定位索

(3) 骑吊法。

骑吊法是将水上作业平台"骑"于管段上方，然后慢慢地吊放管段，如图 7-16 所示。其平台部分实际上类似浮箱，可以通过反复调整浮压来定位。这种方法适用于水面宽阔，不易用缆索固定管段的情况。其优点在于无须抛锚，施工时对航道影响较小。然而，采用这种方法设备费用消耗较大，故此法较少用。

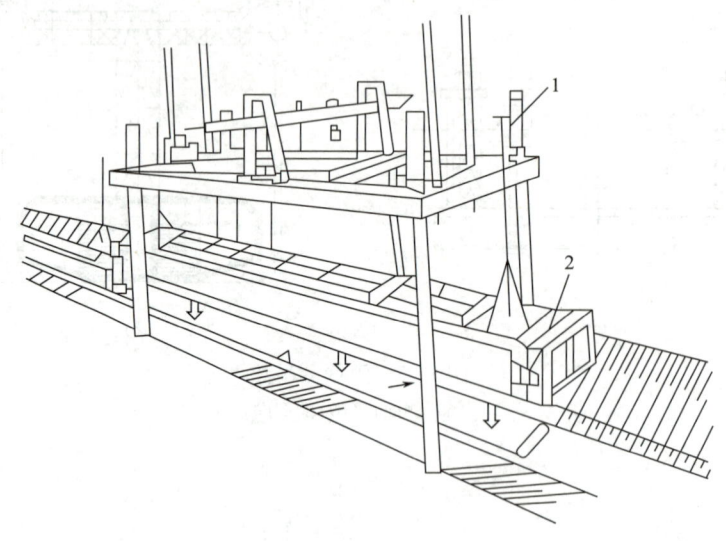

图 7-16　骑吊法
1—定位杆；2—拉合千斤顶

(4) 拉沉法。

这种方法既不用浮吊、方驳，又不用浮筒、浮箱，管段沉放时不需向管段内灌注水，而是利用设在管段顶面钢撬上的卷扬机和扣在水下桩墩（预先设置在水底沟槽底板上）上的钢索，将管段缓慢拉下水，沉放到桩墩上，如图 7-17 所示。使用此法时必须设置水下桩墩，但这大大增加了工作量和工程费用，所以较少使用。

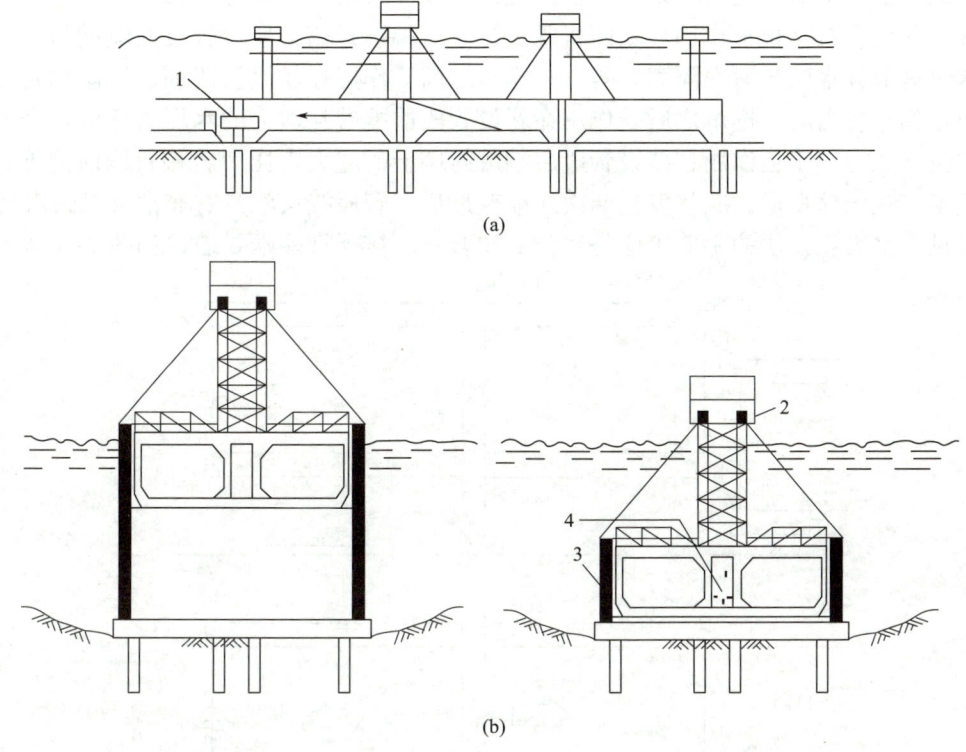

图 7-17 拉沉法
（a）侧面；（b）横剖面
1—拉合千斤顶；2—拉沉卷扬机；3—拉沉索；4—压载水

2. 管段定位

管段在沉放、对接过程中不可避免地受到风、浪、水流等外力的影响。为了保证沉放、对接过程中管段的稳定，必须对管段进行牢固的定位。定位作业主要由锚碇系统完成。

3. 沉放作业

管段沉放与对接作业易受自然条件的影响，通常要求风速小于 10m/s，波高小于 0.5m，水的流速小于 0.8m/s，空气的能见度大于 1000m。沉放作业一般按初次下沉、靠拢下沉和着地下沉三个步骤进行。

4. 水下连接

管段沉放就位后，还要与已沉放好的管段连成一个整体，即水下连接。水下连接技术的关键是保证管段接头不漏水。水下连接有混凝土连接法和水力压接法两种。混凝土连接法工艺复杂、潜水工作量大、密封可靠性差，故目前一般不采用。水力压接法是 20 世纪 50 年代由丹麦工程师开发应用的。由于工艺简单、施工方便、施工速度快、质量可靠、工料费节省以及基本上不用潜水工作等优点，水力压接法是目前各国沉管隧道工程中的常用方法。

水力压接法是利用作用在管段上的巨大水压力，使安装在管段前端面（即靠近既设管段或竖井的端面）周边的一圈胶垫发生压缩变形，形成一个水密性良好的管段间接头。在管段下沉就位完毕后，先将新设管段拉向既设管段并紧密靠拢，这使得胶垫发生第一次压缩变形，并初步具有止水作用，随即将既设管段后端端封墙与新设管段前端端封墙之间的水（这时这部分水已与河水隔离）排走。排水之前，作用在新设管段前、后两端封墙上的水压力是相互平衡的。排水之后，作用在新设管段前端端封墙上的水压力变成一个大气压大小的空气压力。于是作用在新设管段后端端封墙上的超大水压力就将管段向前推，使胶垫发生第二次压缩变形。胶垫发生两次压缩变形后，管段接头将具有非常可靠的水密性。

可见，水力压接法的主要工序是对位→拉合→压接→拆除端封墙，如图 7-18 所示。

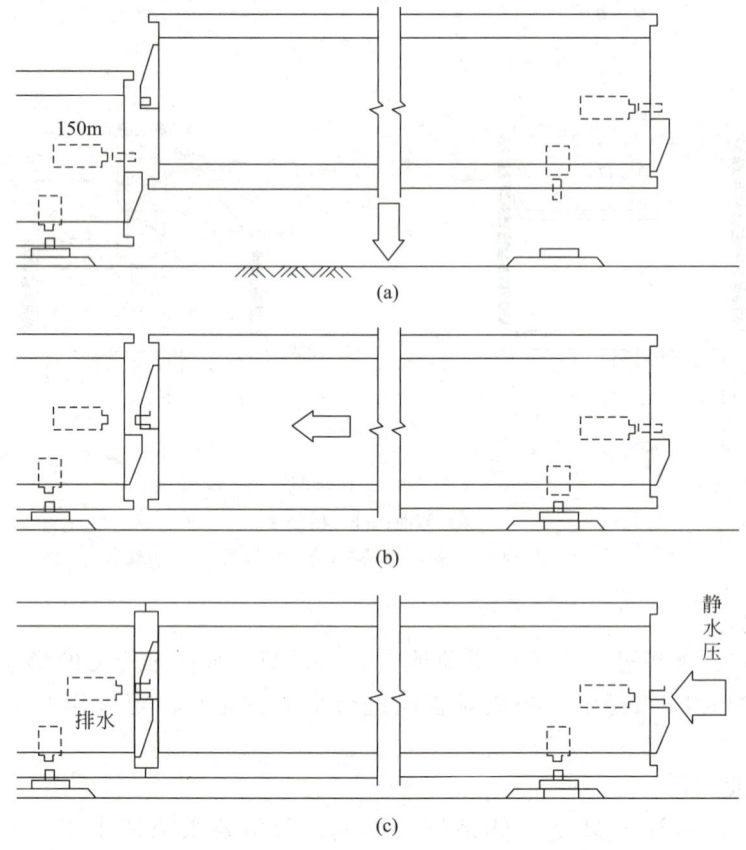

图 7-18　水力压接法

7.3.4　管段防水措施

沉管隧道防水设计应遵循"结构混凝土自防水为主，外防水为辅，接头防水为重点，多道防水，综合治理"的原则。在腐蚀性环境下，应综合考虑隧道结构的防水和防腐蚀。沉管的外壁防水措施包括沉管外防水和沉管自防水两类。外防水包括钢壳防水、钢板防水、卷材防水、涂料防水等多种方法；自防水主要采用防水混凝土材料。实践证明，如有适当的措施（包括设计与施工两方面），沉管自防水完全可以替代外防水。按规定，防水混凝土的抗渗等级不得小于 P6。

1. 钢壳与钢板防水

钢壳防水是指在沉管的三面（底面和两侧面）或者四面（底面、顶面和两侧面）用钢板包覆的防水办法。然而，由于耗钢量大、焊缝防水可靠性不高、钢材易生锈等问题，该方法现已基本淘汰。

例如，钢的锈蚀速率一般在海水中取 0.1mm/年，在淡水中取 0.05mm/年，平均为 0.075mm/年。如果设计年限为 50 年，设计利用厚度为 8mm，则实际钢板厚度 $t = 8 + 0.075 \times 50 = 11.75$ （mm）≈ 12 （mm），可见耗钢厚度增加 4mm。

2. 卷材防水

卷材防水层是用胶料黏结多层沥青类卷材或合成橡胶类卷材而成的粘贴式（亦称外贴式）防水层。沥青类卷材通常采用浇油摊铺法粘贴，卷材粘贴完毕后，还须在外边加设一层保护层。保护层构成视部位不同而异。管段底板下用卷材防水时，可在干坞底面上先铺设一层混凝土砖（30mm），再铺 50~60mm 的素混凝土作为保护层，最后在素混凝土保护层上摊铺 3~6 层卷材。卷材防水的主要缺点是施工工艺烦琐，要求较高，在施工过程中稍有不慎就会造成起壳而返工，从而造成工作量和成本增加，若在管段沉放过程中发现防水层起壳，根本无法补救。表 7-3 给出了现有的一些卷材品种。

卷材防水层的卷材品种　　　　　　　　　表 7-3

类别	品种名称
高聚物改性沥青类防水卷材	弹性体改性沥青防水卷材
	改性沥青聚乙烯胎防水卷材
	自粘聚合物改性沥青防水卷材三元乙丙橡胶防水卷材
合成高分子类防水卷材	三元乙丙橡胶防水卷材
	聚氯乙烯防水卷材
	聚乙烯丙纶复合防水卷材
	高分子自粘胶膜防水卷材

3. 涂料防水

随着化学工业的发展，涂料防水逐渐被引用到管段防水中。其最突出的优点是施工工艺比卷材防水简单得多，并且能在平整度较差的混凝土面上直接施工。

涂料防水层包括无机防水涂料和有机防水涂料。无机防水涂料可选用掺外加剂、掺合料的水泥基防水涂料、水泥基渗透结晶型防水涂料。有机防水涂料可选用反应型、水乳型、聚合物水泥等涂料。无机防水涂料适用于结构主体的背水面，有机防水涂料适用于地下工程主体结构的迎水面，而用于背水面的有机防水涂料应具有较高的抗渗性以及与基层有较好的黏结性。

目前涂料在管段防水上尚未普遍推广，主要是因为其延伸率不足（不及卷材）。在沉管隧道中，结构设计的裂缝开展的宽度范围为 0.15~0.2mm，而防水设计的裂缝开展的宽度界限为 0.5mm。防水卷材容易满足此要求，但防水涂料尚不能完全满足这项要求。因此，提高延伸率是当前防水涂料试验研究中的一项主要课题。防水涂料的

14.

沉管结构地基处理

另一个不足是在潮湿的混凝土面上直接涂布不能达到理想效果。

思考与练习

1. 沉管结构有哪些类型？各有什么优缺点？
2. 沉管结构承受哪些荷载？
3. 沉管的浮力设计包括哪些内容？简述干舷在管段运输中的作用。
4. 沉管节段间的变形缝构造需要满足哪些要求？
5. 沉管管段间连接处理的方法及防水措施有哪些？

教学单元 8　顶管、管幕与箱涵结构

教学目标

1. 知识目标

(1) 了解顶管法的概念和适用范围。
(2) 掌握顶管结构设计要点。
(3) 熟悉顶管法的施工工艺流程。
(4) 了解管幕结构和箱涵结构的特点及适用范围。
(5) 熟悉箱涵结构的设计内容及设计方法。

2. 能力目标

(1) 能理解和表述顶管法与盾构法的异同。
(2) 能对较简单的顶管结构进行设计。
(3) 能复述顶管结构施工的基本流程和要点。
(4) 能根据工程实际情况选择对应的顶管、管幕及箱涵结构。

3. 素质目标

"火车跑得快,全靠车头带。"通过相关内容的学习,培养大学生不畏艰难、勇立潮头的精神。

思维导图

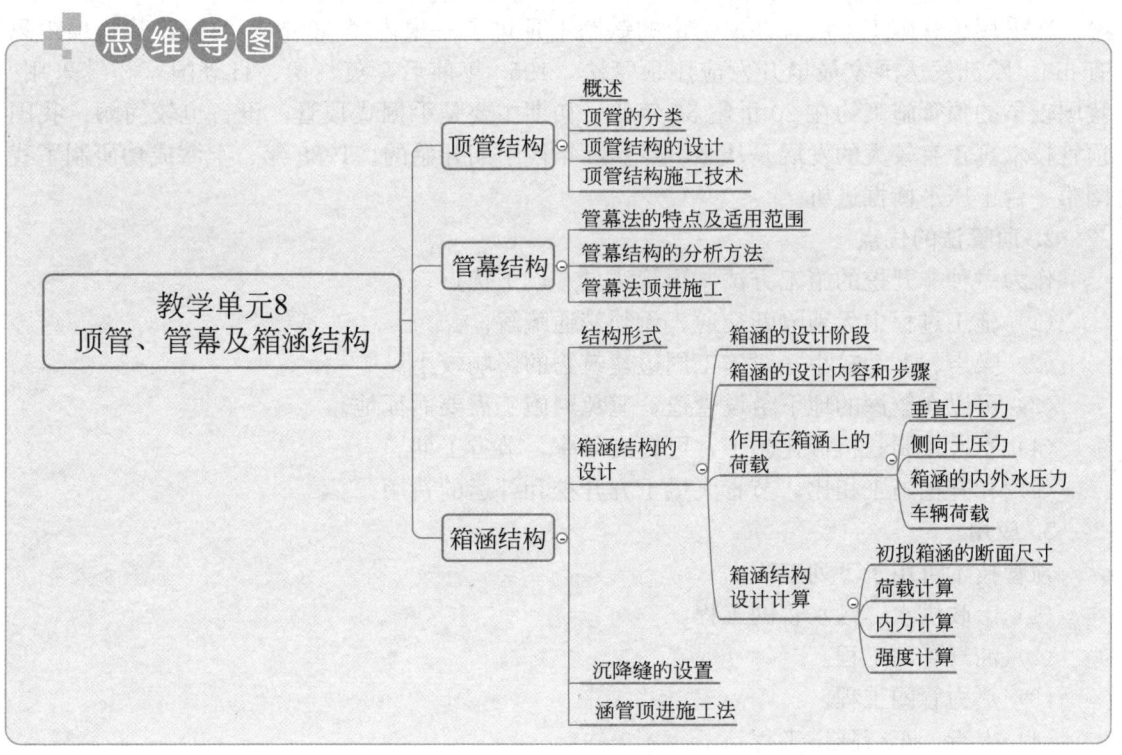

城市地下管网的发展规模，以及管线铺设、维修和更换过程中对城市交通、环境的影响及对人们生活、工作的干扰已成为衡量一个城市基础设施完善程度和城市管理水平的重要标志。传统的挖槽埋管施工技术由于对地面交通影响较大，使本来就拥挤的城市交通雪上加霜，给市民工作、生活带来许多不便。基于这种现状，非开挖技术应运而生。相比于地下铁路这些大直径隧道，常见的市政给水管、排水管、人行隧道尺寸较小，本章介绍的顶管结构就是为了应对上述"小尺寸"隧道。

8.1 顶管结构

8.1.1 概述

1. 顶管法的概念及发展历史

顶管法是采用液压千斤顶或具有顶进、牵引功能的设备，以顶管工作井作为承压壁，将管子按设计高程、方位、坡度逐根顶入土层直至到达目的位置的一种隧道和地下管道的施工方法。它是利用非开挖技术的一种典型方法。与盾构法相比，顶管法一般用于修建中小型地下市政管道（如排水管）、地下行车隧道等，两者在很多施工工艺方面都十分相似，故顶管法又称为"小盾构"。顶管施工示意如图 8-1 所示。

顶管施工技术最早始于 1896 年美国的北太平洋铁路铺设工程的施工中。1948 年日本第一次采用顶管施工方法，在尼崎市的铁路下顶进了一根内径 600mm 的铸铁管，顶距只有 6m。欧洲发达国家最早开发应用顶管法，1950 年前后，英、德、日等国家相继采用。我国较早的顶管施工约在 20 世纪 50 年代，初期主要是手掘式顶管，设备也较简陋。我国顶管技术真正有较大的发展是从 20 世纪 80 年代中期开始的。1988 年，上海成功研制了我国第一台土压平衡掘进机。

2. 顶管法的优点

作为一种非开挖的施工方法，顶管法具有以下优点。

（1）施工过程中无须隔断交通，无须交通疏解。

（2）噪声、振动较小，对施工周边建筑物的影响较小。

（3）可以在较深的地下敷设管道，避免因施工需要而征地。

（4）管段预制，机械化施工，可提高效率，节省工期。

（5）和开挖施工相比，节省大量土方开挖和外运的费用。

3. 应用

顶管技术可用于下列工程。

（1）市政供水、污水管网工程。

（2）油气管网工程。

（3）热力管网工程。

（4）人行、车行隧道工程。

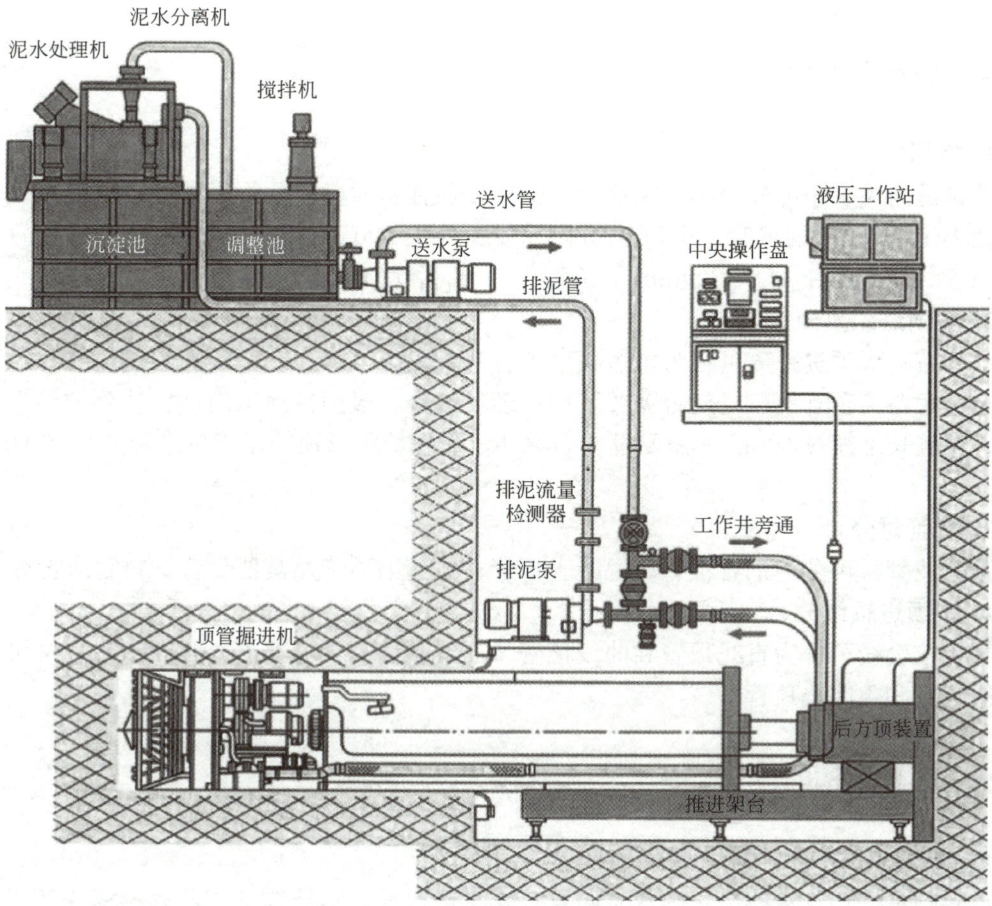

图 8-1 顶管施工示意

来源：镇江金达机械设备有限公司官网。

（5）市政综合管廊工程。顶管施工现场图片如图 8-2 所示。

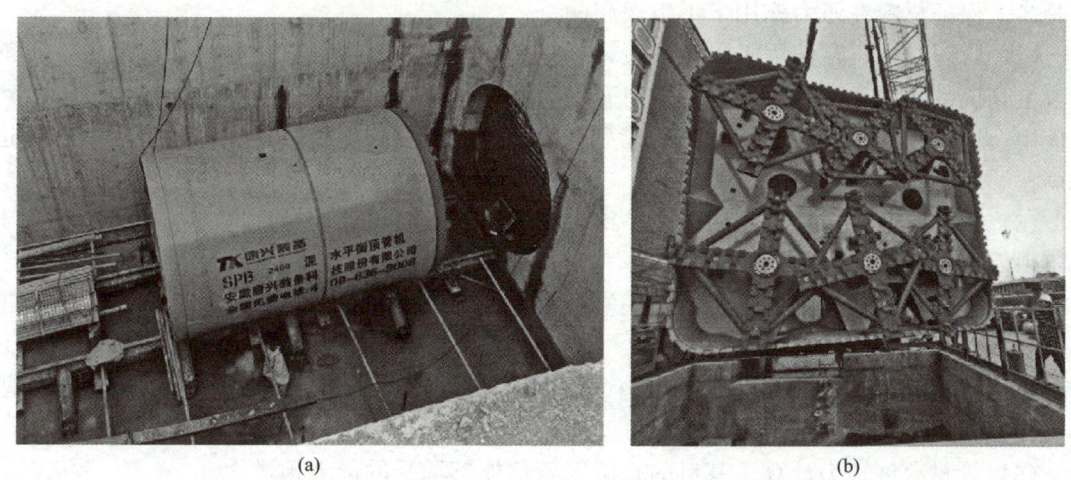

图 8-2 顶管施工现场
（a）市政供水、污水管网工程；（b）人行、车行隧道工程

8.1.2 顶管的分类

1. 按口径分

按管道内径大小可分为小口径顶管、中口径顶管和大口径顶管三种。小口径顶管一般指内径小于 800mm 的顶管；中口径顶管一般指处于 800~1800mm 口径范围的顶管；大口径顶管一般指内径大于 1800mm 的顶管。

2. 按顶进距离分

顶管按一次顶进距离可分为中短距离顶管、长距离顶管、超长距离顶管三种。长距离顶管与中短距离顶管一般以是否需要采用中继环区分。根据目前国内顶管达到的施工技术水平，顶管长度超过 300m 才需要设置中继环，而超长距离顶管是指顶进距离超过 1km 的顶管。

3. 按管材分

顶管按管材可分为钢管顶管、混凝土顶管、玻璃钢顶管及其他复合材料制顶管等。

4. 按顶进轴线分

顶管按轴线可分为直线顶管和曲线顶管。曲线顶管以曲率半径 300m 为界，又可分为常曲线顶管和急曲线顶管。

8.1.3 顶管结构的设计

1. 顶管结构设计内容

（1）管道结构承载能力极限状态验算。它具体包括：刚性管道（钢筋混凝土管道）在纵向最大顶力作用下的截面承载力验算；柔性管道（钢管、玻璃纤维管等）在纵向最大顶力作用下的稳定性验算；管段接头在纵向最大顶力作用下的强度破坏。管道承载力验算主要是为了保证管道在施工阶段和使用阶段有足够的强度。柔性管道（钢管等）的稳定性验算是为了保证材料在压力作用下不出现屈曲。

（2）管道结构正常使用极限状态验算。它具体包括：柔性管道的竖向变形验算；钢筋混凝土管道的裂缝宽度验算。管道竖向变形验算是避免管道在施工期间出现过大变形，影响使用。钢筋混凝土管道的裂缝宽度验算是为了避免因混凝土裂缝过大，地下水锈蚀管道钢筋。

（3）顶管工作井、接收井周边围护结构设计。这是为了保证井内土方挖掉后，四周土体不坍塌，保证井内人员作业安全。

（4）工作井、接收井尺寸设计。这是为了保证施工人员和机械设备有足够的施工空间。

（5）顶管总顶力计算。这是为了计算出施工时应该施加多大推力才能克服土体摩阻力，保证施工顺利。

（6）管材允许顶力计算。其目的是确定管材能够承受的最大顶进力。

（7）后座墙后土体的稳定性验算，又名管井允许顶力计算。目的是保证顶管作业期间，后座墙后土体有足够强度抵抗顶管机的推力，以免推力过大导致墙后土体失效隆起。

由于第（3）点围护结构在教学单元 2 已有阐述，故本节重点学习第（4）～（7）这三种验算，第（1）和第（2）项验算可参考上海市工程建设规范《顶管工程设计标准》DG/TJ08—2268—2019。

2. 工作井、接收井尺寸设计

工作井的长度应根据顶管机长度、千斤顶长度、下井管节长度和井内工艺接管要求综合确定。

（1）当按顶管机长度确定时，工作井的内净长度可按下式计算。

$$L \geqslant l_1 + l_3 + k \tag{8-1}$$

式中，L——工作井的内净长度（m）；

l_1——顶管机下井时的最小长度（m），如采用刃口顶管机，应包括接管长度；

l_3——千斤顶长度，一般取 2.50m；

k——后座和顶铁的厚度及安装富余量，可取 1.60m。

（2）当下井管节长度确定时，工作井的内净长度可按下式计算。

$$L \geqslant l_2 + l_3 + l_4 + k \tag{8-2}$$

式中，l_2——下井管节长度，参考长度如下：钢管一般可取 6.0m，长距离时可取 8.0～12.0m；钢筋混凝土管可取 2.5～3.0m；预应力钢筒混凝土管、球墨铸铁管、玻璃纤维增强塑料夹砂管可取 4.0～6.0m；钢筋混凝土矩形箱涵可取 1.5～3.0m；

l_4——留在井内的管道最小长度，可取 0.5m。

工作井的最小内净长度应按上述两种方法计算，结果取大值，并与井内工艺接管要求综合确定。

工作井的宽度应根据管道外径和两侧工作面的宽度综合确定。最小内净宽度可按下式确定。

$$B \geqslant D_1 + (2.0 \sim 2.4) \tag{8-3}$$

式中，B——工作井的内净宽度（m）；

D_1——管道的外径（m）。

工作井深度应根据管顶覆土厚度、管道外径和管底工作面的高度综合确定。其值应按下列公式计算。

$$H = H_s + D_1 + h \tag{8-4}$$

式中，H——工作井底板面最小深度（m）；

H_s——管顶覆土层厚度（m）；

h——管底操作空间，对于钢管和矩形箱涵，h 可取 0.70～1.00m，对于钢筋混凝土管、预应力钢筒混凝土管、球墨铸铁管和玻璃纤维增强塑料夹砂管等，h 可取 0.4～0.5m。

（3）接收井最小内净宽度应按下式计算。

$$B = D_1 + 2 \tag{8-5}$$

式中，B——接收井最小内净宽度（m）。

接收井的最小内净长度除满足上述要求外，还应满足顶管机在井内拆除、吊出和工艺管道连接的要求。

3. 顶管总顶力计算

总顶力是在施工中推进整个管道系统和相关机械设备向前运动的力。它需要克服顶进中的各种阻力[摩擦阻力、工具管前端的迎面阻力（或称贯入阻力）等]，同时在顶进过程中还会不断受到各种外界因素（纠偏、后背的位移等）的影响。所以在顶管工程开始之前，准确地计算所需的总顶力不仅有利于合理设计顶进工作站和中继站，而且对于后背墙的设计也是至关重要的。因此，准确计算总顶力对于顶管施工具有十分重要的意义。

为了推动管道在土体内顺利前进，千斤顶的顶力需要克服作用于管道的阻力，包括顶进机端头土体的阻力、管节上方土体产生的摩擦力、管节侧面土体主动土压力下产生的摩擦力、管节自重产生的摩擦力。因此，顶管总顶力 P_j 必须大于上述摩擦力之和，即：

$$P_j \geqslant 1.2 \times (P_t + P_s + P_b + P_e) \tag{8-6}$$

式中，P_j——顶管总顶力（kN）；

P_t——管顶覆土产生的摩擦力（kN），按 $P_t = \gamma \times H \times D_1 \times L \times f_t$ 确定，其中，γ 为管顶上覆土层的重度（kN/m³），地下水位以下的土层取浮重度，当上覆土层为多层土时，应折算为平均重度；H 为上覆土层高度（m）；对于圆形截面管道，D_1 指管道外径，对于矩形截面管道，D_1 指管道宽度（m）；L 为管道设计顶进长度（m）；f_t 为管道顶面与土体的摩擦系数，根据项目的地质勘查报告取值；

P_s——管道侧面围岩或土体产生的摩擦力（kN），按 $P_s = 2 \times p_a \times D_2 \times L \times f_s$ 确定，其中，p_a 为管道侧面承受的主动土压力（kN/m²），可按朗肯土压力理论计算；对于圆形截面管道，D_2 指管道外径，对于矩形截面管道，D_2 指管道高度（m）；f_s 为管道侧面与土体的摩擦系数，根据项目的地质勘查报告取值；

P_b——管底土体产生的摩擦力（kN），按 $P_b = (\gamma \times H + g_1) \times D_1 \times L \times f_b$ 确定，其中，g_1 为管节每平方米自重（kN/m²）；f_b 为管道底面与土体的摩擦系数，根据项目的地质勘查报告取值；

P_e——土对钢刃脚或顶进设备正面的阻力（kN），按 $P_e = R \times A$ 确定，其中，R 为土对钢刃脚正面或顶进设备端头的单位面积阻力（kN/m²），由试验确定；A 为钢刃脚或顶进设备正面面积（m²）。

15.

顶管总顶力计算

【例 8-1】 某工程顶进外径 D_1 为 1900mm、内径 d_1 为 1650mm 的钢筋混凝土管（C50 混凝土，$f_c = 23.1$MPa），顶进长度为 30m，管顶覆土深度为 5m，砂土的土重度 $\gamma = 17$kN/m³，土的摩擦角 $\varphi = 20°$，管周摩擦系数为 0.35，端部的单位面积阻力 R 为 500kN/m²，求顶管总顶力。

【解】 $P_t = \gamma \times H \times D_1 \times L \times f_t = 17 \times 5 \times 1.9 \times 30 \times 0.35 = 1695.75 \text{(kN)}$

管道侧面主动土压力按管道高度的一半计算，即：

$$p_a = \gamma \times \left(H + \frac{D_1}{2}\right) \times \text{tg}^2\left(45° - \frac{\varphi}{2}\right) = 17 \times \left(5 + \frac{1.9}{2}\right) \times 0.49 \approx 49.56 \text{(kN/m}^2\text{)}$$

$$P_s = 2 \times p_a \times D_2 \times L \times f_s = 2 \times 49.56 \times 1.9 \times 30 \times 0.35 \approx 1977.44 \text{(kN)}$$

管道横截面面积 $A = \dfrac{1}{4} \times \pi \times (1.9^2 - 1.65^2) \approx 0.697 (\text{m}^2)$

混凝土管每平方米自重 $g_1 = \dfrac{25 \times 0.697}{1.9} \approx 9.17\ (\text{kN/m}^2)$

$P_b = (\gamma \times H + g_1) \times D_1 \times L \times f_b = (17 \times 5 + 9.17) \times 1.9 \times 30 \times 0.35$
$\approx 1878.69(\text{kN})$

$P_e = R \times A = 500 \times 0.697 = 348.5(\text{kN})$

$P_j \geqslant 1.2 \times (P_t + P_s + P_b + P_e) = 1.2 \times (1695.75 + 1977.44 + 1878.69 + 348.5)$
$\approx 7080.46(\text{kN})$

4. 管材允许顶力计算

(1) 钢筋混凝土管顶管的传力面允许顶力可按下式计算。

$$F_{dc} = 0.5 \times \dfrac{\phi_1 \phi_2 \phi_3}{\gamma_{Qd} \phi_5} f_c A_p \tag{8-7}$$

式中，F_{dc}——混凝土管道允许顶力设计值（N）；

ϕ_1——混凝土材料受压强度折减系数，$\phi_1 = 0.9$；

ϕ_2——偏心受压强度提高系数，$\phi_1 = 1.05$；

ϕ_3——材料脆性系数，$\phi_1 = 0.85$；

ϕ_5——混凝土强度标准调整系数，$\phi_1 = 0.79$；

f_c——混凝土受压强度设计值（N/mm²）；

A_p——管道的最小有效传力面积（mm²）；

γ_{Qd}——顶力分项系数，$\gamma_{Qd} = 1.3$。

(2) 钢管顶管传力面允许顶力按下式计算。

$$F_{ds} = \dfrac{\phi_1 \phi_3 \phi_4}{\gamma_{Qd}} f_s A_p \tag{8-8}$$

式中，F_{ds}——钢管管道允许顶力设计值（N）；

ϕ_1——钢材受压强度折减系数，$\phi_1 = 1.00$；

ϕ_3——钢材脆性系数，$\phi_1 = 1.00$；

ϕ_4——钢管顶管稳定系数，$\phi_4 = 0.36$；

f_s——钢材受压强度设计值（N/mm²）。

【例 8-2】 计算【例 8-1】中混凝土管道的允许顶力设计值。

【解】 $F_{dc} = 0.5 \times \dfrac{\phi_1 \phi_2 \phi_3}{\gamma_{Qd} \phi_5} f_c A_p = 0.5 \times \dfrac{0.9 \times 1.05 \times 0.85}{1.3 \times 0.79} \times 23.1 \times 0.697 \times 10^6$
$\approx 6296.44 \times 10^3 \text{N} = 6296.44(\text{kN})$

5. 后座墙后土体稳定性验算（或管井允许顶力计算）

沉井受力示意如图 8-3 所示，圆形沉井在顶管力的作用下，后背土体的稳定应符合下列公式规定。

$$P_{tk} = \xi(0.8 E_{pk} - E_{ep,k}) \tag{8-9}$$

$$E_{pk} = \dfrac{1}{4} \pi r H \times F_{pk} \tag{8-10}$$

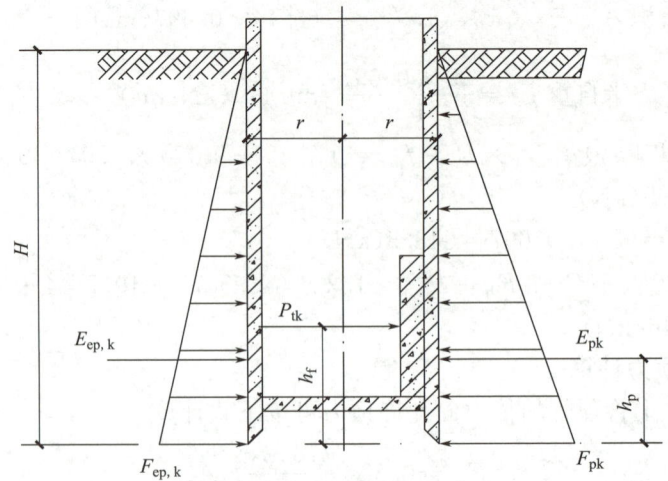

图 8-3 沉井受力示意

$$E_{ep,k} = \frac{1}{4}\pi r H \times F_{ep,k} \tag{8-11}$$

$$\xi = \frac{(h_f - |h_f - h_p|)}{h_f} \tag{8-12}$$

式中，P_{tk}——顶管井的允许顶力标准值（kN）；

ξ——考虑顶管力与土压力的合力作用点可能不一致的折减系数；

E_{pk}——沉井承受土体传递过来的被动土压力标准值（kN）；

$E_{ep,k}$——沉井承受土体传递过来的主动土压力标准值（kN）；

H——沉井入土深度（m）；

r——沉井外壁半径（m）；

F_{pk}——土体被动土压力标准值（kN/m²）；

$F_{ep,k}$——土体主动土压力标准值（kN/m²）；

h_f——顶管井允许顶力的作用点到刃脚的距离（m）；

h_p——土压力合力至刃脚底的距离（m）。

关于式（8-9），有几点需要注意：

（1）顶管井的允许顶力标准值等于管井后方被动土压力合力减去管井前方主动土压力合力，为了提高安全储备，式（8-9）引入折减系数 0.8 和 ξ。

（2）主动土压力标准值 $F_{ep,k}$ 和被动土压力标准值 F_{pk} 的计算公式详见《土力学》相关知识。

（3）矩形沉井在顶管力作用下，其后背土体的稳定性验算可按式（8-9）计算，但 E_{pk}、$E_{ep,k}$ 需要按实际情况调整。

（4）式（8-9）是针对采用沉井结构的工作井而言的，当工作井采用钢板桩支护时，井壁后的土体稳定验算可详见王树理编写的《地下建筑结构设计》（第 4 版）（P229～P232）。

当实际施工时采用的顶管总顶力 P_j 大于管材允许顶力设计值或工作井允许顶力设计值时，应设置中继间。

8.1.4 顶管结构施工技术

1. 施工工艺流程

顶管施工是一种非开挖或少开挖的管道埋设技术。顶管法施工就是在工作坑内借助于顶进设备产生的顶力,克服管道与周围土壤的摩擦力,将管道按设计的坡度顶入土中,并将土方运走。一节管节顶入土层之后,再将第二节管节继续顶进。其原理是借助主顶油缸及管道间、中继间等的推力,把工具管或掘进机从工作坑内穿过土层一直推进到接收坑内吊起。管道紧随工具管或掘进机,埋设在两坑之间。

顶管施工流程如图 8-4 所示,下面我们以泥水平衡顶管机为例说明该流程。

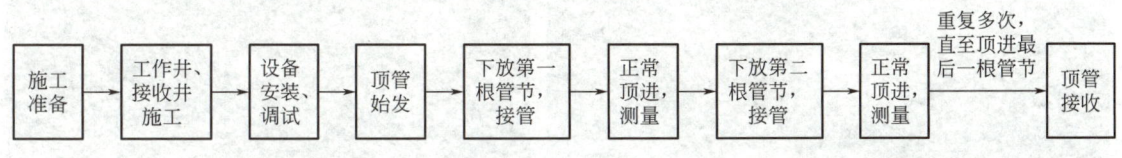

图 8-4　顶管施工流程

(1) 设备安装调试。

顶管设备选定后即开始安装设备,在安装前必须测量好顶管轴线。在安装时严格控制轴线与高差,在安装调平时确定后靠背的位置,然后将顶管主机放到导轨上。就位以后,装好顶铁,连接好各系统并检查无故障后,校核顶管主机水平及垂直标高是否符合设计要求。合格后即可顶进顶管主机,然后安放管节,再次测量标高的。核定无误后,开动顶管主机进行试顶,待调整好各项参数后即可正常顶进施工。安装工作井内组件和安装顶管主机如图 8-5 所示。

(a)　　　　　　　　　　　　　(b)

图 8-5　安装工作井内组件和安装顶管主机
(a) 安装工作井内组件;(b) 安装顶管主机

(2) 顶管机始发。

1) 顶管机出洞前必须对所有设备进行全面检查,并经过试运转无故障。将顶管机推进洞口距井壁处停止,仔细检查顶管机形态,确保顶管机的水平及高程偏差都在设计要求的范围内,中心偏差不得大于 3mm,高低偏差为 0~+3mm。若达不到上述要求,也应拉出顶管机，进行第二次出洞。顶进初始阶段的顶进质量对后续顶进的管道轴线等有重要的影响。

2) 继续推进顶管机进入土体，根据顶管液压系统的参数，结合理论数据，确定推进土压力控制系数。在安装第一节管前，应将顶管机与导轨之间进行限位焊接，以避免在主千斤顶缩回后，正面土压力的作用使顶管机被弹回。

3) 缩回主千斤顶，吊放管节，割除限位块。前三节与顶管机刚性连接后，继续顶进。主顶油缸推动顶管机顶进和第一根管节的布设如图 8-6 所示。

(a)　　　　　　　　　　　　　　　　(b)

图 8-6　主顶油缸推动顶管机顶进和第一根管节的布设
(a) 主顶油缸推动顶管机顶进；(b) 第一根管节的布设

(3) 顶进。

1) 顶管机出洞后顶进的起始阶段，机头的方向主要受导轨安装方向控制，一方面要减慢主顶推进速度，另一方面要不断地调整油缸偏差。严格控制前 5～10m 的管道顶进偏差，其中心偏差不得大于 3mm，高低偏差为 0～+3mm。在顶进过程中应坚持"勤测、缓纠"的原则。纠偏角度保持在 10′～20′，不大于 1°。如果产生偏差，应及时纠正。纠偏应逐步进行，应坚持"缓纠、慢纠"的原则。

2) 注浆应和顶进同步进行，其原则是先注浆，后顶进；随顶进，随注浆。目的是保证管外围泥浆套的形成，以充分发挥减阻和支撑作用。在顶进过程中应避免长时间的泥浆停注，以保证顶进过程中的全部管段充满良好的泥浆套。

3) 在顶进过程中，根据顶力变化和偏差情况随时调整顶进速度，速度一般控制在 50mm/min 左右，最大不超过 70mm/min。

4) 管道顶进至离工作井前方内壁 50cm 时应卸载，收回油缸和垫铁并安装管节，然后继续顶进。顶进中密切注意顶进时的方向及顶力的大小变化。当顶管处于不良地层，出现机具两侧的受力不均匀现象时，应及时调整机具的工作状态，以保证顶管方向准确。安放第一个中继间和正常顶进如图 8-7 所示。

(4) 安装管节。

1) 当一个顶程结束，收回千斤顶和环形垫铁后，即可在工作井内再放入一根管节。在管节吊入工作井以前，应先在地面上进行质量检查，确认合格后，在管前端口安放楔形橡胶圈，并在橡胶圈表面涂抹硅油，以减小管节相接时的摩擦力。

2) 以上工作完成后再将管节吊放至工作井内的轨道上，将管节插口端正对前管的承

(a) (b)

图 8-7 安放第一个中继间和正常顶进
(a) 安放第一个中继间；(b) 正常顶进

口中心，缓缓顶入，直至两个管节端面密贴并挤紧衬垫，检查接口密封胶圈及衬垫是否良好，如发现胶圈损坏、扭转、翻出等问题，应拔出管节重新插入，确认完好后再进行下一顶程。

（5）出土。

因泥水平衡顶管机在掘进过程中将泥浆水打入泥仓中与机具切削土混合，然后由排泥管输出。在理论上，切削下的土体混合转化为 4 倍体积的泥浆。在工作井周围放置一个存泥箱，用于存放泥浆，同时进行泥浆的二级沉淀处理。将沉淀后的处理水作为泥水打入机具的泥仓中重复使用，沉淀后的泥浆通过泥浆罐车运至指定的弃土场。

（6）膨润土泥浆的压注与置换。

顶力控制的关键是最大限度地降低顶进阻力，而降低顶进阻力最有效的方法是注入膨润土泥浆，使之在管外壁与土层之间形成一个完整的环状泥浆润滑套，将原来的干摩擦状态变为液体摩擦状态。这样就可以大大地减少顶进阻力。为达到这一目的，可以采取如下措施。

1）选择优质的触变泥浆材料，对膨润土取样测试。主要指标为造浆率、失水量、静切力、动切力和动塑比。这些指标必须满足设计要求。

2）在管节制作时根据设计要求预埋压浆孔。安装注浆管时，每个预埋压浆孔里要设置单向阀。目的是防止注浆压力不足时管外壁的泥浆液倒流。

3）触变泥浆的配制、搅拌、静置时间，都必须按照膨润土的特性要求执行。

4）为了使触变泥浆套的压力在停注后不过快降低，在工作井内的注浆总管上设置单向阀，不使其回浆。泥浆的压注采用在顶管机、管节、中继站等处连续补浆的方式。对顶管机压浆要与顶进同步，以迅速在管道外围空隙形成黏度高、稳定性好的膨润土泥浆套。

5）全段管道顶进完成后，立即用水泥浆将润滑泥浆置换出来，以确保管道外围土体有足够的支撑并减少渗漏水。

（7）顶进监控。

控制好顶进方向，确保按设计管道轴线顶进是顶管施工中的核心问题。

1）在顶管前，先根据邻近的桩点，放出本工程的平面控制点及临时水准点，经三级放线和复核后方可使用。

2) 在工作井设置管道轴线控制桩和临时水准点、工作井护桩,以便复核顶管轴线和工作井位置是否移动。开顶前,准确测量顶管机中心的轴线和标高偏差,并做好原始记录。

3) 在机具内要安装倾斜仪,操作者可以随时了解机头的水平状态,以控制刀盘的旋转方向和纠偏。

4) 基坑的导轨尽可能延长至井壁洞口附近。导轨要有足够的刚度,且安装、焊接牢固。安装后的导轨轴线和标高误差应小于 2mm;主顶油缸和后座的安装也要满足牢固的要求,其水平和垂直误差应小于 10mm。

(8) 测量与纠偏。

1) 中心线测量:首先在地面用经纬仪确定顶管方向桩,然后在工作坑旁边的两方向桩上挂细线,其上吊 2 个锤球到工作坑底部,在工作坑中用激光水准仪照准两锤球,读取前端的中心尺刻度,若与中心尺刻度重合,说明其方向准确,否则其差值即为偏差值。

2) 高程测量:在工作坑内引设水准点,停止顶进,将激光水准仪支设在顶铁上,测量前端管底高程。

3) 顶进中发现与管位偏差 10mm 左右,即应进行校正。

4) 纠偏由激光经纬仪发出的激光束照射在位于钻掘系统的光靶上。根据测得的偏斜数据,操纵液体纠偏系统,使掘进系统前部铰接的机头偏摆,从而实现铺管方向的调节。

(9) 顶管施工中应注意的问题。

1) 密切注意主顶油泵压力的变化,随时做好记录,当发现压力突然上升和下降时,立即停止顶进,查明原因后再顶进。

2) 顶进要连续进行,不得长时间停歇。

3) 刚开始顶进时应连续注浆,不能因为初期顶力较小而不注浆,导致注浆孔被泥土塞满而无法形成均匀的泥浆套。

4) 停止顶进时,一定要使挖掘面保持一定的压力,防止长时间停歇造成漏水或土层中的泥水流失,尤其是出洞时,更应注意这个问题。

5) 在掘进过程中,还要注意挖掘面稳定与否,泥水的浓度和比重是否正常,进出泥浆是否正常,以防止排泥流量过小或粉砂含量过大而造成泥砂在管道中沉积,影响正常顶进。当砂含量增高时,可以适当调整泥浆比例。

6) 对于阶地、坳沟交界部位的顶管施工,由于土层性质差异较大,顶管施工中遇到的阻力亦不相同,施工时要严格监测以控制机头前的压力,必要时可对软弱的一侧进行注浆加固。

7) 顶管线路均处于城区主干道的中间绿化带内,顶管作业过程中,应加强对路面沉降的监测,一旦出现异常情况,应及时向上级领导反映,并及时进行注浆处理。

2. 中继间

在长距离的顶管工程中,当顶管总顶力 P_j(即顶管掘进迎面阻力和管壁外围摩阻力之和)超过主千斤顶的容许总顶力、管材允许顶力 F_{dc}(或 F_{ds})或顶管井允许顶力 P_t 三者之一,则应采用中继间,实施分段顶进,使顶入每段管道的顶力降低到允许顶力范围内。

我们以【例 8-1】为例，摩擦力之和是 7080.46kN（约 7100kN），意味着最后一管节安装后，施工人员需要施加 7100kN 的推力才可以把最后一管节顶进。但通过【例 8-2】的计算，混凝土管道的允许顶力 F_{dc} 是 6296.44kN（按 6300kN 考虑），在不考虑千斤顶和管井后土体承载力的前提下，我们可以判断出施工人员施加的最大顶力是 6300kN，超过这一数值，管节就会破坏。

假设管节宽度是 2.5m，30m 的顶距就意味着需要安放 12 根管节。通过简单分析可知，当顶进第 10 根管节时，需要施加 5970.6kN 的力，此时顶力尚小于混凝土管道的允许顶力 6300kN，但当顶进第 11 根管节时，需要施加 6525.8kN 的顶力，此数值已经超过管材承受的极限 6300kN，硬施加上述顶力只会使管材损坏。

为了解决上述问题，我们可以采用施加中继间或膨润土泥浆压注的办法。所谓中继间，实际上就是一段安放有千斤顶的管节，可以施加推力。中继间的工作示意如图 8-8 所示。

假设【例 8-1】中我们将 6♯管设计为中继间，按照给定的条件，我们可以算出每节管承受的摩擦力是 $\dfrac{7080.46/1.2-348.5}{12}=462.66$（kN）。按照图 8-8（a）的施工方案，在顶入 8♯管节后，吊装 9♯管节前，启动中继间，假设顶管主机侧面承受的摩擦力跟管节一样，则此时中继间要施加的推力是 $(462.66\times 6+348.5)\times 1.2=3749.35$（kN）（约 3800kN），在中继间作用之后，各管节的位置如图 8-8（b）所示。

将 9♯管节放到轨道上，使用始发井千斤顶将其顶入，此时需要施加的推力是 $462.66\times 4=1850.64$（kN），如图 8-8（c）所示。依次重复以上步骤，直至将所有管道顶进，如图 8-8（d）所示。

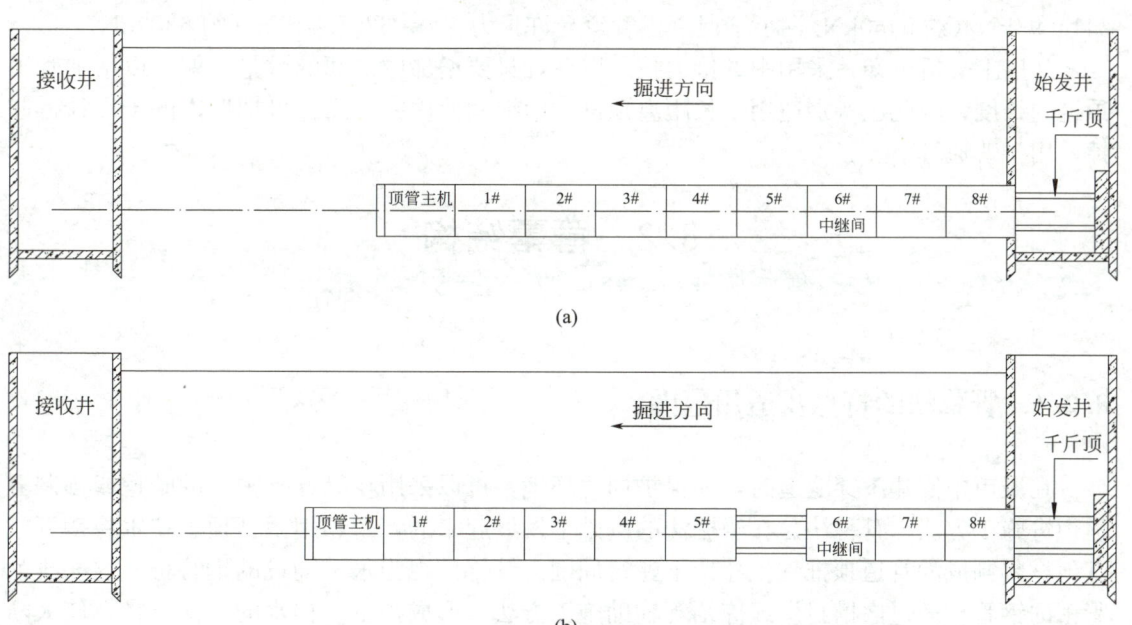

图 8-8 中继间工作示意（一）

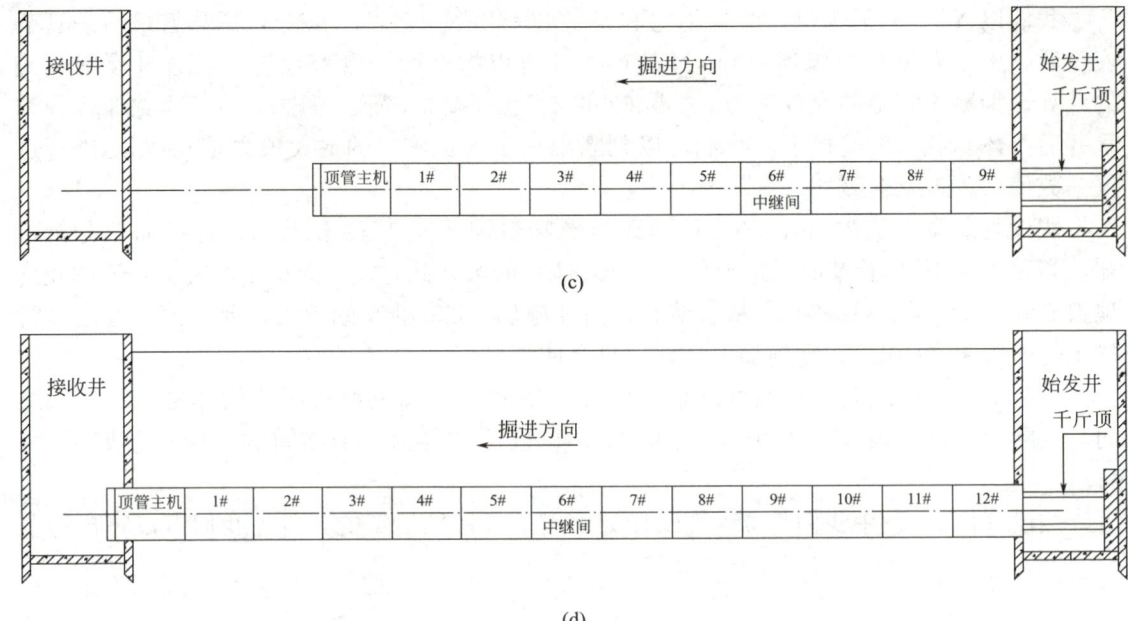

图 8-8 中继间工作示意（二）

在每次推进时，中继间施加的推力都是 3749.35kN，而始发井千斤顶在中继间工作前，即图 8-8（a）这种状态下施加的推力是 1.2×(462.66×9+348.5)=5414.93（kN）。在工作间作用后，施加的最大推力是 1.2×462.66×7=3886.34（kN）。所以，在整个顶管施工过程中，最大推力出现在图 8-8（a）这种状态下，此时千斤顶最大的输出推力是 5414.93kN（约 5450kN），小于混凝土管道允许顶力 F_{dc}=6296.44kN（约 6300kN）。

从以上分析可知，采用中继接力技术以后，只要增加中继间的数量，就可以增加管道顶进的长度，因此也特别适用于长距离顶进。中继间使用完毕后，可把期内的千斤顶拆卸掉，用于普通管节。

8.2 管幕结构

8.2.1 管幕法的特点及适用范围

在城市中修建下穿隧道时，为保护周边环境，可以采用在管幕支护下的暗挖或预制隧道顶进施工方法。管幕法是在管棚法的基础上发展起来的，是利用微型顶管技术将钢管或其他材料制成的管道顶推到拟建地下建筑周围。管幕可视为水平铺设的钢管桩，这些排列紧密的钢管桩通过嵌槽封层或冻结等辅助施工方法，形成挡土、挡水的超前支护，使大断面隧道得以在软土地层中通过，从而减小下部结构施工对周围土体与既有建构筑物的扰动，同时该方法能够有效控制地表沉降。相关研究表明，采用管幕法施工引起的地表沉降约为不采用管幕法施工的 12%，可有效降低地表沉降 80% 左右。

为降低对地面活动及其他地下设施与管线的影响，近年来在城市隧道施工中，管幕法已成为工程界的选择方案之一。世界许多国家，如美国、德国、葡萄牙及日本等皆有成功使用管幕法的施工案例，然而这些工程大多在砂土或卵砾石等土层中施工，也有一部分在岩层中施工。在软弱黏土中施工的大型管幕工程较少。

相对于常见的隧道工法如盾构法（Shield Tunneling method）或新奥法（New Austrian Tunneling Method, NATM），管幕法的优点在于在开挖面无法自立的地质中进行隧道施工时提供临时挡土及止水设施，隧道断面几何形状可依设计需要变化，以及在长度较短的隧道施工时，费用较盾构法节省。在覆土厚度较小，但又无法采用明挖（cut-and-cover）法施工的工程中，管幕法具有其他工法无法替代的优势。对于软土隧道工程，若无法采用明挖法施工，且对地层变形（地表沉陷）限制较严格，及隧道几何形状不利于盾构法等情形下，管幕法可能是唯一的选择。此时，管幕的构筑，如推管精度、管幕闭合及管道开挖时之土体稳定性等与工程之成败有密切关系。土层与管幕结构及支撑的相互作用需于设计及分析时作详细考虑，并在施工中进行监测与分析，根据分析结果随时修正，方可顺利完成工程。

管幕法以单管推进为基础，将各单管以榫头于钢管侧缘相接形成管排，并在接榫空隙注入止水填剂以达到管排止水要求。管排形状可为线形、半圆形、圆形或拱形，以管排单元的组合形成马蹄形管幕、口字形管幕及门字形管幕，如图8-9所示。其中，口字形及圆形管幕的止水性及结构完整性较佳。常用管幕钢管外接式锁口如图8-10所示。

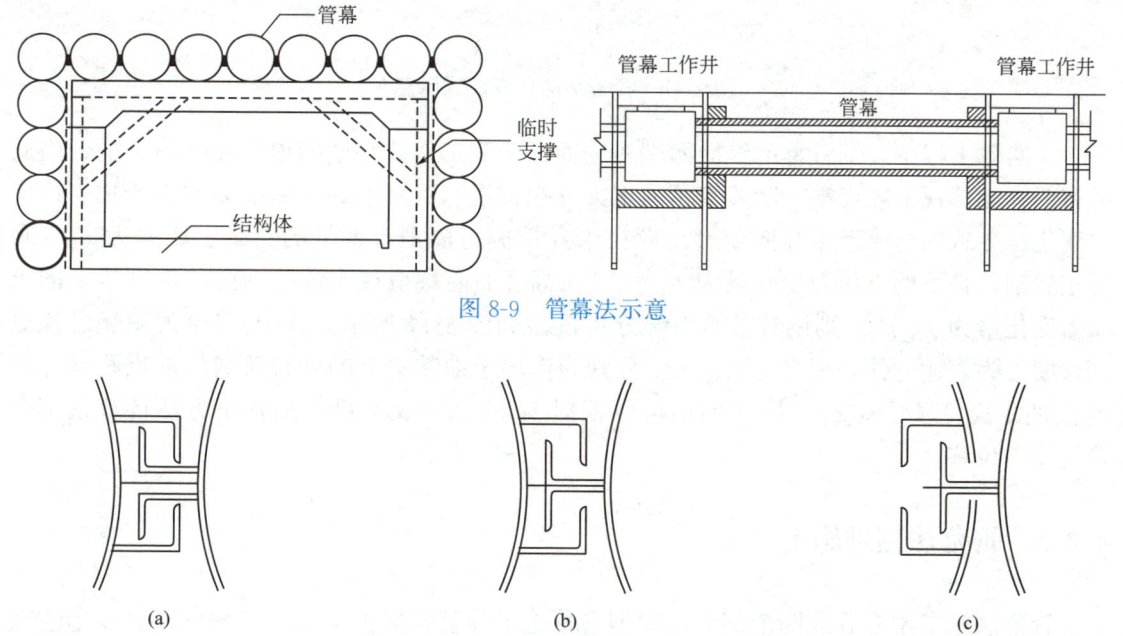

图 8-9　管幕法示意

图 8-10　常用管幕钢管外接式锁口

对于管幕内的隧道开挖方式，亦可依设计条件对土体变形之要求及工程费用而有不同选择，一般可使用人工或配合机械挖掘及架设支撑的方式。若对土体变形的限制要求较高，则可配合地层改良或其他工法如箱涵顶进、无限自走推进工法（Endless Self Advance

Method，ESA）等进行开挖。

管幕法在日本、西欧、马来西亚及中国台湾应用较普及，为大都市地下空间的开发和利用积累了不少经验和数据，但是该工法还存在着成本较高的缺点。其缺点主要有两点：①作为管幕的钢管埋入土体，不能再回收，成本较高；②高精度的顶管机研制或购置费用较高。

8.2.2 管幕结构的分析方法

管幕技术在国内应用得比较晚，管幕结构的设计计算方法还不成熟。目前主要有两种方法：一是两维平面有限元方法，按地层中的弹性刚架计算，计算工况从开挖时的实际开挖工况为准，也可按荷载结构模型，如图 8-11（a）所示，将地层作用等效为土体弹簧。二是采用一维弹性地基梁解析方法，如图 8-11（b）所示。这里主要详细介绍后一种方法。

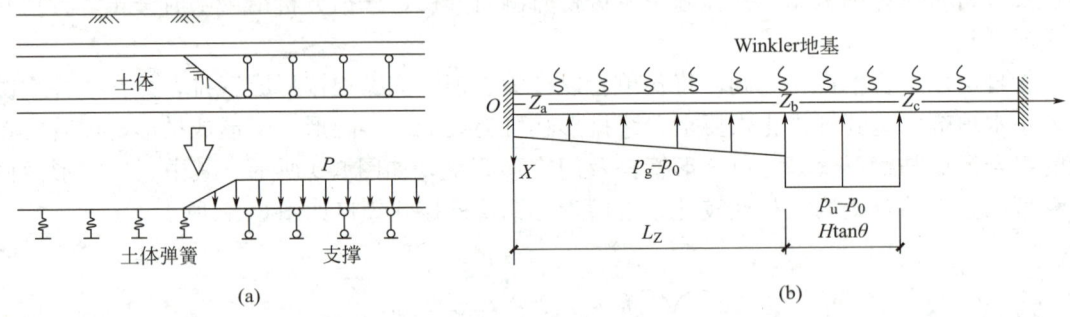

图 8-11　管幕结构计算模式示意

在实际工程中，钢管幕的纵向两端是嵌固在两侧工作井井壁的地下连续墙上的，因此可将钢管端部视为固定端。随着管幕内土方开挖掘进，管幕下的初始应力发生变化，该应力变化量导致钢管幕产生竖向变形。设在未开挖掘进前钢管幕下的初始土压力为 p_0，则开挖后钢管幕下的土压力变化量为 p_g-p_0，在掘进面前端滑移土体范围内的钢管幕下的土压力变化量为 p_u-p_0。则钢管幕的力学分析模型如图 8-11 所示。其中，L_z 为箱涵已顶进的长度。为表述方便，记 Z_a、Z_b、Z_c 分别为作用于地基梁上的分布荷载的端点距坐标原点 O 的距离，显然有 $Z_b=L_z$。然后可以根据 Winkler（文克勒）地基梁方法计算顶部钢管的竖向位移。

8.2.3 管幕法顶进施工

管幕法施工主要分成两个部分，即钢管幕施工和管幕保护下地下结构施工。本节主要介绍钢管幕施工。根据管幕布置方式的不同，可将管幕法分为横向管幕法和纵向管幕法。纵向管幕法是指管幕与隧道或者车站的走向平行，而横向管幕法是指管幕与隧道或者车站的走向垂直。两种管幕的布置形式如图 8-12 所示。

管幕法最开始指的是纵向管幕法。纵向管幕也是目前用得最多的管幕布置形式，其作为超前支护，被广泛地用于地下隧道的建造过程中。一般预先在洞口进行钢管顶进，钢管

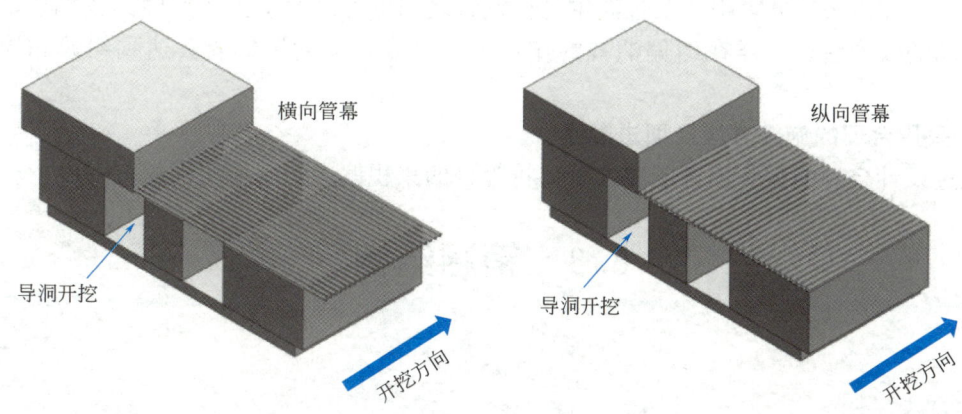

图 8-12 管幕布置形式

可全断面布置，也可只布置在隧道拱顶位置。由于纵向管幕是沿着隧道纵向布置，其单节长度不宜过长，否则管幕顶进精度难以控制，并且增加顶进困难。此外，在纵向管幕作用下，隧道开挖只能沿着管幕方向依次向前推进，不能分段施工。横向管幕施工可在导洞内一次形成刚度较大的横向承载体系，施工节点简单、传力清晰。与纵向管幕相比，横向管幕可分段流水施工，提高施工效率，并且管幕结构中钢管长度较短，施工精度容易达到控制要求，施工方便。两种管幕布置形式对比如表 8-1 所示。

横向管幕与纵向管幕对比表　　　　　　　　　　　表 8-1

类型	纵向管幕	横向管幕
纵向长度	不宜过长	不受限制
顶进难易程度	距离长，顶进较困难	距离短，顶进较容易
施工精度	较长，难以达到精度控制要求	易达到精度控制要求
施工顺序	沿纵向依次进行，施工效率低	可分段同步施工、施工效率快
作业面	全断面开挖施工	横断面大的先进行导洞施工

管幕法施工的主要难点集中在管幕顶进精度控制和管幕施工时的地表变形控制两个方面。对于管幕钢管顶进而言，由于锁口之间的约束作用，所以纠偏比较困难。如果顶进偏差过大，会导致锁口变形或开裂，管幕无法闭合，甚至会因管幕偏差过大导致箱涵无法推进。根据工程具体情况，可以从如下三个方面来保证顶进的高精度方向控制。

1. 掘进机系统的精度控制

（1）采用计算机轨迹控制软件来指导施工。

（2）采用泥水平衡掘进机施工保持开挖面的稳定。

（3）为掘进机装备激光反射纠偏系统、倾斜仪传感器和纠偏油缸行程仪传感器以及偏转传感器等提高顶进精度。

（4）建立健全可靠的精度管理和监督机制等制度，提高掘进机系统的方向显示和控制精度。

2. 采用特殊构造措施，提高纠偏的灵敏性

为使机头纠偏能带动后续整体刚性钢管导向，可采用以下两种措施：一是提高机头长径比,二是在机头后方紧跟三节过渡钢管。钢管之间也可以产生微小空隙的铰相连,形成多段可动的铰构造,这样在纠偏油缸的作用下,可以带动后续钢管,达到纠偏和导向的目的。

3. 采用合理的施工方法及顶进顺序

通过设计合理的钢管顶进顺序,可以将管幕的累积偏差控制在允许的范围内。

8.3 箱涵结构

8.3.1 结构形式

箱涵是洞身以钢筋混凝土箱形管节修建的涵洞,可用来排水,也可以供人及车辆通行。它是重要的水工建筑物,被广泛应用于水利、桥梁工程中。箱涵由洞身、进口建筑物和出口建筑物三部分组成。

箱涵进口建筑物由进口翼墙(或护锥)、护底和涵前铺砌构成。洞身位于填土下方,是箱涵过水的主要部分。箱涵出口建筑物由出口翼墙(或锥体)、护底和出口防冲铺砌或消能设施构成。通常无压缓坡箱涵(图 8-13)出口流速不大,故出口多做一段防冲铺砌。有压、半有压或陡坡箱涵(图 8-14)出口流速较大,常需设消能设施。

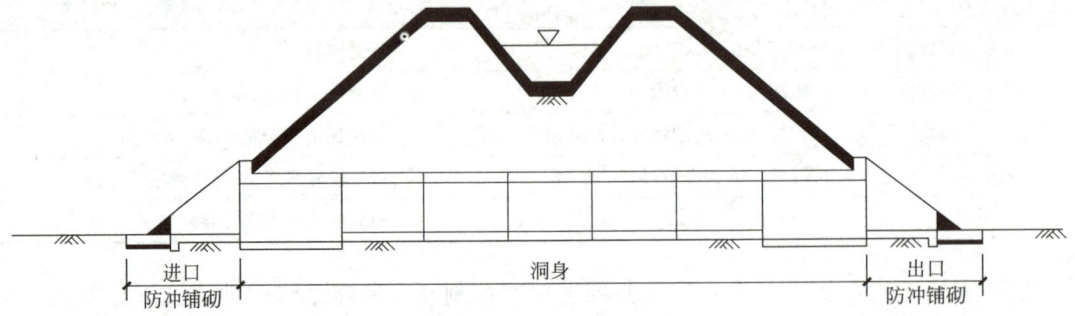

图 8-13 缓坡箱涵

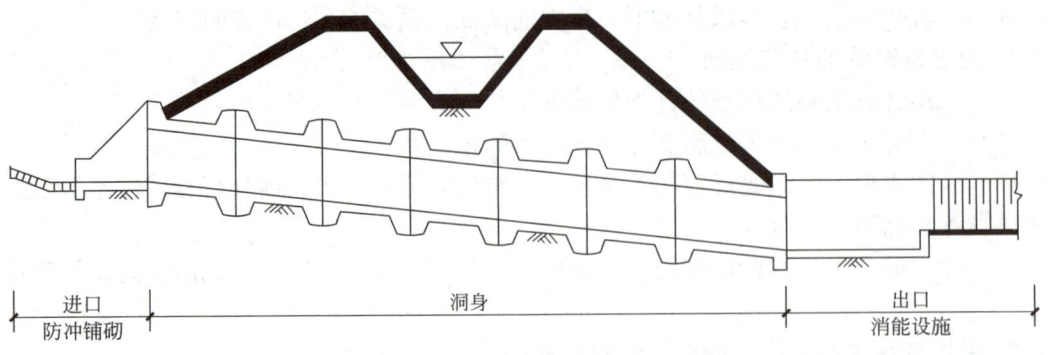

图 8-14 陡坡箱涵

箱涵多采用现场浇筑的钢筋混凝土结构,如图 8-15 所示。

图 8-15　箱涵结构

8.3.2　箱涵结构的设计

1. 箱涵的设计阶段

箱涵工程一般可采用两阶段设计,即初步设计和施工图设计。对设计方案及主要技术原则已经明确的简易工程,可将初步设计和技术设计合为一阶段设计。以下主要介绍技术设计的内容和步骤,初步设计的步骤可比照技术设计适当简化。

2. 箱涵的设计内容和步骤

在所需的基本资料已完备的前提下,首先,应进行轮廓尺寸设计;其次,结合水力设计确定箱涵进出口底高程、纵坡及孔径;再次,结合水力设计确定箱涵出口防冲铺砌或消能设施的尺寸;最后,进行结构及进出口翼墙的结构设计及防渗防水等设计。在渠(路)下箱涵设计中,还需进行进出口引渠或移河改道等工程的设计。实际上,箱涵的设计并不一定严格按上述步骤进行,这是因为各设计步骤之间是互相联系和制约的。在箱涵设计阶段,通常先按上述步骤考虑,然后再绘制总体布置图,同时做各部设计和进行有关水力和结构的计算。

新建或改建的小型箱涵,设计所需的边界条件比较简单,可采用定型设计。在采用定型设计时,应注意其适用条件,切忌生搬硬套。

3. 作用在箱涵上的荷载

为了求解箱涵的内力,以选择合理的设计断面,首先必须计算作用在箱涵上的各种荷载。作用于箱涵上的主要荷载有:填土的垂直土压力、地面静荷载及活荷载、箱涵自重力、填土的水平土压力、内外水压力等。

(1) 垂直土压力。

为避免在箱涵施工中进行大开挖,或为保证路或渠堤的完整性,在箱涵施工中有时会采用顶管法或盾构法。上述施工方法的特点是在距地面较深的地方取土,在施工中被扰动的土体仅局限于箱涵周围的土体。这时箱涵上部的破坏区域为天然卸力拱形,如图 8-16 所示,作用于箱涵上部的土压力为与箱涵顶宽相对应的卸力拱内部的土压力。拱圈的尺寸

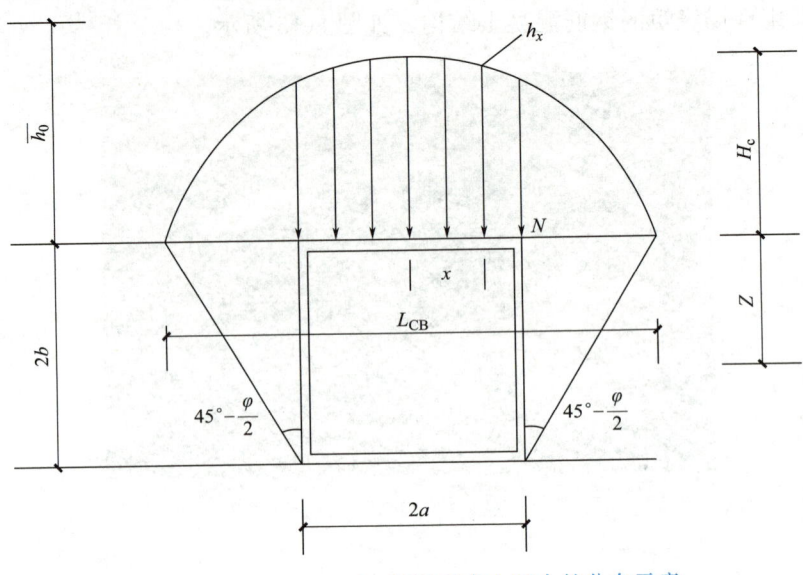

图 8-16　$f_{KP}<2.0$ 时，箱涵垂直土压力的分布示意

应根据不同拱的断面形式及普氏坚固系数 f_{KP} 确定。

1）$f_{KP}<2.0$ 的情况。

箱涵一般修建在此类土中。此时箱涵所受的垂直土压力为介于卸力拱与箱涵顶所切建筑物水平投影间的土重，如图 8-16 所示。

相关计算公式如下。

$$\overline{h_o} = \frac{L_{CB}}{2f_{KP}} \tag{8-13}$$

$$\left. \begin{array}{l} h_x = \overline{h_o}\left(1 - \dfrac{4a^2}{L_{CB}^2}\right) \\ \sigma_z = \gamma h_a \end{array} \right\} \tag{8-14}$$

$$q_B = \frac{\gamma L_{CB}}{2f_{KP}} \tag{8-15}$$

$$L_{CB} = 2a + 4b\tan\left(45° - \frac{\varphi}{2}\right) \tag{8-16}$$

式中，$\overline{h_o}$——拱圈矢高；

　　　h_x——横坐标等于 x 处拱圈的高度；

　　　γ——土的重度；

　　　L_{CB}——拱圈跨长；

　　　σ_z——对应不同 a 角的垂直土压力；

　　　q_B——作用于箱涵顶点处（$\sigma''=0$）的 σ_z 值。

普氏坚固系数的取值见表 8-2。

2）$f_{KP}\geqslant 2.0$ 的情况。

$f_{KP}\geqslant 2.0$ 的土为坚固系数较高的土壤（如岩石），这时箱涵两侧没有主动土压力（仅当箱涵变形时产生弹性抗力），此时卸力拱的跨长等于箱涵的跨径。

普氏坚固系数 表 8-2

土的种类		f_{KP}	$\gamma/(kN/m^3)$	$\varphi/°$
普通土	软板岩、软石灰石、冻土、普通泥灰石、破坏的软岩、灰质卵石及初卵石、多石的土	2.0	24	65
	碎石土破坏的板岩、破损的卵石或碎石、变硬的黏土	1.5	18~20	60
	密实的土（f_{KP} 为 1.0~1.4）、密实黏土、含有石块的土	1.0	18	45
	黏土、黄土	0.8	16	40
松软土	砂、小卵石	0.7	15	35
	有机土、轻质砂黏土、湿砂	0.6	15	30
不稳定土	砂、小卵石、新堆积土	0.5	17	27
	流沙、有泥泞的土	0.3	15~18	9

$$\begin{cases} \overline{h_o} = \dfrac{a}{f_{KP}} \\ q_B = \gamma \overline{h_o} \\ G_B = \dfrac{4\gamma}{3 f_{KP}} a^2 \end{cases} \tag{8-17}$$

若求得的卸力拱圈矢高 $\overline{h_o}$ 大于箱涵上部覆土深度 H 时，为简化计算，可取覆土深度作为卸力拱的矢高，即 $\overline{h_o} = H$，这时 $q_B = \gamma H$。

（2）侧向土压力。

作用于箱涵的侧向土压力与箱涵的刚度、埋置方式及填土性质等有关。对于刚性箱涵，处于箱涵两侧的填土可近似地认为对箱涵产生主动土压力作用；柔性涵管在垂直土压力的作用下可能会产生较大变形，从而使周围土体对涵管侧壁产生被动的弹性抗力作用。用顶管法施工的箱涵应按卸力拱理论计算侧向土压力。

按破坏棱体理论计算，如图 8-17 所示，作用于箱涵垂直边墙上的总侧压力 G_σ 为

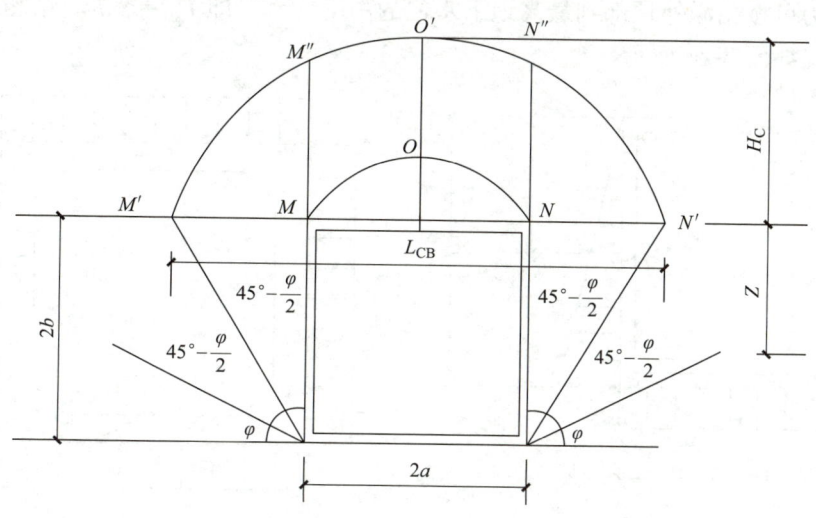

图 8-17 按卸力拱计算侧压力

$$G_\sigma = 2\gamma b \tan^2\left(45° - \frac{\varphi}{2}\right)\left\{\frac{2}{3f_{KP}}\left[2a + 2b \times \tan\left(45° - \frac{\varphi}{2}\right)\right] + b\right\} \tag{8-18}$$

式中，a——箱涵宽度的一半；

b——箱涵高度的一半。

(3) 箱涵的内外水压力。

1) 箱涵的内水压力计算。

对于无压箱涵，以充满水流时为最不利条件。充满水流的箱涵（图 8-18），作用于垂直内边墙的内水静压力顶部为 0，底部为 $\gamma_B h_0$。作用于底板的内水静压力为 $\gamma_0 h_0$，总水重力为 $D\gamma_0 h_0$。

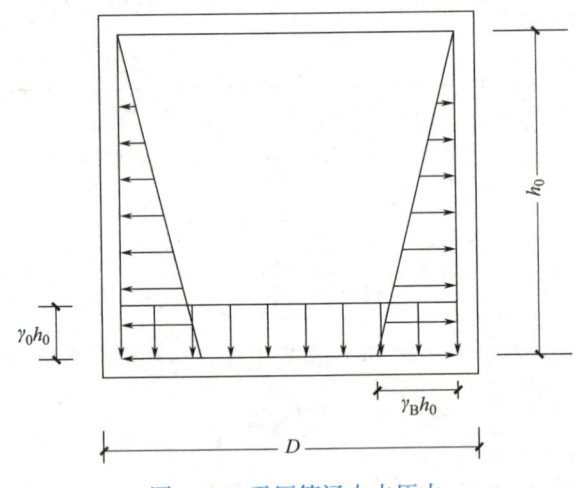

图 8-18　无压箱涵内水压力

2) 箱涵的外水压力计算。

当箱涵位于地下水位以下时，则箱涵将受到外水压力的作用。箱涵所受到的外水压力可分为无压箱涵外静水压力和均匀外水压力两部分。如图 8-19 所示，外静水压力为 $\gamma_B h_0$。均匀外水压力可按箱涵外顶部到最高地下水位的高度计算，即 $P'_0 = \gamma_B h$。箱涵的均匀外水压力分布情况如图 8-20 所示。

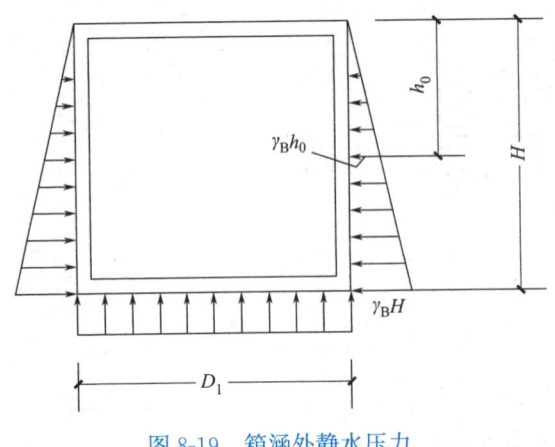

图 8-19　箱涵外静水压力

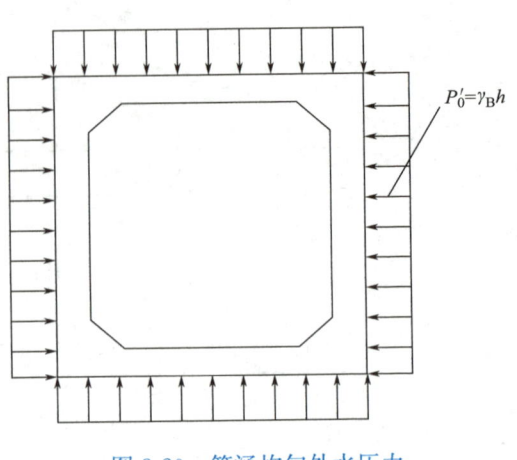

图 8-20　箱涵均匀外水压力

为使箱涵获得最不利的荷载组合情况，箱涵外地下水压力仅在箱涵内无水时期的荷载组合情况下考虑。

当单独考虑地下水的外水压力作用时，在垂直和侧向土压力计算中，应取其浮重度进行计算。

（4）车辆荷载。

作用于箱涵上的车辆荷载分计算荷载和验算荷载两种。荷载以汽车车队表示，验算荷载以履带车或平板挂车表示。

1）计算荷载。

汽车荷载由行驶于箱涵上的汽车行列组成，包括一辆加重车及若干辆标准车。汽车行列在行车道上的纵横向布置均取最不利位置，以使计算部位产生最大应力。计算荷载的汽车车队分汽车-10 级、汽车-15 级、汽车-20 级和汽车-超 20 级四个等级。车队的纵向排列及横向布置以及其他主要技术指标参照相关规范的规定。

2）验算荷载。

验算荷载分为 500kN 履带车（简称履带-50），800kN、1000kN 和 1200kN 平板挂车（简称挂车-80、挂车-100 和挂车-120）四级，主要技术指标参照相关规范的规定。

4. 箱涵结构设计计算

箱涵结构设计的步骤如下。

（1）初拟箱涵的断面尺寸。

箱涵的孔径由水力计算确定，其断面尺寸及配置钢筋数量则需通过结构设计确定。

箱涵属于超静定结构，其结构内力的大小与各杆的刚度有关，因此，为求解内力，需预先拟定箱涵的断面尺寸。

箱涵的断面尺寸，通常需根据实践经验或参考有关的设计资料初步拟定。单孔箱涵顶板和侧墙的厚度一般取其跨径的 $\frac{1}{12} \sim \frac{1}{9}$。底板厚度一般取顶板厚度或略大于顶板的厚度。

双孔箱涵顶板的厚度一般可取跨径的 $\frac{1}{13} \sim \frac{1}{12}$。底板厚度一般取顶板厚度或略大于顶板厚度。

（2）荷载计算。

作用于箱涵的荷载通常有垂直土压力、活荷载、箱涵自重、土的侧向压力及内外水压力等。作用于箱涵上的一切垂直荷载将由底板下的地基反力平衡；地基反力是作用在箱涵底面的一种外荷载。地基反力的分布与箱涵的路径及地基等条件有关。一般对于跨径较小的箱涵，为简化计算，多假定地基反力均匀分布。

（3）内力计算。

求解箱涵结构的内力时，一般要建立与未知数相等的条件方程式，并将其联立进行求解。根据选取未知量的不同，箱涵的解法分力法和位移法两种。力法是以多余未知力作为未知量，而位移法则是以节点的位移作为未知量。求解箱涵的内力，位移法较为适用。这一类方法有转角位移法、力矩分配法等。

求解箱涵内力时，应结合箱涵的结构特点及荷载分布情况，采用不同的内力计算方法。

(4) 强度计算。

强度计算的目的是保证设计断面具有足够的承载能力，以防止由于各种内力作用而引起的破坏，并据此确定合理的断面尺寸及所需配置的钢筋数量。计算得出的钢筋数量应控制在经济含钢率以内（一般为 0.3%～0.8%）。同时还应根据构造要求和施工条件来判定初拟的断面尺寸是否合适，如不符合上述要求，则需重新拟定断面尺寸。

箱涵的各部分构件通常受弯矩、剪力和轴力三种内力作用，在进行配筋计算时应注意根据不同部位所受上述三种内力的大小采用不同的公式。

水头较低的有压、半有压或无压箱涵，其各部分构件多属于偏心受压构件。偏心受压又可分为大偏心和小偏心受压两种情况。混凝土结构设计可参照《混凝土结构设计标准（2024 年版）》GB/T 50010—2010。

8.3.3 沉降缝的设置

(1) 涵洞和急流槽、端墙、翼墙等须在结构分段处设置沉降缝，以防止由于受力不均，基础产生不均匀沉降而使结构物破坏，沉降缝必须贯穿整个断面（包括基础），缝宽 2～3cm。

(2) 涵身每隔 4～6m 应设一道沉降缝，具体需根据地基土的情况及路堤填土高度而定。对于高路堤下的涵洞，在路基边缘下的洞身及基础均应设置沉降缝。

(3) 凡地基土质发生变化，基础埋置深度不一或基础对地基的压力发生较大变化，以及基础填挖交界处，均应设置沉降缝。

(4) 凡采用填土抬高基础的箱涵，都应设置沉降缝，其间距不宜超过 3m。

(5) 置于岩石地基上的涵洞，可以不设沉降缝。

8.3.4 涵管顶进施工法

顶进施工法目前已被铁路、公路、水利施工单位广泛采用。近年来，随着施工工艺的不断提高，顶进施工法也在逐步完善，如从顶入单孔发展到顶入多孔（5～6 孔）除一般顶入法，还逐步采用顶拉法、对顶法、对拉法、中继环顶入法等。

涵管顶进施工法有如下优点。

(1) 不受涵管之上行车及其他设施的限制。由于该方法是在道路或建筑物之下进行的，因此不影响车辆的通行，不需另修复线。涵管之上的水渠和土坝不受破坏，这是它最突出的优点。

(2) 工程造价低。由于涵管顶进是洞挖工程，显然较开槽明挖的土方量少，同时现场和设备比较简单，修建费用少。

(3) 进度快、工期短。一般在汛期和雨天仍可继续施工，加之开挖工程量和辅助工程量少，所以使用这种方法较开槽明挖的施工进度快。

(4) 施工简单。所需设备比较简单。

涵管顶进施工法尽管有上述优点，但其应用也受以下条件限制。

(1) 当涵管要穿过土坝或填方路（渠）堤时，要求通过土体的土质必须较密实，其沉陷也应基本稳定，涵管通过处的基础土质也要求坚实。如涵管在原状土中通风时，该土为黏性很低的土或含砾石较多的土，则容易发生塌洞，同时在含砾石很多的土壤中顶进也很困难。上述情况不宜采用顶管法。

（2）当涵管在地下水位高的土体中通过时，需采用集中排水的方式以降低地下水位到工作坑底板高程以下，这时排水设施的费用较大。在这种条件下，采用开槽明挖还是采用涵管顶进施工法需通过方案比较确定。

（3）在设置截水环和做好接缝止水的前提下，该法不宜用于水头较高的有压涵管。

（4）涵管纵坡不能过大，渠堤或路下的陡坡排涵不宜用顶管法施工。

思考与练习

1. 简述顶管法的概念、适用场合。
2. 验算【例 8-1】中后背墙后土体的稳定性。
3. 简述顶管施工时，在什么情况下应增设中继间。
4. 何谓箱涵结构？
5. 如何确定箱涵结构的计算模式？在箱涵结构的设计中如何考虑路面车辆荷载？
6. 箱涵结构的构造特点有哪些？

教学单元9　地下建筑结构降水与防水设计

教学目标

1. 知识目标
(1) 了解降水的意义和常见的降水方法。
(2) 了解降水方法的适用条件。
(3) 了解降水设计计算过程。
(4) 了解防水的意义、防水原则、防水等级、防水设防等概念。
(5) 了解建筑防水和结构防水方法。
(6) 了解细部节点构造防水。

2. 能力目标
(1) 理解降水、防水的意义。
(2) 能进行基坑降水设计。
(3) 熟悉常见的建筑防水方法和结构防水方法。
(4) 掌握细部节点构造防水要求。

3. 素质目标
树立防微杜渐的意识，牢固树立"患生于所忽，祸起于细微"的警惕思想，坚持"人民至上，生命至上"的安全理念。

思维导图

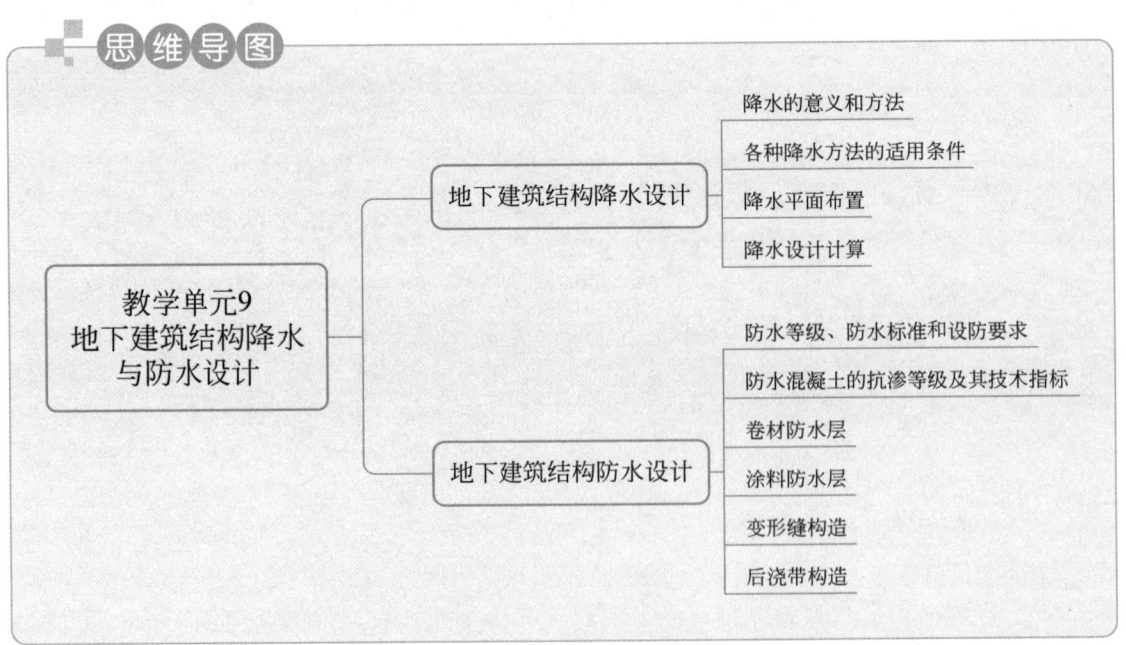

降水是施工期间必要的安全措施，防水是为了使建好的建筑物在使用期间有足够的抵御水渗漏、侵蚀的能力，是建筑耐久性设计里面一项重要的内容。以往因国家经济水平不发达，设计时往往重承载力验算而轻耐久性设计。通过对建成建筑的跟踪调查发现，很多建筑需要加固维修其实都是由于耐久性不足所致（譬如地下室顶板、侧壁渗水等）。若对这些问题处理不当，将会直接影响建筑的使用，甚至会降低建筑的预期使用寿命。防水不当造成的渗漏如图 9-1 所示。

(a)　　　　　　　　　　　　　　(b)

图 9-1　地下室侧壁内侧根部渗漏和地下室顶板内侧渗漏
（a）地下室侧壁内侧根部渗漏；（b）地下室顶板内侧渗漏

9.1　地下建筑结构降水设计

9.1.1　降水的意义和方法

降水的意义是在基坑开挖前，运用各种有效的办法把地下水位降低到基坑底面以下一定距离，以便施工人员在无水、安全的条件下施工。

地下工程常见的降水方法有：管井井点降水、辐射井降水、轻型井点降水、喷射井点降水、真空管井降水、明排降水、电渗井点降水等。

1. 管井降水

管井井点降水是指沿基坑每隔一定距离设置一个管井，每个管井单独用一台水泵不断抽水来降低水位的方法。降水管井的目的在于人工降低地下水位，以使开挖基坑和隧道时达到无水安全作业要求，工程施工结束后，降水管井报废，所以说降水管井是临时的抽水结构物。管井降水的适用条件详见表 9-1。管井井点构造如图 9-2（a）所示。

2. 辐射井降水

辐射井降水工艺由一口大直径的集水竖井和自竖井向周围含水层按一定方向、一定高程打进的辐射管组成。辐射井的适用条件详见表 9-1。其特点如下。

（1）水平井伸展范围广，控制降水面积大，一般一口辐射井单线单排控制长度可达 100m，即向两侧施打的水平井各长 50m。

（2）辐射井竖井的占地面积少，适于在城市复杂地带布设，能较好地解决降水作业与地面交通、占地的矛盾。尤其是在地铁穿越建筑物、铁路、繁华道路等情况下，根本无法采用常规降水技术，而辐射井降水是较好的解决方案。

（3）对于挖透多个含水层的深基坑，沿含水层底板打设水平井后，疏干含水层的效果比其他降水方法显著。辐射井节点构造如图 9-2（b）所示。

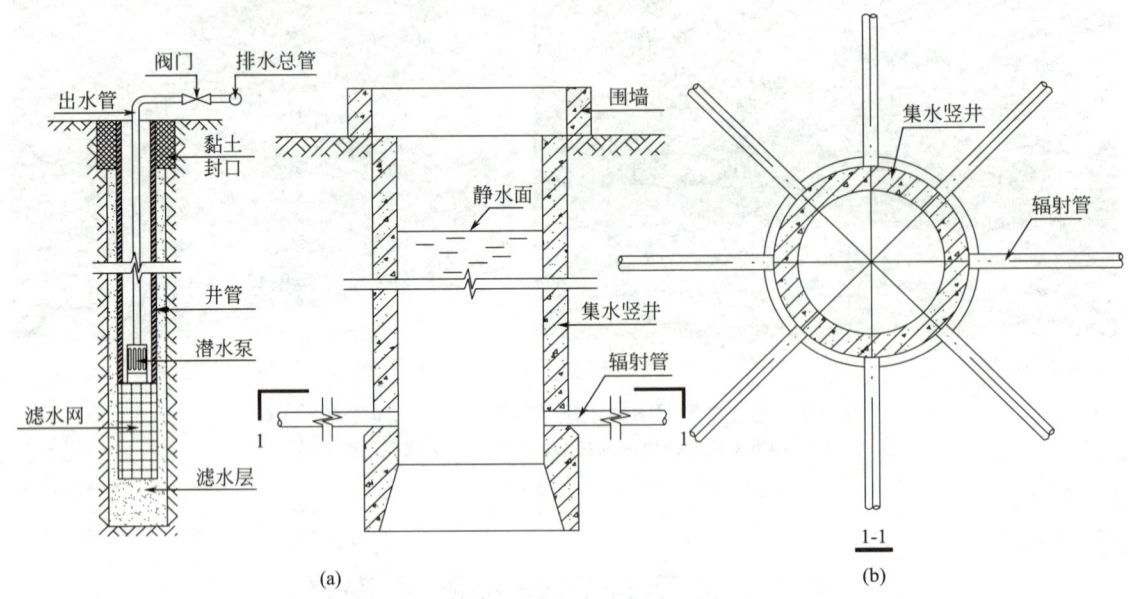

图 9-2　管井井点构造和辐射井节点构造

（a）管井井点构造；（b）辐射井节点构造

3. 真空轻型井点降水

真空轻型井点降水是人工降低地下水的一种方法。它沿基坑四周或一侧将直径较细的井管沉入深于基底的含水层内，井管上部与总管连接，通过总管利用抽水设备将地下水从井管内不断抽出，使原有地下水降低到基坑以下。其抽水原理是：启动抽水装置后，井点管、集水总管内空气被吸走，形成一定的真空区；由于管路系统外部地下水承受大气压力，为了保持平衡状态，地下水流向负压区，被吸至井点管内，经总管流至储水箱排走，从而达到降水的目的。其适用条件详见表 9-1。

4. 喷射井点降水

喷射井管分外管、内管两部分，内管下端装有喷射器并与滤管相接。高压水或压缩空气（压力为 0.4~0.7MPa）经进水（气）管压入喷嘴，形成高速水气射流。根据伯努利原理，喷嘴附近的水压力会降低，地下水在大气压力作用下经下方过滤网进入内管并上升，与高速水流汇合后流经扩散管时，由于截面逐步扩大，流速降低遂转化为高压，沿喷射井管的内管上升，经排水总管排出。对于渗透系数大的含水层，采用管井井点降水会更经济。其降水深度为 8~20m，大体上能满足地铁工程的需要。但它的缺点是井点构造比较复杂，对地面交通的影响很大。喷射井点降水如图 9-3 所示。

图 9-3　喷射井点降水

5. 明排降水

明排降水是指基坑开挖过程中，在基坑周边或中部开挖排水沟并设置一定数量的集水井，然后从集水井中抽出地下水的方法（图 9-4）。其适用条件详见表 9-1。

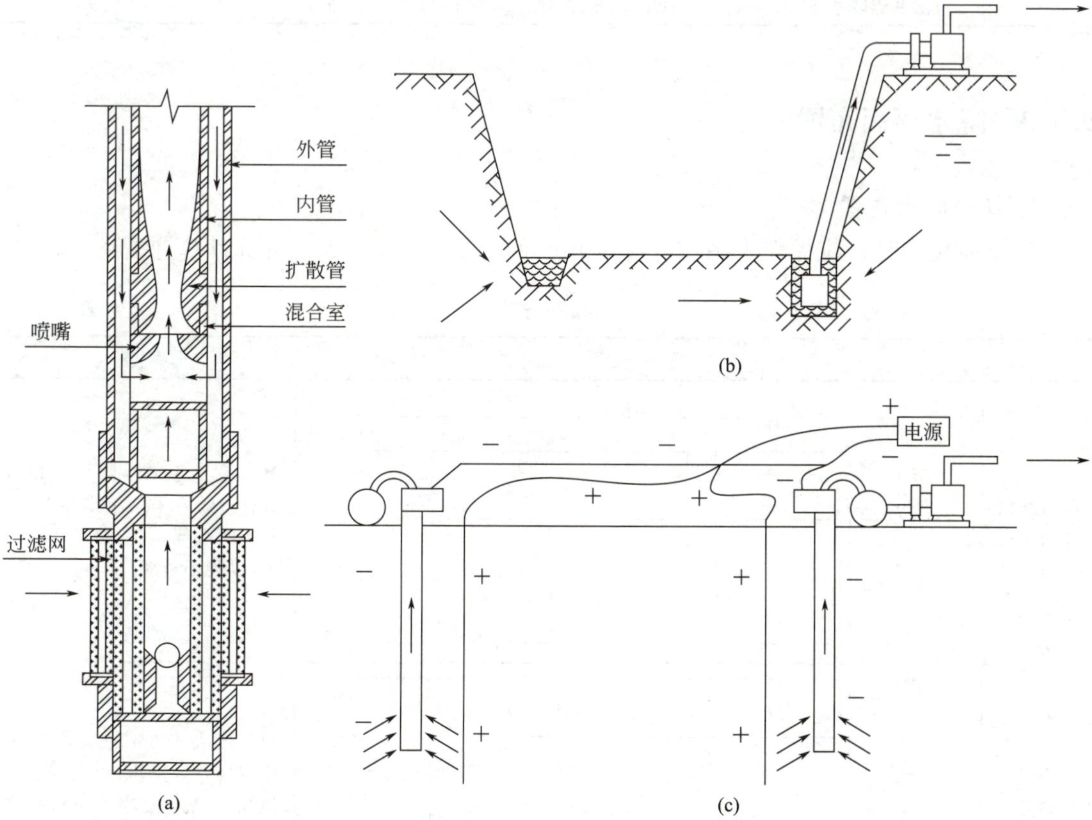

图 9-4　喷射扬水器示意、明排降水和电渗井点降水
（a）喷射扬水器示意；（b）明排降水；（c）电渗井点降水

6. 电渗井点降水

电渗井点降水是指在轻型或喷射井点中增设电极的降水方法。该法的原理是以井点管井身作为阴极，以钢管作为阳极，阴、阳极用电线连接成通路。通电后，土颗粒表面的水会在电场作用下向阴极方向集中，进而产生电渗现象（图 9-4）。阴、阳极的距离如下：当采用轻型井点时，为 0.8～1.0m；当采用喷射井点时，宜为 1.2～1.5m。

9.1.2 各种降水方法的适用条件

各种降水方法的适用条件　　　　　　　　　　　　　　　表 9-1

降水方法		适用条件		
		土质类别	渗透系数 /(m/d)	降水深度/m
降水井	管井降水	粉土、砂土、碎石土、岩石	>1	不限
	辐射井降水	黏性土、粉土、砂土碎石土	>0.1	4～20
	真空轻型井点降水	粉质黏土、粉土、砂土	0.01～20.0	单级≤6，多级<12
	喷射井点降水	粉土、砂土	0.1～20.0	≤20
	明排降水	填土、黏性土、粉土、砂土、碎石土	—	—
	电渗井点降水	黏性土、淤泥、淤泥质黏土	≤0.1	≤6

9.1.3 降水平面布置

1. 坑外降水布置

当场地允许时，应优先采用坑外降水井点布置方法（表 9-2）。井深计算详情见下一节。

布井方法　　　　　　　　　　　　　　　　　表 9-2

类型	布置简图	适用条件
单排线状加密井点		基坑宽小于 6m，降深不超过 6m，一般可采用单排井点；在基坑两端部，宜使井点间距加密，以利于降水
双排线状井点		对宽度大于 6m 的基坑，宜采用双排井点降水；对淤泥质粉质黏土，基坑宽小于 6m 时，亦采用双排井点降水

续表

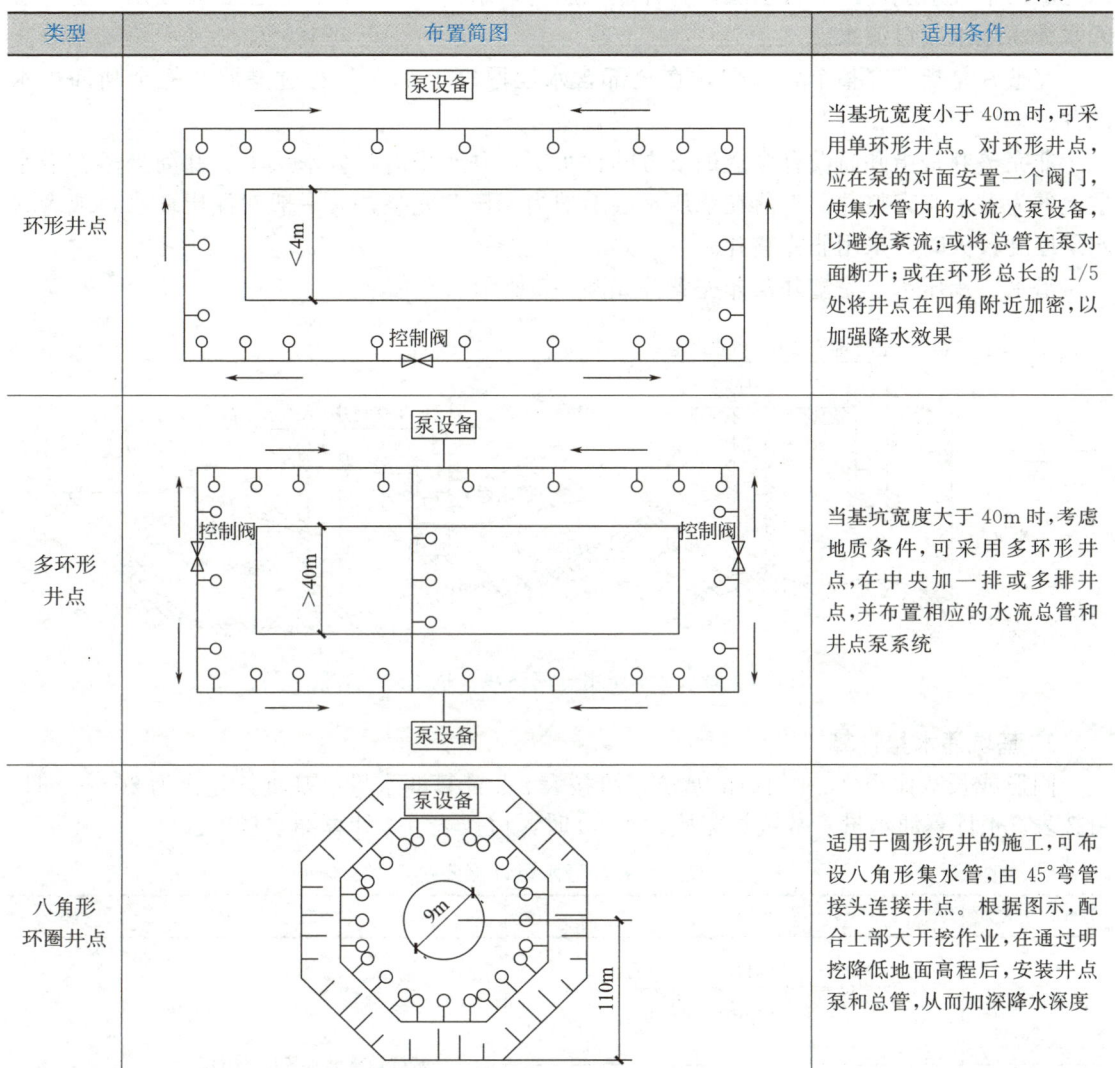

类型	布置简图	适用条件
环形井点		当基坑宽度小于40m时,可采用单环形井点。对环形井点,应在泵的对面安置一个阀门,使集水管内的水流入泵设备,以避免紊流;或将总管在泵对面断开;或在环形总长的1/5处将井点在四角附近加密,以加强降水效果
多环形井点		当基坑宽度大于40m时,考虑地质条件,可采用多环形井点,在中央加一排或多排井点,并布置相应的水流总管和井点泵系统
八角形环圈井点		适用于圆形沉井的施工,可布设八角形集水管,由45°弯管接头连接井点。根据图示,配合上部大开挖作业,在通过明挖降低地面高程后,安装井点泵和总管,从而加深降水深度

2. 坑外降水布置

如果环境要求高,有止水帷幕和地下连续墙,可采用坑内降水的方法。井深计算详降水设计计算。

9.1.4 降水设计计算

降水设计计算主要包括以下内容:(1)基坑涌水量;(2)设计单井出水量;(3)降水井的数量、深度、滤水管长度;(4)承压水降水基坑开挖底板的稳定性计算;(5)降水区内地下水位的预测;(6)降水引起的周边地面沉降计算。

1. 相关概念

潜水是指埋藏在地表以下第一个隔水层以上的地下水。

承压水是指埋藏在两个隔水层之间的地下水。当层间水未充满透水层时为无压水;如水充满两个隔水层之间的含水层，打井至该层时，水便在井中上升甚至自动喷出，这种层间水为承压水或自流水。

完整井是指贯穿整个含水层，在全部含水层厚度上都安装有过滤器并能全断面进水的井。

非完整井是指井筒没有穿透最下方的含水层，井底坐落在含水层上。井筒坐落在潜水层上的为潜水非完整井，坐落在承压水层上的为承压非完整井。一般对深层取水，或者含水层厚度较大时，采用非完整井。

潜水、承压水、完整井及非完整井如图 9-5 所示。

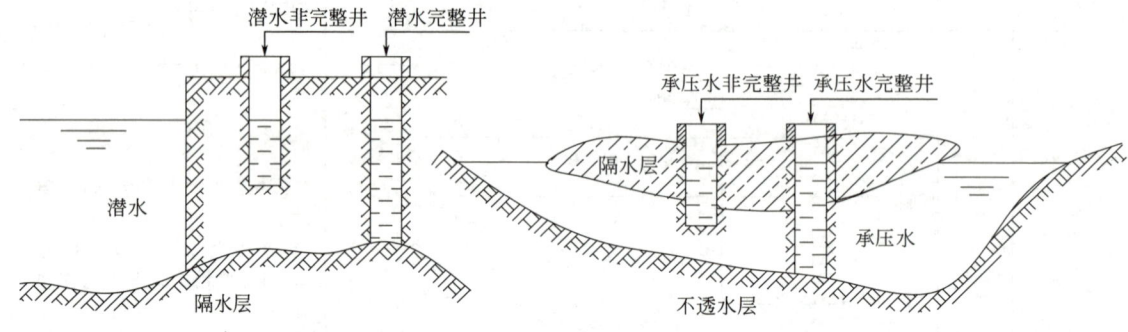

图 9-5　潜水、承压水、完整井、非完整井示意

2. 基坑涌水量计算

圆形或长宽比小于 20 的矩形基坑，可按表 9-3 计算涌水量；基坑长宽比为 20～50 时，可按表 9-4 计算涌水量；基坑长宽比大于 50 时，可按表 9-4 计算涌水量。

等效大井的涌水量计算公式　　表 9-3

等效大井类别	公式	式中符号意义
潜水完整井	$Q = \pi k \dfrac{(2H_0 - s_0) \times s_0}{\ln\left(1 + \dfrac{R}{r_0}\right)}$	Q——基坑计算涌水量(m^3/d)； k——含水层的渗透系数(m/d)； H——潜水含水层厚度(m)； M——承压水含水层厚度(m)； s_0——基坑水位降深(m)； R——降水影响半径(m)； h——基坑动水位到含水层地面的深度(m)； h_m——平均动水位(m)，$h_m = \dfrac{H_0 + h}{2}$； ℓ——滤管有效工作部分的长度(m)； r_0——等效大井的半径(m)，可按 $r_0 = \sqrt{\dfrac{A}{\pi}}$ 计算，A 为降水井群连线所围的面积(m^2)
承压水完整井	$Q = \dfrac{2\pi k \times M \times s_0}{\ln\left(1 + \dfrac{R}{r_0}\right)}$	
承压转无压完整井	$Q = \pi k \times \dfrac{2H_0 \times M - M^2 - h^2}{\ln\left(1 + \dfrac{R}{r_0}\right)}$	
潜水非完整井	$Q = \dfrac{\pi k \times (H_0^2 - h_m^2)}{\ln\left(1 + \dfrac{R}{r_0}\right) + \dfrac{h_m - \ell}{\ell}\ln\left(1 + 0.2\dfrac{h_m}{r_0}\right)}$	
承压非完整井	$Q = \dfrac{2\pi k \times M \times s_0}{\ln\left(1 + \dfrac{R}{r_0}\right) + \dfrac{M - \ell}{\ell}\ln\left(1 + 0.2\dfrac{M}{r_0}\right)}$	

条形基坑、线状基坑的涌水量计算公式 表 9-4

基坑类别	地下水类型	公式	式中符号意义
条形基坑	潜水	$Q = \dfrac{L \times k \times (2H_0 - s_0) \times s_0}{R} + \dfrac{1.366 k \times (2H_0 - s_0) \times s_0}{\lg R - \lg \dfrac{B}{2}}$	L——基坑长度(m)；B——条形基坑的宽度(m)；其余符号含义同表 9-3
条形基坑	承压水	$Q = \dfrac{2k \times M \times L \times s_0}{R} + \dfrac{2.73 k \times M \times s_0}{\lg R - \lg \dfrac{B}{2}}$	
线状基坑	潜水	$Q = \dfrac{k \times L \times (H_0^2 - h^2)}{R}$	
线状基坑	承压水	$Q = \dfrac{2k \times M \times L \times s_0}{R}$	

3. 降水井单井出水能力、基坑地下水位降深、单井流量计算

《建筑基坑支护技术规程》JGJ 120—2012 对单井出水能力 q_0（单井最大出水量）规定如下：真空井点可按 1.5~2.5 m³/h 计算，喷射井点设计出水量可按表 9-5 选用。

喷射井点设计出水量 表 9-5

喷射设备型号	外管直径/mm	喷射管喷嘴直径/mm	喷射管混合室直径/mm	工作水压力/MPa	工作水流量/(m³/d)	设计单井出水流量/(m³/d)	适用含水层渗透系数/(m/d)
1.5 型并列式	38	7	14	0.6~0.8	112.8~163.2	100.8~138.2	0.1~5.0
2.5 型圆心式	68	7	14	0.6~0.8	110.4~148.8	103.2~138.2	0.1~5.0
5.0 型圆心式	100	10	20	0.6~0.8	230.4	259.2~388.8	5.0~10.0
6.0 型圆心式	162	19	40	0.6~0.8	720	600~720	10.0~20.0

降水管井的单井出水能力（管井最大出水量）应选择群井抽水中水位干扰影响最大的井，并按下式确定：

$$q_0 = 120\pi \times r_s \times \ell \times \sqrt[3]{k} \tag{9-1}$$

式中，q_0——单井出水能力（m³/d）；

r_s——过滤器半径（m）；

ℓ——过滤器进水部分长度（m）；

k——含水层渗透系数（m/d）。

基坑地下水位降深 s_0 和降水井单井流量 q 或 q_j（实际流量）可按公式（9-5）~公式（9-16）计算。计算过程需要用到降水影响半径 R 这个参数，当采用有观测孔的抽水试验资料时，R 可按《供水水文地质勘察规范》GB 50027—2024 的规定计算；当无抽水试验资料时，R 可按当地类似的水文地质条件下其他地段的参数值或当地经验值采用比拟法确定；对安全等级为二级或三级的地下水控制工程，R 可按公式（9-2）~公式（9-4）计算：

潜水含水层：

$$R = 2s_w \times \sqrt{kH} \tag{9-2}$$

承压水含水层: $$R = 10 s_w \times \sqrt{k} \tag{9-3}$$

非稳定流: $$R = 1.5 \times \sqrt{at} \tag{9-4}$$

式中，k——土的渗透系数（m/d）；
$\quad a$——压力传导系数（m²/d）；
$\quad t$——抽水的延续时间（d）；
$\quad H$——潜水含水层的厚度（m）；
$\quad s_w$——井水位降深（m），需要注意的是：《建筑基坑支护技术规程》JGJ 120—2012 规定 s_w 取值不小于 10m。而《建筑与市政工程地下水控制技术规范》JGJ 111—2016 对 s_w 取值无最小值要求。建议设计初期需明确按哪本规范执行（可查设计合同或咨询项目所在地审图单位）。

1）含水层为粉土、砂土或碎石土时，潜水完整井的基坑地下水位降深 s_0 和降水井单井流量 q_j 可按下式计算：

$$s_0 = H - \sqrt{H^2 - \sum_{j=1}^{n} \frac{q_j}{\pi k} \ln \frac{R}{r_{i,j}}} \tag{9-5}$$

式中，s_0——基坑地下水位降深（m）。计算基坑地下水位降深时，对沿基坑周边闭合降水井群，s_0 应取相邻降水井连线上各点的最小降深；当相邻降水井的降深相同时，s_0 可取相邻降水井连线中点的降深；
$\quad H$——潜水含水层厚度（m）；
$\quad q_j$——按干扰井群计算的第 j 口降水井的单井流量（m³/d）；
$\quad k$——含水层的渗透系数（m/d）；
$\quad R$——降水影响半径（m），按公式（9-2）～公式（9-4）计算；
$\quad r_{i,j}$——第 j 口井中心至第 i 点的距离（m），此处，i 点为降深计算点；当 $r_{i,j} > R$ 时，取 $r_{i,j} = R$；
$\quad n$——降水井数量。

按干扰井群计算的第 j 个降水井的单井流量（q_j）可通过求解下列 n 维线性方程组计算：

$$s_{wk'} = H - \sqrt{H^2 - \sum_{j=1}^{n} \frac{q_j}{\pi k} \ln \frac{R}{r_{k',j}}} \tag{9-6}$$

式中，$s_{wk'}$——第 k' 口井的井水位降深（m）；
$\quad r_{k',j}$——第 j 口井中心至第 k' 口井中心的距离（m）；当 $j = k'$ 时，取降水井半径；当 $r_{k',j} > R$ 时，取 $r_{k',j} = R$。

当各降水井所围平面形状近似圆形或正方形且各降水井的间距、降深相同时，潜水完整井的基坑地下水位降深 s_0 和降水井单井流量 q 可按下列公式简化计算：

$$s_0 = H - \sqrt{H^2 - \frac{q}{\pi k} \sum_{j=1}^{n} \ln \frac{R}{2 r_0 \sin \frac{(2j-1)\pi}{2n}}} \tag{9-7}$$

$$q = \frac{\pi k (2H - s_w) s_w}{\ln \frac{R}{r_w} + \sum_{j=1}^{n-1} \ln \frac{R}{2 r_0 \sin \frac{j\pi}{n}}} \tag{9-8}$$

式中，s_0——基坑地下水位降深（m）；取任意相邻两降水井连线中点处的地下水位降深；

q——按干扰井群计算的降水井单井流量（m³/d）；

r_0——各降水井所围面积的等效半径（m）；取 $r_0 = \dfrac{u}{2\pi}$，此处，u 为各降水井中心点连线所围面积的周长；如公式（9-7）分母 $\dfrac{R}{2r_0 \sin \dfrac{(2j-1)\pi}{2n}} < 1$ 或公式

（9-8）分母 $\dfrac{R}{2r_0 \sin \dfrac{j\pi}{n}} < 1$，上述小于 1 部分按等于 1 计算；

j——第 j 口降水井；

s_w——降水井水位的设计降深（m）；

r_w——降水井半径（m）。

对基坑宽度大于 $R/2$ 的基坑，当各降水井的间距、降深相同时，潜水完整井的基坑地下水位降深 s_0 和降水井单井流量 q 也可按下列公式计算：

$$s_0 = H - \sqrt{H^2 - \dfrac{q}{\pi k}\left(\sum_{j=1}^{n_1} \ln \dfrac{R}{(j-0.5)L} + \sum_{j=1}^{n_2} \ln \dfrac{R}{(j-0.5)L}\right)} \tag{9-9}$$

$$q = \dfrac{\pi k(2H - s_w)s_w}{\ln \dfrac{R}{r_w} + \sum_{j=1}^{n_1-1} \ln \dfrac{R}{jL} + \sum_{j=1}^{n_2} \ln \dfrac{R}{jL}} \tag{9-10}$$

式中，s_0——基坑地下水位降深（m）；取任意相邻两降水井连线中点处的地下水位降深；

L——降水井间距（m）；

n_1、n_2——选定的相邻两降水井连线中点两侧的计算降水井数量；可分别取由该点至影响半径范围内的降水井数量。

当公式（9-9）中 $\dfrac{R}{(j-0.5)L} < 1$ 或公式（9-10）中 $\dfrac{R}{jL} < 1$，其值应按 1 计算。

2）含水层为粉土、砂土或碎石土时，承压完整井的基坑地下水位降深 s_0 和降水井单井流量 q_j 可按下式计算：

$$s_0 = \sum_{j=1}^{n} \dfrac{q_j}{2\pi M k} \ln \dfrac{R}{r_{i,j}} \tag{9-11}$$

式中，s_0——基坑地下水位降深（m）。计算基坑地下水位降深时，对沿基坑周边闭合降水井群，s_0 应取相邻降水井连线上各点的最小降深；当相邻降水井的降深相同时，s_0 可取相邻降水井连线中点的降深；

M——承压含水层厚度（m）；

q_j——按干扰井群计算的第 j 口降水井的单井流量（m³/d）；

k——含水层的渗透系数（m/d）；

R——降水影响半径（m），按公式（9-2）～公式（9-4）计算；

$r_{i,j}$——第 j 口井中心至第 i 点的距离（m），此处，i 点为降深计算点；当 $r_{i,j} > R$ 时，取 $r_{i,j} = R$；

n——降水井数量。

按干扰井群计算的第 j 个降水井的单井流量（q_j）可通过求解下列 n 维线性方程组计算：

$$s_{wk'} = \sum_{j=1}^{n} \frac{q_j}{2\pi Mk} \ln \frac{R}{r_{k',j}} \tag{9-12}$$

式中，$s_{wk'}$——第 k' 口井的井水位降深（m）；

$r_{k',j}$——第 j 口井中心至第 k' 口井中心的距离（m）；当 $j=k'$ 时，取降水井半径；当 $r_{k',j} > R$ 时，取 $r_{k',j} = R$。

当各降水井所围平面形状近似圆形或正方形且各降水井的间距、降深相同时，承压完整井的基坑地下水位降深 s_0 和降水井单井流量 q 可按下列公式简化计算：

$$s_0 = \frac{q}{2\pi Mk} \sum_{j=1}^{n} \ln \frac{R}{2r_0 \sin \frac{(2j-1)\pi}{2n}} \tag{9-13}$$

$$q = \frac{2\pi Mk s_w}{\ln \frac{R}{r_w} + \sum_{j=1}^{n-1} \ln \frac{R}{2r_0 \sin \frac{j\pi}{n}}} \tag{9-14}$$

式中，s_0——基坑内地下水位降深（m）；取任意相邻两降水井连线中点处的地下水位降深；

q——按干扰井群计算的降水井单井流量（m³/d）；

r_0——各降水井所围面积的等效半径（m）；取 $r_0 = \frac{u}{2\pi}$，此处，u 为各降水井中心点连线所围面积的周长；如公式（9-13）中 $\frac{R}{2r_0 \sin \frac{(2j-1)\pi}{2n}} < 1$ 或公式（9-14）分母 $\frac{R}{2r_0 \sin \frac{j\pi}{n}} < 1$，上述小于 1 部分按等于 1 计算；

j——第 j 口降水井；

s_w——降水井水位的设计降深（m）；

r_w——降水井半径（m）。

对基坑宽度大于 $R/2$ 的基坑，当各降水井的间距、降深相同时，承压完整井的基坑地下水位降深 s_0 和降水井单井流量 q 也可按下列公式计算：

$$s_0 = \frac{q}{2\pi Mk} \left(\sum_{j=1}^{n_1} \ln \frac{R}{(j-0.5)L} + \sum_{j=1}^{n_2} \ln \frac{R}{(j-0.5)L} \right) \tag{9-15}$$

$$q = \frac{2\pi Mk s_w}{\ln \frac{R}{r_w} + \sum_{j=1}^{n_1-1} \ln \frac{R}{jL} + \sum_{j=1}^{n_2} \ln \frac{R}{jL}} \tag{9-16}$$

式中，s_0——基坑地下水位降深（m）；取任意相邻两降水井连线中点处的地下水位降深；

L——降水井间距（m）；

n_1、n_2——选定的相邻两降水井连线中点两侧的计算降水井数量；可分别取由该点至影响半径范围内的降水井数量。

当公式（9-15）中 $\dfrac{R}{(j-0.5)L}<1$ 或公式（9-16）中 $\dfrac{R}{jL}<1$，其值应按 1 计算。

在降水设计中，各单井流量 q 或 q_j 之和应大于基坑出水量 Q 且单井流量 q 或 q_j 应小于单井出水能力 q_0。

4. 降水井的数量

降水井的数量可根据基坑涌水量和设计单井出水量按下式计算：

$$n = \frac{\lambda Q}{q} \tag{9-17}$$

式中，n——降水井数量；

Q——基坑涌水量（m^3/d），按表 9-3 和表 9-4 计算；

q——单井流量（m^3/d），可按公式（9-6）或公式（9-8）或公式（9-10）或公式（9-12）或公式（9-14）或公式（9-16）计算，初步估算降水井数量时，可取单井出水能力；

λ——调整系数，一级安全等级取 1.2，二级安全等级取 1.1，三级安全等级取 1.0。

对于承压水降水工程应设置备用井，备用井数量应为计算降水井数量的 20%；此外，还应按下面公式验算承压水降水基坑底板突涌稳定性。

$$\frac{h_s \times \gamma_s}{p_w} \geq 1.1 \tag{9-18}$$

式中，γ_s——基坑开挖面至承压水层顶板之间土体的天然重度（kN/m^3）；

h_s——基坑开挖面至承压水层顶板之间的距离（m）；

p_w——承压含水层顶板处的水头压力值（kPa）。

5. 降水井的深度

降水井的深度可根据基底深度、降水深度、含水层的埋藏分布、地下水类型、降水井的设备条件以及降水期间的地下水位动态等因素按下式确定。

$$H_w = H_{w1} + H_{w2} + H_{w3} + H_{w4} + H_{w5} + H_{w6} \tag{9-19}$$

式中，H_w——降水井点深度（m）；

H_{w1}——基底深（m）；

H_{w2}——降水水位距离基坑底要求的深度（m）；

H_{w3}——可按 $i \times r_0$ 取值；i 为水力坡度，在降水井分布范围内宜为 1/10～1/15；r_0 为降水井分布范围的等效半径或降水井排间距的 1/2（m）；

H_{w4}——降水期间的地下水位变幅（m）；

H_{w5}——降水井过滤器工作长度（m）；

H_{w6}——沉砂管长度（m），宜为 1～3m。

6. 过滤器的长度

对真空井点和喷射井点，过滤器的长度不宜小于含水层厚度的 1/3。管井过滤器长度宜与含水层厚度一致。当含水层较厚时，过滤器的长度可按下式计算确定：

$$\ell = \frac{q}{\pi \times d \times n_e \times v} \tag{9-20}$$

式中，q——单井出水量（m^3/s）；

n_e——滤水管的有效孔隙率，宜为滤水管进水表面孔隙率的 50%；

d——滤水管的外径（m）；

v——滤水管进水流速（m/s），按公式 $v=\dfrac{\sqrt{k}}{15}$ 求得，k 为土的渗透系数（m/s）。

7. 降水水位预测

降水设计应对影响区域内的地下水位进行预测，降水井点系统围合区域内，任一点的实测地下水位应满足设计降深水位要求。当降水影响范围内存在隔水边界、地表水体或水文地质条件变化较大时，应根据具体情况对计算的单井流量和地下水位降深进行适当修正。基坑的地下水位降深可按公式（9-5）、公式（9-7）、公式（9-9）、公式（9-11）、公式（9-13）、公式（9-15）进行计算。

8. 地面沉降

降水前，地下水位以下的土体由于水浮力向上的作用，减轻了土体自重。但当降水后，水浮力消失使得土体承受的自重应力增大，地面出现沉降。由于篇幅关系，这里不展开，具体可详见《建筑与市政工程地下水控制技术规范》JGJ 111—2016 相关规定。

9. 集水明排时排水沟、集水井的排水量计算

由于集水明排是通过排水沟、集水井排水而非管井，所以需验算排水沟、集水井的排水量，避免体积过小无法及时排水。排水沟、集水井的排水量按下式计算。

$$V \geqslant 1.5Q \tag{9-21}$$

式中，V——排水沟、集水井的排水量（m³/d）；

Q——基坑涌水量（m³/d），按表 9-3、表 9-4 计算。

【例 9-1】 某基坑降水工程，基坑长 40m，宽 20m，深 5.3m，静止水位为 -1.0m，渗透系数 k 为 10m/d，均质潜水含水层厚 11.1m，水力坡度按 1/10 考虑，地面以下均为砂土。基坑安全等级二级，试进行降水工程设计。基坑剖面图如图 9-6 所示。

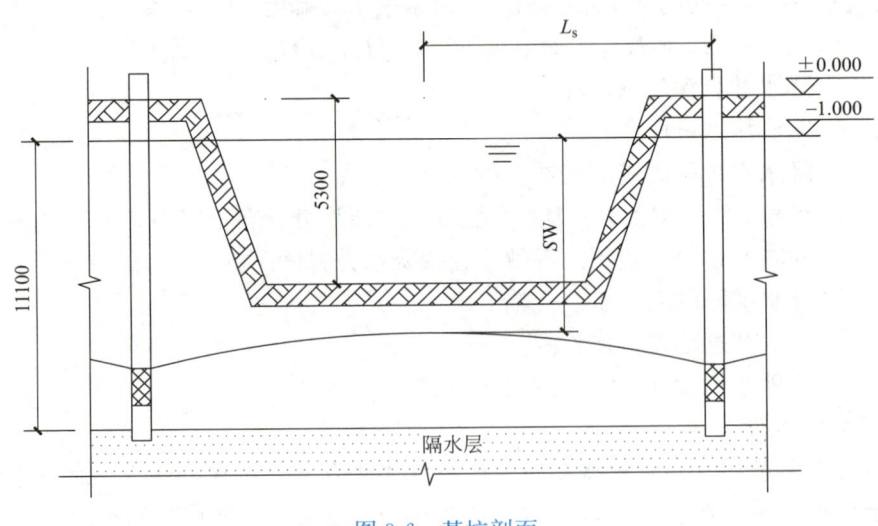

图 9-6 基坑剖面

【解】 根据已知条件知基坑长边为 40m，短边为 20m，长边：短＝2＜20，按矩形基坑考虑。基坑深度为 5.3m，含水层厚度为 11.1m，详见图 9-6。根据水文地质条件，选用

管井井点降水，设计管井为完整井。取过滤器直径 $d=450\text{mm}$，过滤器长 1m，填砾厚度为 75mm，井径 $d=600\text{mm}$，井点距坑壁 1.0m，井管底标高为 -12.600m，顶标高为 0.2m。

按照现行《建筑基坑支护技术规程》JGJ 120—2012 第 7.3.5 条可知，要得出单井流量 q_j，需要解 n 维线性方程，手算较为麻烦。故本题在设计时，将基坑近似为正方形考虑。

(1) 计算影响半径 R。

1) 基坑中心水位降深 s_d。降水后的地下水位与基坑底的距离 h 一般为 0.5~1m，这里取 1m。故 $s_d=5.3-1+1=5.3$ (m)

2) 降水井水位降深 s_w。从图 9-6 可以看出，基坑中心到两侧管井的距离为 $(20+2)/2=11$ (m)，水力坡度为 0.1，则 $s_w=5.3+11\times0.1=6.4$ (m) $<10\text{m}$，故 $s_w=10\text{m}$

影响半径 $R=2s_w\times\sqrt{kH}=2\times10\times\sqrt{10\times11.1}\approx210.71$ (m)；

(2) 计算总涌水量 Q。

等效半径 $r_0=\sqrt{\dfrac{(40+2)\times(20+2)}{\Pi}}=17.15$ (m)

$$Q=\Pi k\dfrac{(2H_0-s_0)s_0}{\ln\left(1+\dfrac{R}{r_0}\right)}=\Pi\times10\times\dfrac{(2\times11.1-5.3)\times5.3}{\ln\left(1+\dfrac{210.71}{17.15}\right)}\approx1087.83\ (\text{m}^3/\text{d})$$

(3) 单井出水能力（单井最大出水量）计算。

$$q_0=120\Pi\times r_s\times\ell\times\sqrt[3]{k}=120\times\Pi\times\dfrac{0.45}{2}\times1\times\sqrt[3]{10}\approx182.75\ (\text{m}^3/\text{d})$$

(4) 估算管井数量。

$n=1.1\times\dfrac{Q}{q_0}=1.1\times\dfrac{1087.83}{182.75}=6.54$ (个)，数量取 10 个。

(5) 管井初步布置。

井点距坑边 1m，故井点间连线构成的矩形周长 $u=(40+2+20+2)\times2=128$ (m)，即每隔 12.8m 布置一个管井，管井初步布置如图 9-7 所示。每个管井图例⊗附近给出两个数据，位于基坑边线内的数据是该管井的编号，位于基坑边线外的数据是该管井到基坑中心的距离 (m)。

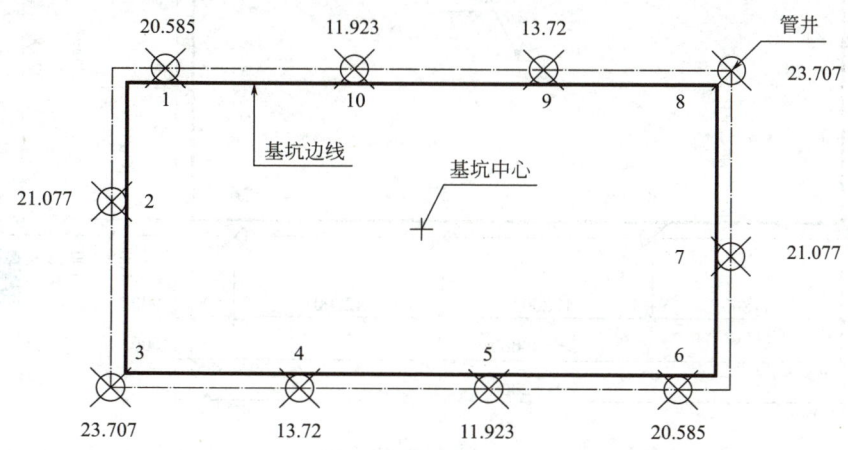

图 9-7　管井初步平面布置（单位：m）

(6) 计算单井流量 q。

降水井水位的设计降深 $s_{d,w}$：从图 9-6 可以看出，基坑中心到两侧管井的距离为 $(20+2)/2=11$（m），水力坡度为 0.1，则 $s_{d,w}=5.3+11\times0.1=6.4$（m）。

等效半径 $r_0 = \dfrac{u}{2\times\Pi} = \dfrac{128}{2\Pi} \approx 20.37$（m）

$$q = \dfrac{\Pi k(2H-s_{d,w})s_{d,w}}{\ln\dfrac{R}{r_w}+\sum_{j=1}^{n-1}\ln\dfrac{R}{2r_0\sin\dfrac{j\Pi}{n}}} = \dfrac{\Pi\times10\times(2\times11.1-6.4)\times6.4}{\ln\dfrac{210.71}{0.3}+\sum_{j=1}^{9}\ln\dfrac{210.71}{2\times20.37\sin\dfrac{j\Pi}{10}}} \approx 125.67(\mathrm{m^3/d}) < q_0$$

(7) 按照单井流量复核管井数量。

$n = 1.1\times\dfrac{Q}{q_0} = 1.1\times\dfrac{1087.83}{125.67} \approx 9.52$（个），数量取 10 个，原估算管井数量足够。

(8) 基坑地下水位降深 s_0。

$$s_0 = H - \sqrt{H^2 - \dfrac{q}{\Pi k}\sum_{j=1}^{n}\ln\dfrac{R}{2r_0\sin\dfrac{(2j-1)\Pi}{2n}}}$$

$$= 11.1 - \sqrt{11.1^2 - \dfrac{125.67}{\Pi\times10}\sum_{j=1}^{10}\ln\dfrac{210.71}{2\times20.37\sin\dfrac{(2j-1)\Pi}{2\times10}}}$$

$$\approx 5.4(\mathrm{m}) > 5.3\mathrm{m}$$

(9) 管井平面布置如图 9-8 所示。

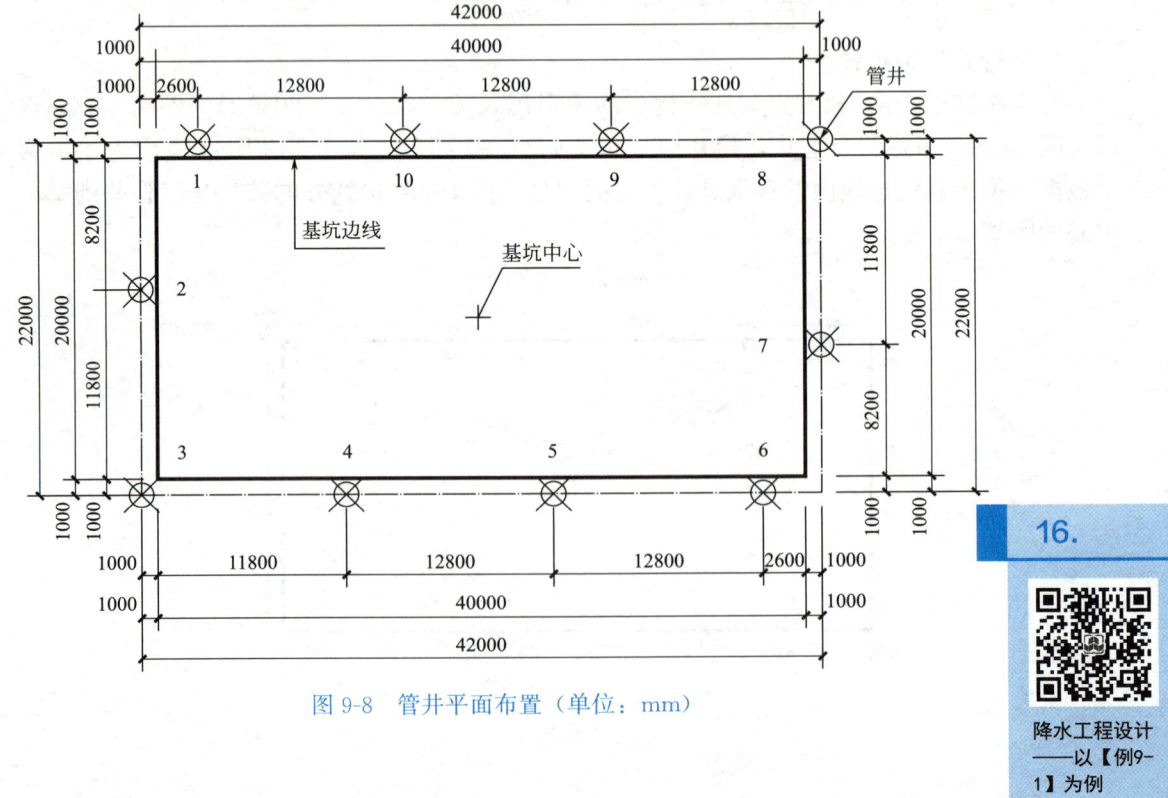

图 9-8 管井平面布置（单位：mm）

9.2 地下建筑结构防水设计

地下工程防水的设计和施工应遵循"防、排、截、堵相结合,刚柔相济,因地制宜,综合治理"的原则。此外,防水设计还应满足下列一般规定。

(1) 地下工程迎水面主体结构应采用防水混凝土,并应根据防水等级的要求采取其他防水措施。

(2) 地下工程的变形缝(诱导缝)、施工缝、后浇带、穿墙管(盒)、预埋件、预留通道接头、桩头等细部构造,应加强防水措施。

(3) 地下工程的排水管沟、地漏、出入口、窗井、风井等,应采取防倒灌措施;寒冷及严寒地区的排水沟应采取防冻措施。

(4) 地下工程防水设计应包括下列内容。

1) 防水等级和设防要求。

2) 防水混凝土的抗渗等级和其他技术指标、质量保证措施。

3) 其他防水层选用的材料及其技术指标、质量保证措施。

4) 工程细部构造的防水措施,选用的材料及其技术指标、质量保证措施。

5) 工程的防排水系统,地面挡水、截水系统及工程各种洞口的防倒灌措施。

9.2.1 防水等级、防水标准和设防要求

地下工程的防水等级应分为四级。不同防水等级的适用范围,应根据工程的重要性和使用中对防水的要求按表 9-6 选定,各等级防水标准应符合表 9-7 的规定。一般地铁车站防水等级为二级。

不同防水等级的适用范围　　　　表 9-6

防水等级	适用范围
一级	人员长期停留的场所;因有少量湿渍会使物品变质、失效的购物场所及严重影响设备正常运转和危及工程安全运营的部位;极重要的战备工程、地铁车站
二级	人员经常活动的场所;在有少量湿渍的情况下不会使物品变质、失效的购物场所及基本不影响设备正常运转和工程安全运营的部位;重要的战备工程
三级	人员临时活动的场所;一般战备工程
四级	对渗漏水无严格要求的工程

地下工程防水标准　　　　表 9-7

防水等级	防水标准
一级	不允许渗水,结构表面无湿渍
二级	不允许漏水,结构表面可有少量湿渍;对于工业与民用建筑:总湿渍面积不应大于总防水面积(包括顶板、墙面、地面)的 1/1000;任意 100m² 防水面积上的湿渍不超过 2 处,单个湿渍的最大面积不大于 0.1m²

续表

防水等级	防水标准
二级	对于其他地下工程:总湿渍面积不应大于总防水面积的 2/1000;任意 $100m^2$ 防水面积上的湿渍不超过 3 处,单个湿渍的最大面积不大于 $0.2m^2$;其中,隧道工程还要求平均渗水量不大于 $0.05L/(m^2 \cdot d)$,任意 $100m^2$ 防水面积上的渗水量不大于 $0.15L/(m^2 \cdot d)$
三级	有较少漏水点,不得有线流和漏泥砂;任意 $100m^2$ 防水面积上的漏水或湿渍点数不超过 7 处,单个漏水点的最大漏水量不大于 $2.5L/d$,单个湿渍的最大面积不大于 $0.3m^2$
四级	有漏水点,不得有线流和漏泥砂;整个工程的平均漏水量不大于 $2L/(m^2 \cdot d)$;任意 $100m^2$ 防水面积上的平均漏水量不大于 $4L/(m^2 \cdot d)$

地下工程的防水设防要求应根据使用功能、使用年限、水文地质、结构形式、环境条件、施工方法及材料性能等因素确定。明挖法地下工程的防水设防要求见表 9-8;暗挖法地下工程的防水设防要求见表 9-9。

明挖法地下工程的防水设防要求　　　　　　　　　　　　　　　　　表 9-8

工程部位	主体结构						施工缝						后浇带				变形缝(诱导缝)				
防水措施	防水混凝土	防水卷材	防水涂料	塑料防水板	膨润土防水材料	防水砂浆	金属防水板	遇水膨胀止水条(胶)	外贴式止水带	中埋式止水带	外抹防水砂浆	外涂防水涂料	水泥基渗透结晶型防水涂料	预埋注浆管	补偿收缩混凝土	外贴式止水带	预埋注浆管	遇水膨胀止水条(胶)	防水密封材料	中埋式止水带	外贴式止水带	可卸式止水带	防水密封材料	外贴防水卷材	外涂防水涂料
防水等级 一级	—	应选一至两种						应选两种							—	应选两种				应选一至两种					
二级	—	应选一种						应选一至两种							应选一至两种					应选一至两种					
三级	—	宜选一种						宜选一至两种							宜选一至两种					宜选一至两种					
四级	—							宜选一种								宜选一种				宜选一种					

暗挖法地下工程防水设防要求　　　　　　　　　　　　　　　　　　表 9-9

工程部位	衬砌结构						内衬砌施工缝							内衬砌变形缝(诱导缝)				
防水措施	防水混凝土	塑料防水板	防水砂浆	防水涂料	防水卷材	金属防水层	外贴式止水带	预埋注浆管	遇水膨胀止水条(胶)	防水密封材料	中埋式止水带	水泥基渗透结晶型防水涂料	中埋式止水带	外贴式止水带	可卸式止水带	防水密封材料	遇水膨胀止水条(胶)
防水等级 一级	必选	应选一至两种					应选一至两种						应选	应选一至两种				
二级	应选	应选一种					应选一种						应选	应选一种				
三级	宜选	宜选一种					宜选一种						应选	宜选一种				
四级	宜选	宜选一种					宜选一种						应选	宜选一种				

处于侵蚀性介质中的工程，应采用耐侵蚀的防水混凝土、防水砂浆、防水卷材或防水涂料等防水材料。如项目的地址勘察报告揭露地下水具有腐蚀性时，则应按照现行的防腐规范采取相应措施。处于冻融侵蚀环境中的地下工程，其混凝土抗冻融循环不得少于300次。结构刚度较差或受振动作用的工程，宜采用延伸率较大的卷材、涂料等柔性防水材料。

9.2.2 防水混凝土的抗渗等级及其技术指标

防水混凝土可通过调整配合比，或掺加外加剂、掺合料等措施配制而成。试配混凝土的抗渗等级应比设计要求高0.2MPa。设计抗渗等级与工程埋置深度之间的关系详见表9-10。防水混凝土的环境温度不得高于80℃；处于侵蚀性介质中的防水混凝土的耐侵蚀要求应根据介质的性质按有关标准执行。

防水混凝土设计抗渗等级　　　　　　　　　　　　　　　表9-10

工程埋置深度 H/m	设计抗渗等级
$H<10$	P6
$10 \leqslant H<20$	P8
$20 \leqslant H<30$	P10
$H \geqslant 30$	P12

注：本表适用于Ⅰ、Ⅱ、Ⅲ类围岩（土层及软弱围岩）。山岭隧道中防水混凝土的抗渗等级可按国家现行有关标准执行。

（1）在进行结构设计时，防水混凝土应符合下列规定。

1）防水混凝土结构底板的混凝土垫层，强度等级不应小于C15，厚度不应小于100mm，在软弱土层中不应小于150mm。

2）结构厚度不应小于250mm；裂缝宽度不得大于0.2mm，并不得贯通。

3）钢筋保护层厚度应根据结构的耐久性和工程环境选用，迎水面钢筋保护层厚度不应小于50mm。

（2）用于制备防水混凝土的原材料应符合下列规定。

1）水泥品种宜采用硅酸盐水泥、普通硅酸盐水泥，采用其他品种的水泥时应经试验确定其适用性。在受侵蚀性介质作用时，应按介质的性质选用相应的水泥品种。不得使用过期或受潮结块的水泥，并不得将不同品种或强度等级的水泥混合使用。

2）宜选用坚固耐久、粒形良好的洁净石子；最大粒径不宜大于40mm，泵送时其最大粒径不应大于输送管径的1/4；吸水率不应大于1.5%；不得使用碱活性骨料；石子的质量要求应符合《建设用卵石、碎石》GB/T 14685—2022的有关规定。

3）砂宜选用坚硬、抗风化性强、洁净的中粗砂，不宜使用海砂。砂的质量要求应符合《建设用砂》GB/T 14684—2022的有关规定。

4）用于拌制混凝土的水，应符合《混凝土用水标准》JGJ 63—2006的有关规定。

5）防水混凝土可根据工程需要掺入减水剂、膨胀剂、防水剂、密实剂、引气剂、复合型外加剂及水泥基渗透结晶型材料，其品种和用量应经试验确定，所用外加剂的技术性能应符合国家现行有关标准的质量要求。

6) 防水混凝土中各类材料的总碱量（Na_2O 当量）不得大于 $3kg/m^3$；氯离子含量不应超过胶凝材料总量的 0.1%。

7) 防水混凝土的配合比，应符合下列规定：胶凝材料用量应根据混凝土的抗渗等级和强度等级等选用，其总用量不宜小于 $320kg/m^3$；当强度要求较高或地下水有腐蚀性时，胶凝材料用量可通过试验调整。在满足混凝土抗渗等级、强度等级和耐久性的条件下，水泥用量不宜小于 $260kg/m^3$。

8) 砂率宜为 35%～40%，泵送时可增至 45%。灰砂比宜为 1∶1.5～1∶2.5。水胶比不得大于 0.50，有侵蚀性介质时水胶比不宜大于 0.45。

9) 防水混凝土采用预拌混凝土时，入泵坍落度宜控制在 120～160mm，坍落度每小时损失值不应大于 20mm，坍落度总损失值不应大于 40mm。

10) 掺加引气剂或引气型减水剂时，混凝土含气量应控制在 3%～5%。

11) 预拌混凝土的初凝时间宜为 6～8h。

(3) 防水混凝土的施工应符合下列规定。

1) 防水混凝土应分层连续浇筑，分层厚度不得大于 500mm。用于防水混凝土的模板应拼缝严密、支撑牢固。防水混凝土拌合物应采用机械搅拌，搅拌时间不宜小于 2min。掺外加剂时，搅拌时间应根据外加剂的技术要求确定。

2) 大体积防水混凝土的施工，应符合下列规定。

① 在设计许可的情况下，掺粉煤灰混凝土的设计强度等级的龄期宜为 60d 或 90d。

② 宜选用水化热低和凝结时间长的水泥。

③ 宜掺入减水剂、缓凝剂等外加剂和粉煤灰、磨细矿渣粉等掺合料。

④ 炎热季节施工时，应采取降低原材料温度、减少混凝土运输时吸收的外界热量等降温措施，入模温度不应大于 30℃。

⑤ 混凝土内部预埋管道宜进行水冷散热。

⑥ 应采取保温保湿养护。混凝土中心温度与表面温度的差值不应大于 25℃，表面温度与大气温度的差值不应大于 20℃，温降梯度不得大于 3℃/d，养护时间不应少于 14d。

3) 防水混凝土终凝后应立即进行养护，养护时间不得少于 14d。

4) 防水混凝土的冬期施工应符合下列规定：混凝土入模温度不应低于 5℃。混凝土养护应采用综合蓄热法、蓄热法、暖棚法、掺化学外加剂等方法，不得采用电热法或蒸气直接加热法。养护时应采取保湿保温措施。

(4) 防水混凝土应连续浇筑，宜少留施工缝。当留设施工缝时，应符合下列规定。

1) 墙体水平施工缝不应留在剪力最大处或底板与侧墙的交接处，应留在高出底板表面不小于 300mm 的墙体上。拱（板）墙结合的水平施工缝，宜留在拱（板）墙接缝线以下 150～300mm 处。墙体有预留孔洞时，施工缝距孔洞边缘不应小于 300mm。垂直施工缝应避开地下水和裂隙水较多的地段，并宜与变形缝相结合。

2) 施工缝防水构造如图 9-9 所示，当采用两种以上构造措施时可进行有效组合。图中，1 表示先浇混凝土；3 是后浇混凝土；4 是结构迎水面。图 9-9（a）～图 9-9（d）的差别在于防水方式的不同。

图 9-9（a）：混凝土结构内埋止水带，根据材料不同，图中 L 的取值稍有不同，在钢

板止水带中，$L \geq 150$；在橡胶止水带中，$L \geq 200$；在钢边橡胶止水带中，$L \geq 120$。

图 9-9（b）：混凝土结构迎水面外贴止水带，根据材料不同，图中 L 的取值稍有不同，在外贴止水带中，$L \geq 150$；在外涂防水涂料中，$L = 200$；在外抹防水砂浆中，$L = 200$。

图 9-9（c）：混凝土结构内埋遇水膨胀止水条（胶），当水渗入时，止水条（胶）膨胀挡水。

图 9-9（d）：混凝土结构内预埋注浆管，当水渗入时，可注浆止水，这种预埋注浆管的做法经常用于地铁项目止水。

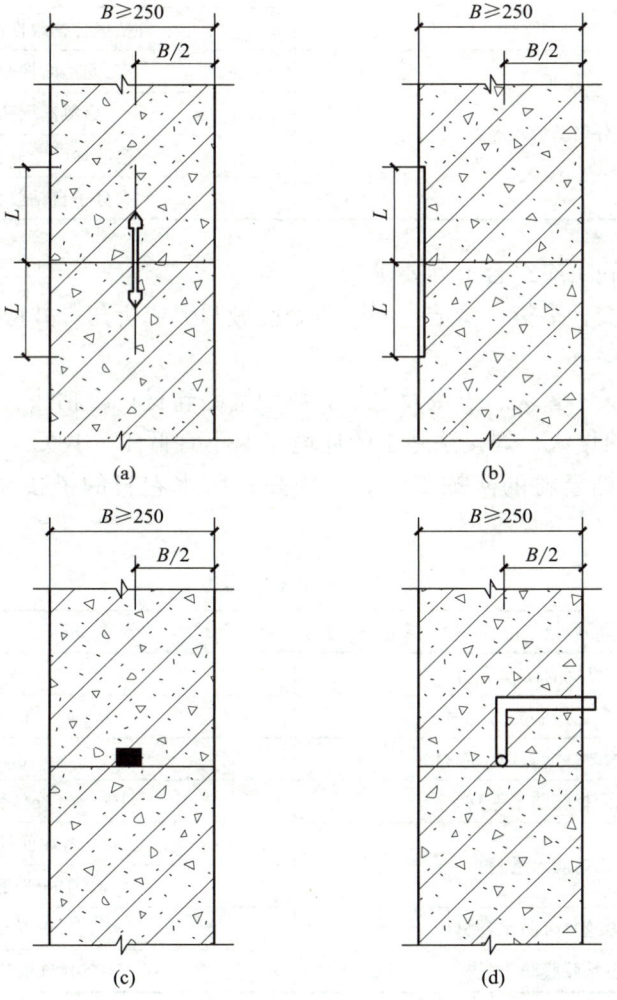

图 9-9　施工缝防水构造

9.2.3　卷材防水层

卷材防水层宜用于经常处在地下水环境，且受侵蚀性介质作用或受振动作用的地下工程。卷材防水层应铺设在混凝土结构的迎水面，用于建筑物地下室时，应铺设在结构底板垫层至墙体防水设防高度的结构基面上；用于单建式的地下工程时，应从结构底板垫层铺设至顶板基面，并应在外围形成封闭的防水层。

防水卷材的品种规格和层数，应根据地下工程防水等级、地下水位及水压力作用状况、结构构造形式和施工工艺等因素确定。常见的防水层卷材品种如表 9-11 所示。

卷材防水层品种　　　　　　　　　　　　　　表 9-11

类别	品种名称
高聚物改性沥青类防水卷材	弹性体改性沥青防水卷材
	改性沥青聚乙烯胎防水卷材
	自粘聚合物改性沥青防水卷材
合成高分子类防水卷材	三元乙丙橡胶防水卷材
	聚氯乙烯防水卷材
	聚乙烯丙纶复合防水卷材
	高分子自粘胶膜防水卷材

卷材防水层的施工应符合下列要求。

（1）基面应坚实、平整、清洁，阴阳角处应做圆弧或折角，并应符合所用卷材的施工要求。

（2）严禁在雨天、雪天、五级及以上大风中铺贴卷材；冷粘法、自粘法施工的环境气温不宜低于 5℃，热熔法、焊接法施工的环境气温不宜低于 −10℃。施工过程中遇下雨或下雪时，应做好已铺卷材的防护工作。不同品种防水卷材的搭接宽度应符合表 9-12 的要求。

防水卷材搭接宽度　　　　　　　　　　　　　　表 9-12

卷材品种	搭接宽度/mm
弹性体改性沥青防水卷材	100
改性沥青聚乙烯胎防水卷材	100
自粘聚合物改性沥青防水卷材	80
三元乙丙橡胶防水卷材	100/60（胶粘剂/胶粘带）
聚氯乙烯防水卷材	60/80（单面焊/双面焊）
	100（胶粘剂）
聚乙烯丙纶复合防水卷材	100（粘结料）
高分子自粘胶膜防水卷材	70/80（自粘胶/胶粘带）

（3）防水卷材施工前，基面应干净干燥，并应涂刷基层处理剂；当基面潮湿时，应涂刷湿固化型胶粘剂或潮湿界面隔离剂。基层处理剂的配制与施工应符合下列要求：基层处理剂应与卷材及其黏结材料的材性相容；基层处理剂喷涂或刷涂应均匀一致，不应露底，表面干燥后方可铺贴卷材。

（4）铺贴各类防水卷材应符合下列规定。

1）应铺设卷材加强层。

2) 结构底板垫层的卷材可采用空铺法或点粘法施工,其粘结位置、点粘面积应按设计要求确定;侧墙使用外防外贴法的卷材及顶板的卷材应采用满粘法施工。

3) 卷材与基面、卷材与卷材间的粘结应紧密、牢固;铺贴完成的卷材应平整顺直,搭接尺寸应准确,不得扭曲和产生褶皱。

4) 卷材搭接处和接头部位应粘贴牢固,接缝口应封严或采用材性相容的密封材料封缝。

5) 铺贴立面卷材防水层时,应采取防止卷材下滑的措施。

6) 铺贴双层卷材时,上下两层和相邻两幅卷材的接缝应错开 1/3~1/2 幅宽,且两层卷材不得相互垂直铺贴。

(5) 弹性体改性沥青防水卷材和改性沥青聚乙烯胎防水卷材采用热熔法施工时,应加热均匀,不得加热不足或烧穿卷材,搭接缝部位应溢出热熔的改性沥青。

(6) 铺贴自粘聚合物改性沥青防水卷材应符合下列规定。

1) 基层表面应平整、干净、干燥,无尖锐突起物或孔隙。

2) 排除卷材下面的空气,应辊压粘贴牢固,卷材表面不得有扭曲、褶皱和起泡现象。

3) 立面卷材铺贴完成后,应将卷材端头固定或植入墙体顶部的凹槽内,并应用密封材料封严。

4) 低温施工时宜对卷材和基面适当加热,然后铺贴卷材。

(7) 铺贴三元乙丙橡胶防水卷材时应采用冷粘法施工,并应符合下列规定。

1) 基底胶粘剂应涂刷均匀,不应露底、堆积。

2) 胶粘剂涂刷与卷材铺贴的间隔时间应根据胶粘剂的性能控制。

3) 铺贴卷材时,应按压粘贴牢固。

4) 搭接部位的粘合面应清理干净,并应采用接缝专用胶粘剂或胶粘带粘结。

(8) 聚氯乙烯防水卷材接缝采用焊接法施工时,应符合下列规定。

1) 卷材的搭接缝可采用单焊缝或双焊缝。单焊缝搭接宽度应为 60mm,有效焊接宽度不应小于 30mm;双焊缝搭接宽度应为 80mm,中间应留设 10~20mm 的空腔,有效焊接宽度不宜小于 10mm。

2) 焊接缝的结合面应清理干净,焊接应严密。应先焊长边搭接缝,后焊短边搭接缝。

(9) 铺贴聚乙烯丙纶复合防水卷材时应符合下列规定。

1) 应采用配套的聚合物水泥防水粘结材料。

2) 卷材与基层粘贴应采用满粘法,粘结面积不应小于 90%,刮涂粘结料应均匀,不应露底、堆积。

3) 固化后的粘结料厚度不应小于 1.3mm;施工完的防水层应及时做保护层。

(10) 高分子自粘胶膜防水卷材宜采用预铺反粘法施工,并应符合下列规定。

1) 卷材宜单层铺设,浇筑结构混凝土时不得损伤防水层。

2) 在铺设潮湿基面时,基面应平整坚固,无明显积水。

3) 卷材长边应采用自粘边搭接,短边应采用胶粘带搭接,卷材端部搭接区应相互错开。

4) 立面施工时,在自粘边位置距离卷材边缘 10~20mm 内,应每隔 400~600mm 进行机械固定,并应保证固定位置被卷材完全覆盖。

（11）采用外防外贴法铺贴卷材防水层时，应符合下列规定。

1）应先铺平面，后铺立面，交接处应交叉搭接。

2）临时性保护墙宜采用石灰砂浆砌筑，内表面宜做找平层。

3）从底面折向立面的卷材与永久性保护墙的接触部位，应采用空铺法施工；卷材与临时性保护墙或围护结构模板的接触部位，应将卷材临时贴附在该墙上或模板上，并应将顶端临时固定。

4）当不设保护墙时，从底面折向立面的卷材接槎部位应采取可靠的保护措施。

5）混凝土结构施工完成，铺贴立面卷材时，应先将接槎部位的各层卷材揭开，并将其表面清理干净，如卷材有局部损伤，应及时进行修补；对于卷材接槎的搭接长度，高聚物改性沥青类卷材应为150mm，合成高分子类卷材应为100mm；当使用两层卷材时，卷材应错槎接缝，上层卷材应盖过下层卷材。

（12）采用外防内贴法铺贴卷材防水层时，应符合下列规定。

1）混凝土结构的保护墙内表面应抹厚度为20mm的1：3水泥砂浆找平层，然后铺贴卷材。

2）卷材宜先铺立面，后铺平面；铺贴立面时，应先铺转角，后铺大面。

（13）卷材防水层经检查合格后，应及时做保护层。保护层应符合下列规定。

1）顶板卷材防水层上的细石混凝土保护层应符合下列规定：采用机械碾压回填土时，保护层厚度不宜小于70mm；采用人工回填土时，保护层厚度不宜小于50mm；防水层与保护层之间宜设置隔离层。

2）底板卷材防水层上的细石混凝土保护层厚度不应小于50mm。

3）侧墙卷材防水层宜采用软质保护材料或铺抹20mm厚的1：2.5的水泥砂浆层。

9.2.4 涂料防水层

涂料防水层应包括无机防水涂料和有机防水涂料。无机防水涂料可选用掺外加剂、掺合料的水泥基防水涂料以及水泥基渗透结晶型防水涂料。有机防水涂料可选用反应型、水乳型、聚合物水泥等涂料。无机防水涂料宜用于结构主体的背水面，有机防水涂料宜用于地下工程主体结构的迎水面，用于背水面的有机防水涂料应具有较高的抗渗性，且与基层有较好的粘结性。防水涂料宜采用外防外涂或外防内涂的方式。

（1）防水涂料品种的选择应符合下列规定。

1）潮湿基层宜选用与潮湿基面粘结力大的无机防水涂料或有机防水涂料，也可采用先涂无机防水涂料再涂有机防水涂料的方式构成复合防水涂层。

2）冬期施工宜选用反应型涂料。

3）埋置深度较深的重要工程、有振动或有较大变形的工程，宜选用高弹性防水涂料。

4）有腐蚀性的地下环境宜选用耐腐蚀性较好的有机防水涂料，并应做刚性保护层。

5）聚合物水泥防水涂料应选用Ⅱ型产品。

采用有机防水涂料时，基层阴阳角应做成圆弧形，阴角直径宜大于50mm，阳角直径宜大于10mm，在底板转角部位应增加胎体增强材料，并应增涂防水涂料。

掺外加剂、掺合料的水泥基防水涂料厚度不得小于3.0mm；水泥基渗透结晶型防水涂料的用量不应小于 1.5kg/m 且厚度不应小于 1.0mm；有机防水涂料的厚度不得小于 12mm。

（2）涂料防水层所选用的涂料应符合下列规定。

1）应具有良好的耐水性、耐久性、耐腐蚀性及耐菌性。

2）应无毒、难燃、低污染。

3）无机防水涂料应具有良好的湿干黏结性和耐磨性，有机防水涂料应具有较好的延伸性及较大的适应基层变形的能力。

（3）涂料防水层的施工应符合下列要求。

1）无机防水涂料基层表面应干净、平整，无浮浆和明显积水。

2）有机防水涂料基层表面应基本干燥，不应有气孔、凹凸不平、蜂窝麻面等缺陷。涂料施工前，基层阴阳角应做成圆弧形。

3）涂料防水层严禁在雨天、雾天和五级及以上大风时施工，不得在施工环境温度低于 5℃、高于 35℃ 或烈日暴晒时施工。涂膜固化前，若有降雨可能时，应及时做好已完工涂层的保护工作。

4）防水涂料的配制应按涂料的技术要求进行。防水涂料应分层刷涂或喷涂，涂层应均匀，不得漏刷、漏涂；接宽不应小于 100mm。

5）铺贴胎体增强材料时，材料不得有褶皱。

6）有机防水涂料施工完后应及时做保护层，保护层应符合下列规定。

① 底板、顶板应采用 20mm 厚的 1：2.5 的水泥砂浆层和 40～50mm 厚的细石混凝土保护层，防水层与保护层之间宜设置隔离层。

② 侧墙背水面保护层应采用 20mm 厚的 1：2.5 的水泥砂浆。

③ 侧墙迎水面保护层宜选用软质保护材料或 20mm 厚的 1：2.5 的水泥砂浆。

9.2.5 变形缝构造

变形缝应满足密封防水、适应变形、施工方便、检修容易等要求。用于伸缩的变形缝宜少设置，可根据工程结构类别、工程地质情况采用后浇带、加强带、诱导缝等替代措施。变形缝处混凝土结构的厚度不应小于 300mm。用于沉降的变形缝允许沉降值不应大于 30mm。变形缝的宽度宜为 20～30mm。在缝表面粘贴卷材或涂刷涂料前，应在缝上设置隔离层。

变形缝的几种复合防水构造如图 9-10～图 9-13 所示。当环境温度高于 50℃时，中埋式止水带可用金属代替，如图 9-13 所示。

（1）中埋式止水带施工应符合下列规定。

1）中埋式止水带埋设位置应准确，其中间空心圆环应与变形缝的中心线重合。

2）中埋式止水带应固定，顶、底板内止水带应呈盆状安设。

3）中埋式止水带先施工一侧混凝土时，其端模应支撑牢固并应严防漏浆。

4）中埋式止水带的接缝宜为一处，应设在边墙较高的位置，不得设在结构转角处，接头宜采用热压焊接。

5）中埋式止水带在转弯处应做成圆弧形，（钢边）橡胶止水带的转角半径不应小于 200mm，转角半径应随止水带的宽度增大而相应加大。

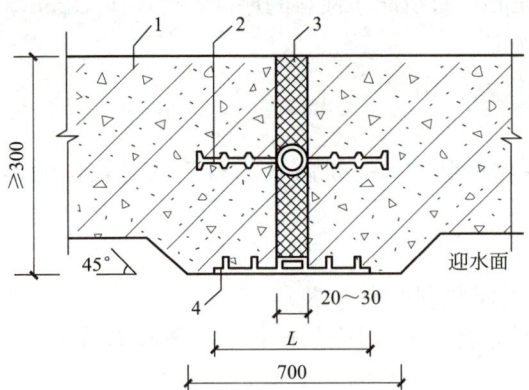

图 9-10 中埋式止水带与外贴防水层复合使用
1—混凝土结构；2—中埋式止水带；
3—填缝材料；4—外贴止水带
L 取值：采用外贴式止水带时，L≥300mm；
采用外贴防水卷材时，L≥400mm；
采用外涂防水涂层时，L≥400mm

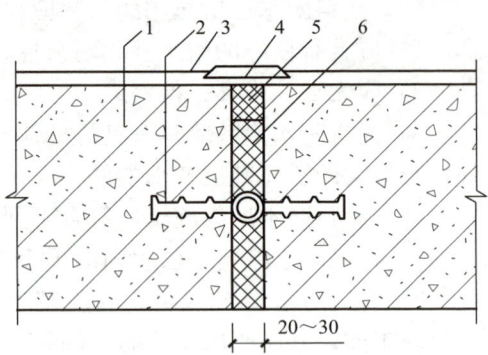

图 9-11 中埋式止水带与嵌缝材料复合使用
1—混凝土结构；2—中埋式止水带；3—防水层；
4—隔离层；5—密封材料；6—嵌缝材料

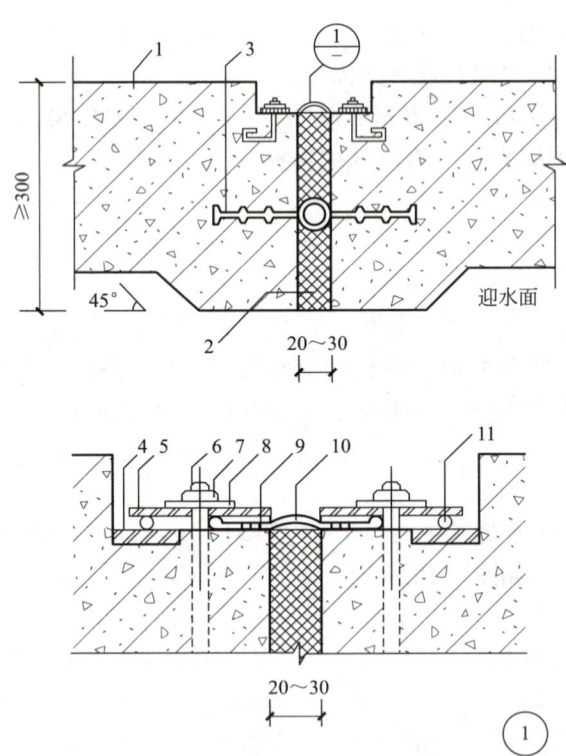

图 9-12 中埋式止水带与可卸式止水带复合使用
1—混凝土结构；2—填缝材料；3—中埋式止水带；4—预埋钢板；5—紧固件压板；6—预埋螺栓；
7—螺母；8—垫圈；9—紧固件压块；10—Ω形止水带；11—紧固件圆钢

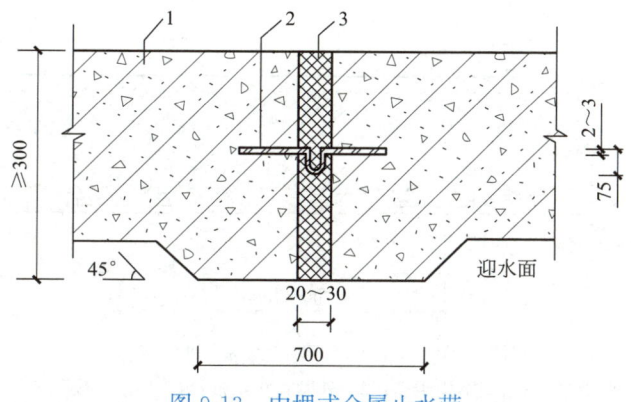

图 9-13 中埋式金属止水带

1—混凝土结构；2—金属止水带；3—填缝材料

（2）安设于结构内侧的可卸式止水带施工时应符合下列规定。

1）所需配件应一次配齐。

2）转角处应做成 45°折角，并应增加紧固件的数量。

（3）密封材料嵌填施工时，应符合下列规定。

1）缝内两侧基面应平整干净、干燥，并应刷涂与密封材料相容的基层处理剂。

2）嵌缝底部应设置背衬材料。

3）嵌填应密实连续、饱满，并应黏结牢固。

9.2.6 后浇带构造

后浇带宜用于不允许留设变形缝的工程部位。后浇带应在其两侧混凝土龄期达到 42d 后再施工。高层建筑的后浇带施工应按规定时间进行。后浇带应采用补偿收缩混凝土浇筑，其抗渗和抗压强度等级不应低于两侧混凝土。

后浇带应设在受力和变形较小的部位，其间距和位置应按结构设计要求确定，宽度宜为 700~1000mm。后浇带两侧可做成平直缝或阶梯缝，其防水构造形式如图 9-14~图 9-16 所示。

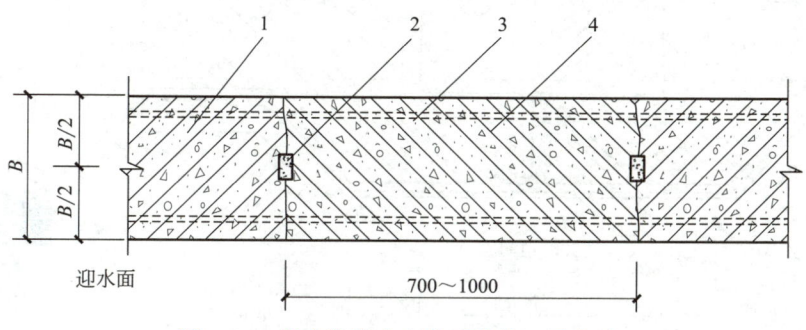

图 9-14 遇水膨胀止水条后浇带（平直缝）

1—先浇混凝土；2—遇水膨胀止水条；3—结构主筋；4—后浇补偿收缩混凝土

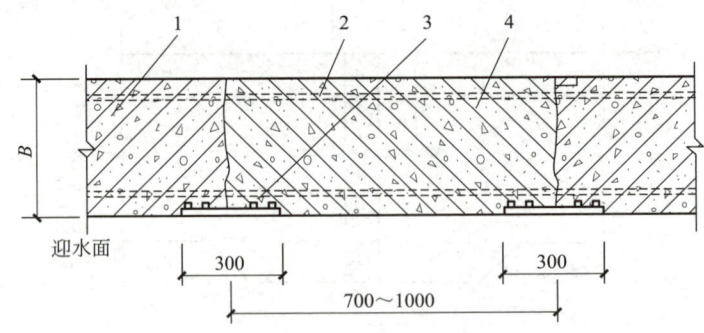

图 9-15　外贴止水带后浇带（平直缝）

1—先浇混凝土；2—结构主筋；3—外贴式止水带；4—后浇补偿收缩混凝土

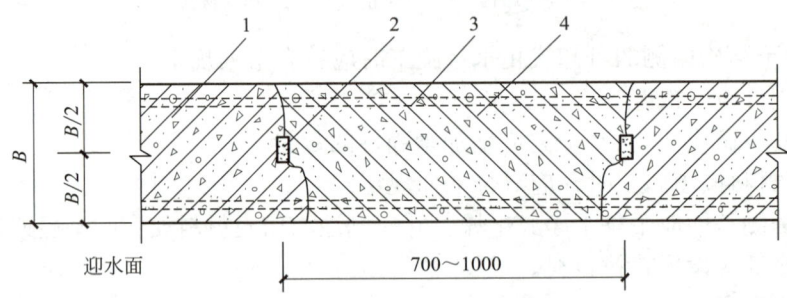

图 9-16　外贴止水带后浇带（阶梯缝）

1—先浇混凝土；2—遇水膨胀止水条；3—结构主筋；4—后浇补偿收缩混凝土

后浇带混凝土施工前，应防止后浇带部位和外贴止水带有杂物落入和外贴止水带损伤。采用膨胀剂拌制补偿收缩混凝土时，应按配合比准确计量。后浇带混凝土应一次浇筑，不得留设施工缝；混凝土浇筑后应及时养护，养护时间不得少于28d。后浇带需超前止水时，后浇带部位的混凝土应局部加厚并应增设外贴式或中埋式止水带，后浇带超前止水构造如图9-17所示。

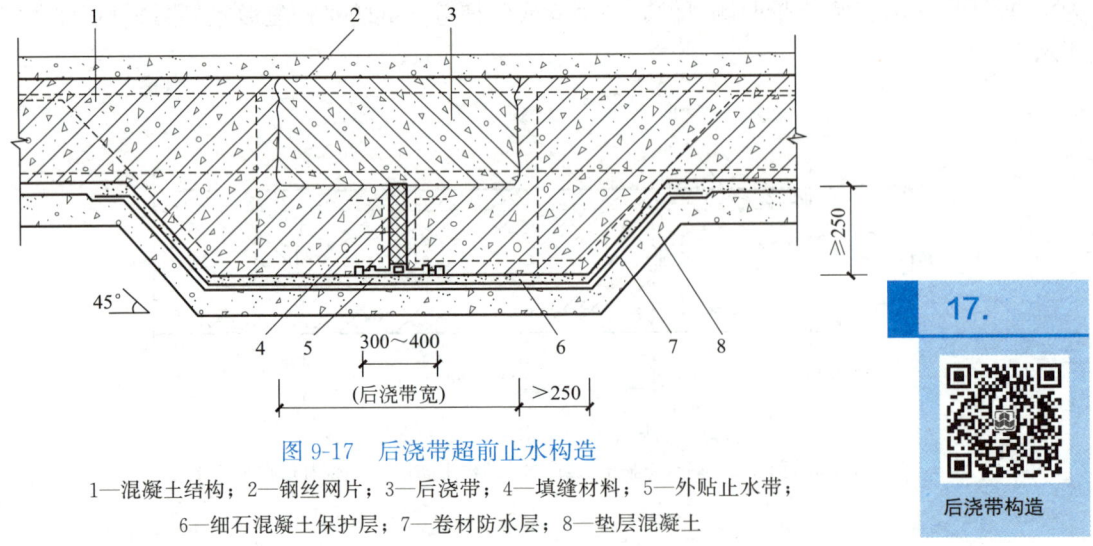

图 9-17　后浇带超前止水构造

1—混凝土结构；2—钢丝网片；3—后浇带；4—填缝材料；5—外贴止水带；
6—细石混凝土保护层；7—卷材防水层；8—垫层混凝土

思考与练习

1. 常见的降水方法有哪些？试简述一下各自的适用范围。
2. 简述降水设计包含的内容。
3. 什么是潜水、承压水、完整井和非完整井？
4. 某基坑开挖深度为 8m，基坑周边无重要构建物及管线。地面以下 15m 内均为粉细砂层，渗透系数为 0.015cm/s，在水位观测孔中测得该层地下水水位标高为 −0.5m。为确保基坑开挖过程中不发生突涌，拟采用完整井降水措施（降水管井过滤器半径设计为 0.15m，过滤器长度取 4m）。设计时，需要将地下水水位降到基坑底面以下 0.5m，降水井群连线所围的面积 $A=5025m^2$，承压水层厚度为 12m，试估算本基坑降水时需要布置的降水井数量。
5. 简述混凝土抗渗等级与基坑埋深的关系。
6. 试简述后浇带的作用。

参考文献

[1] 朱合华，张子新，廖少明．地下建筑结构（第三版）[M]．北京：中国建筑工业出版社，2016．
[2] 王树理．地下建筑结构设计[M]．4版．北京：清华大学出版社，2021．
[3] 崔振东．地下结构设计（第二版）[M]．北京：中国建筑工业出版社，2022．
[4] 穆保岗，陶津．地下结构工程[M]．3版．南京：东南大学出版社，2016．
[5] 门玉明，王启耀，刘妮娜．地下建筑结构（第二版）[M]．北京：人民交通出版社股份有限公司，2016．
[6] 许明．地下结构设计（地下工程专业方向适用）[M]．北京：中国建筑工业出版社，2014．
[7] 刘新荣．地下结构设计[M]．重庆：重庆大学出版社，2013．
[8] 姜玉松．地下工程施工技术[M]．2版．武汉：武汉理工大学出版社，2015．
[9] 李树忱，马腾飞，冯现大．地下建筑结构设计原理与方法[M]．北京：人民交通出版社股份有限公司，2018．
[10] 向伟明．地下工程设计与施工[M]．北京：中国建筑工业出版社，2013．
[11] 关宝树．地下工程[M]．北京：高等教育出版社，2011．
[12] 朱永全，宋玉香．隧道工程[M]．4版．北京：中国铁道出版社有限公司，2021．
[13] 张凤祥，朱合华，傅德明．盾构隧道[M]．北京：人民交通出版社，2004．
[14] 陈志敏，欧尔峰，马丽娜．隧道及地下工程[M]．北京：清华大学出版社，2014．
[15] 陈建平，吴立，闫天俊等．地下建筑结构[M]．北京：人民交通出版社，2008．
[16] 中华人民共和国住房和城乡建设部．盾构隧道工程设计标准：GB/T 51438—2021[S]．北京：中国建筑工业出版社，2021．
[17] 中华人民共和国住房和城乡建设部．地铁设计规范：GB 50157—2013[S]．北京：中国建筑工业出版社，2014．
[18] 国家铁路局．铁路隧道设计规范：TB 10003—2016[S]．北京：中国铁道出版社，2017．
[19] 中华人民共和国住房和城乡建设部．城市道路工程设计规范（2016年版）：CJJ 37—2012[S]．北京：中国建筑工业出版社，2012．
[20] 中华人民共和国住房和城乡建设部．建筑基坑支护技术规程：JGJ 120—2012[S]．北京：中国建筑工业出版社，2012．
[21] 中华人民共和国住房和城乡建设部．沉管法隧道设计标准：GB/T 51318—2019[S]．北京：中国建筑工业出版社，2019．
[22] 中华人民共和国住房和城乡建设部．岩土锚杆与喷射混凝土支护工程技术规范：GB 50086—2015[S]．北京：中国计划出版社，2015．
[23] 中华人民共和国住房和城乡建设部．地下工程防水技术规范：GB 50108—2008[S]．北京：中国计划出版社，2009．
[24] 李国旺．盾构管片承载力按极限状态法和允许应力法设计对比[J]．山西建筑，2018，44（11）：184-188．
[25] 丁志诚，张志勇，白云．广州地铁隧道施工中的盾构选型及盾构改进应用[J]．岩石力学与工程学报，2002，21（12）：1820-1823．
[26] 杨春波．深基坑支护方案优选设计与应用研究[D]．郑州：华北水利水电大学，2018．
[27] 文竞舟．隧道初期支护力学分析及参数优化研究[D]．重庆：重庆大学，2012．
[28] 沈东．大型沉井施工技术研究[D]．上海：同济大学，2005．